建筑电气专业系列教材

# 建筑电气技术基础

主编 杨国庆 任月清 齐利晓

U0338668

哈尔滨工程大学出版社

## 内 容 简 介

本书分为电路基础和建筑电气技术两大部分。前一部分主要包括电路基础、变压器和电动机相关内容;后一部分主要包括建筑供电与配电、照明技术、弱电技术、防雷与接地、智能建筑综述等内容。全书将理论与实际相结合,从实际工程中系统性的进行总结,使电工学的有关理论直接与建筑电气技术相结合,更侧重于工程的实际应用,实用性强。本书除可作为建筑类院校非电专业的教学用书外,还可作为相关建筑工程领域设计、施工、管理人员的培训教材和参考用书。

**图书在版编目(CIP)数据**

建筑电气技术基础/杨国庆,任月清,齐利晓主编.
—哈尔滨:哈尔滨工程大学出版社,2015.8
ISBN 978 - 7 - 5661 - 1129 - 6

Ⅰ.建… Ⅱ.①杨… ②任… ③齐… Ⅲ.房屋建筑设备 – 电气设备 Ⅳ.TU85

中国版本图书馆 CIP 数据核字(2015)第 196871 号

| | |
|---|---|
| **选题策划** | 张植朴 |
| **责任编辑** | 史大伟 |
| **封面设计** | 徐 波 |

| | |
|---|---|
| **出版发行** | 哈尔滨工程大学出版社 |
| **地　　址** | 哈尔滨市南岗区东大直街 124 号 |
| **邮政编码** | 150001 |
| **发行电话** | 0451 – 82519328 |
| **传　　真** | 0451 – 82519699 |
| **经　　销** | 新华书店 |
| **印　　刷** | 哈尔滨工业大学印刷厂 |
| **开　　本** | 787mm ×1 092mm　1/16 |
| **印　　张** | 19.25 |
| **字　　数** | 495 千字 |
| **版　　次** | 2015 年 9 月第 1 版 |
| **印　　次** | 2015 年 9 月第 1 次印刷 |
| **定　　价** | 42.00 元 |

http://www.hrbeupress.com
E-mail:heupress@ hrbeu.edu.cn

# 前　言

建筑电气是以建筑物为对象,利用现代先进的电气与控制科学理论,研究以电能、电气设备和电气技术为手段来创造、维持与改善建筑室内空间电、光、热、声等环境的一门科学。随着现代建筑技术的迅速发展和智能建筑的出现,建筑电气所涉及的范围已由原来单一的供配电、照明、防雷和接地发展成为以近代物理学、电磁学、机械电子学、光学、声学等理论为基础,应用于建筑工程领域的一门新兴学科,而且在逐步应用新的数学和物理知识,并结合电子技术、计算机技术、网络通信技术等向综合应用的方向发展。

现代科学技术的应用不仅可使建筑物的供配电系统、照明系统实现自动化管理,而且对建筑物的空调系统、给排水系统、火灾自动报警与消防联动控制系统、安全防范系统、通信及闭路电视系统、楼宇自控系统、建筑物能源综合管理系统等实现合理控制和最佳管理。因此现代建筑电气已成为现代化建筑的一个主要标志。作为一门综合性的技术科学,建筑电气中一些专业内容的书籍日渐增多,但比较系统地为非电专业和刚涉足建筑电气行业的工程技术人员介绍建筑电气的书籍却很少。同时编者认为建筑中各类技术人员都应对建筑电气技术有比较系统的认识和学习,应该有相对应的参考书。

目前,我国注册建筑师、注册结构工程师和注册设备工程师等资格考试中均有建筑电气相关知识,所以有必要对相关专业学生提供该领域基本知识的学习。特别是在建筑类院校建立电工技术、电子技术、建筑电气技术及应用的新的课程体系,尤其针对电工、电子系列课程教学改革是非常重要的一环。因此编写了《建筑电气技术基础》这一教材。全书主要内容分为电路基础和建筑电气技术两大部分。前一部分主要包括电路基础、变压器和电动机相关内容;后一部分主要包括建筑供电与配电、照明技术、弱电技术、防雷与接地、智能建筑综述等。由于书中内容多为编者从实际工程中系统性的总结,所以更侧重于工程的实际应用。本书适合从事建筑各相关专业的设计、施工、管理等部门工程技术人员使用,也可作为高等院校相关专业师生教学用书。

本书由天津城建大学杨国庆、任月清和齐利晓老师负责编写,共分7章,其中绪论、第3章的4,5节、第4章由杨国庆老师编写;第1章、第2章和第3章的1,2,

3节和附录由任月清老师编写;第5,6,7章由齐利晓老师编写;全书由杨国庆老师负责统稿。在编写过程中,得到了龚威教授和黄民德教授的指教,并得到王悦、高瑞等老师的大力协助,在此一并表示衷心感谢。

由于编者水平有限,编写时间仓促,书中难免有错漏之处,恳请广大读者批评指正。

编　者

2015 年 5 月

# 目　录

# 绪　　论

城市建设的基本内容之一是建造房屋及其配套设施,建筑电气设备是其中的一部分,它的任务是实现建筑物的功能和满足建设单位的使用要求。从某种意义上讲,建筑电气设备的优劣标志着建筑物现代化程度的高低。

**1. 建筑电气设计的任务与组成**

利用电工学和电子学的理论与技术,在建筑物内部人为创造并合理保持理想的环境,以充分发挥建筑物功能的一切电工设备、电子设备和系统,统称为建筑电气设备。而建筑电气设备从广义上讲包含工业与民用建筑电气设备两个方面。本书仅讨论民用建筑范畴内的问题。概括地说,建筑电气设计的内容可以分为两大部分。

(1)强电系统

强电系统包括照明、供配电、建筑设备控制、防雷、接地等设备。这部分中照明、供配电、防雷、接地是传统的设计内容。随着建筑现代化程度的提高以及建筑向高空发展,建筑设备的智能化要求越来越高,因此控制内容也越来越复杂。

(2)弱电系统

弱电系统部分含有网络、电话、电视、广播、火灾报警与消防联动、机电设备自控等各系统。其中电话、广播、电视是传统的设计内容。计算机网络及各种自动控制系统等属新增的内容。它们是体现建筑现代化的重要组成部分,尤其是高层建筑所必不可少的装备。随着经济和技术的发展,建筑物的智能化使"强电"与"弱电"的关系越来越紧密。由于电气设计的内容越来越多、技术越来越新,作为建筑电气设计者,除了要具有扎实的基本专业理论外,还要随时学习新设备、新工艺、新技术在工程设计中的应用。为了适应电气技术的发展,在设计中应留有余地或考虑日后有更新的可能。一般地,建筑是"百年大计",其中的电气设备不可能考虑到百年,但也应在相当一段长的时间内能适应建筑功能的需要,而且在这以后能在不影响建筑结构安全和不大量损坏建筑装修的情况下,改造或增加电气设施。

为了使读者对建筑电气设计、施工及验收中的"强电"和"弱电"两部分内容有较全面的认识,现将它们所包含的系统和各系统所包括的内容列于表1中。

**2. 建筑电气设计与相关单位的关系**

要做好一项建筑设计,必须首先了解建设单位的需求和他们提供的设计资料,必要时还要去了解电气设备使用情况。完工后的建筑工程总是交付建设单位使用,因此满足建设单位的使用需要是设计的最根本目的。当然,不能盲目地去满足,而是在客观条件许可下去实现。因此在设计中应进行多方案的比较,选出技术、经济合理的方案付诸设计和施工。设计是用图纸表达的产品,且必须由施工单位去建设工程实体。因此设计方案能否施工是另一个很重要的问题,否则仅是"纸上谈兵"而已。一般地,设计者应该掌握电气施工工艺,应该了解各种安装过程,以使图纸能够"兑现"。

表1　建筑电气设计、施工及验收项目

| | | |
|---|---|---|
| "强电"系统 | 室外电气 | 架空线路及杆上电气设备安装,变压器、箱式变电所安装,成套配电柜(箱)和动力、照明配电箱(盘)及控制柜(屏、台)安装,电线、电缆导管和线槽敷设,电线、电缆穿管和线槽敷线,电缆头制作、导线连接和线路电气试验,建筑物外部装饰灯具、航空障碍标志灯和庭院路灯安装,建筑照明通电试运行,接地装置安装 |
| | 变配电室 | 变压器、箱式变电所安装,成套配电柜(箱)和动力、照明配电箱(盘)及控制柜(屏、台)安装,裸母线、封闭母线、插接式母线安装,电缆沟内和电缆竖井内电缆敷设,导线连接和线路电气试验,接地装置安装,避雷引下线和变配电室接地干线敷设 |
| | 电气动力 | 成套配电柜(箱)和动力、照明配电箱(盘)及控制柜(屏、台)安装,电动机、电加热器及电动执行机构检查、接线,低压电器动力设备检测、试验和空载运行,桥架安装和桥架内电缆敷设,电线、电缆导管和线槽敷设,电线、电缆穿管和线槽敷线,电缆头制作、导线连接和线路电气试验,插座、开关、风扇安装 |
| | 备用和不间断电源安装 | 成套配电柜(箱)和动力、照明配电箱(盘)及控制柜(屏、台)安装,柴油发电机组安装,蓄电池组安装,不间断电源等其他功能单元安装,裸母线、封闭母线、插接式母线安装,电线、电缆导管和线槽敷设,电缆头制作、导线连接和线路电气试验 |
| | 接地及防雷 | 接地装置安装,避雷引下线和变配电室接地干线敷设,建筑物等电位连接,接闪器安装 |
| "弱电"系统 | 建筑物设备自动化系统 | 暖通空调及冷热源监控系统,供配电、照明、动力及备用电源监控系统,卫生、给排水、污水监控安装,其他建筑设备监控系统安装 |
| | 火灾知道报警与消防联动控制系统 | 火灾报警系统安装,防火排烟设备联动控制系统安装,气体灭火设备联动控制系统安装,消防专用通信安装,事故广播系统、应急照明系统安装,安全门、防火门或防火水幕控制系统,电源和接地系统调试 |
| | 建筑物安保监控系统 | 闭路电视监控系统、防盗报警系统、保安门禁系统、寻更监控系统安装,线路敷设,电源和接地系统调试 |
| | 建筑物通信自动化系统 | 电话通信和语音留言系统、卫星通信和有线电视广播系统、计算机网络和多媒体系统、大屏幕显示系统安装,线路敷设,电源和接地安装,系统调试 |
| | 建筑物办公自动化系统 | 电视电话会议系统、语音远程会议系统、电子邮件系统、计算机网安装,线路敷设,电源和接地安装,系统调试 |
| | 广播音响系统 | 公共广播和背景音乐系统及音响设备安装,线路敷设,电源和接地安装,系统调试 |
| | 综合布线系统 | 信息插座、插座盒、适配器安装,跳线架、双绞线、光纤安装和敷设,大对数电缆馈线、光缆安装和敷设,管道、直埋铜缆或光缆敷设,防雷、防浪涌电压装置安装,系统调试 |

　　由于电气装置使用的能源和信息是来自市政设施的不同系统,因此在开始进行设计方案构思时,就应考虑到能源和信息输入的可能性及其具体措施。与这方面有关的设施是供电网

络、通信网络和消防报警网络等,相应的就要和供电、电信和消防等部门进行业务联系。

"安全用电"在建筑设计中是个特别重要的问题。为此,设计中考虑许多安全用电措施是非常必要的,同时还要保证建筑电气设计的内容完全符合电气的规范、规定。在这方面,当地供电、电信和消防等部门不但是能源和信息的供应单位,而且还是"安全用电"和"防火报警"的管理部门。建筑电气设计与安装的关键部位应经这些部门的审查方能施工与验收。

**3. 建筑电气设计与建筑、结构、给排水、暖通等设计的协调**

建筑电气是建筑工程中的一部分,它相当于人体的"神经系统",与其本体不可分割,而且与其他"系统"纵横交错、息息相关。一幢具备完善功能的建筑物与人一样,也应该是土建及水、暖、电等系统所组成的统一体。因此一个完善的建筑设计是各专业密切协调下的产物。建筑电气的设计必须与建筑协调一致,按照建筑格局进行布置,同时要不影响结构的安全,在结构安全的许可范围之内"穿墙越户"。建筑电气设备与建筑设备"争夺地盘"的矛盾特别多,如在走廊内敷设干线、干管时,设计中先约定电气线槽与设备干管各沿走廊的一侧敷设,并协商好相互跨越时的标高。

总之,各专业在设计中要协调好,要认真进行专业间的校对,否则容易造成返工和损坏建筑功能。《建筑电气技术基础》是一门专业基础课。学习本课程的目的在于掌握建筑电气设备工程技术的基本知识,具有综合考虑和合理处理各种建筑设备和建筑主体与建筑电气之间关系的能力,从而做出适用、经济的建筑设计,并掌握一般建筑电气设计的原则和方法。此外,在领会本学科基本原理的基础上,应当加强设计和施工的实践,才能完整地掌握建筑电气工程技术。

# 第1章 电路基础

## 1.1 直流电阻电路

### 1.1.1 电路和电路模型

在日常生产、生活中我们会遇到很多电路。实际电路是为了实现某些预期目的而设计的，由多个器件相连接而形成的电流通路装置。电路通常有两个作用：一是用来传递或转换电能，例如，发电厂的发电机将热能、水能等转换为电能，通过变压器、输电线等输送到建筑工地，在那里电能又被转换为机械能（如搅拌机）、光能（如照明）等；二是用来实现信息的传递和处理，例如，电视机接收天线把载有语言、音乐、图像信息的电磁波接收后转换为相应的电信号，而后通过电路将信号进行传递和处理，送到显像管和喇叭（负载），将原始信息再现出来。其中，电能或信号的发生器称为电源，用电设备称为负载。电源又称为激励（输入），在激励作用下电路中产生的电压、电流称为响应（输出）。

图 1-1(a)所示为一个照明的实际电路，电路由干电池、灯泡、开关和导线组成。当开关合上时，电流就在电路中流通，灯泡发光。

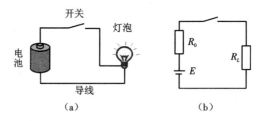

图1-1 实际电路与对应模型

**1. 电路组成**

电路主要包含以下几部分：

(1)电源：电路中供给电能的设备，如图 1-1(a)中的干电池。电源的作用是将其他形式的能量转换为电能。如电池将化学能转换为电能，发电机将机械能转换为电能等。它们是推动电路中电流流动的原动力。

(2)负载：是指用电设备，即电路中消耗电能的设备，如图中灯泡。它的作用是将电能转换为其他形式的能量。如电灯将电能转换为光能，电炉将电能转换为热能，电动机将电能转换为机械能等。

(3)中间环节：这主要包括连接导线、开关及其他控制元件。它们将电源和负载连接成一个闭合回路，起控制、传输、分配电能以及保护等作用。

在实际应用中为了分析问题方便，可以将实际器件抽象成理想化的模型，用一些规定的图形符号表示实际器件,将实际电路用电路模型表示。如图1-1(a)电路中,干电池用电源 $E$ 和内电阻 $R_0$ 表示,灯泡用电阻 $R_L$ 表示,开关用无接触电阻的理想开关表示,其电路模型如图1-1(b)所示。由于金属导线的电阻相对于负载电阻来说很小,一般可以忽略不计,即认为它是理想导线。本书所涉及的电路均认为是理想电路元件组成的电路模型。通常,电路又称为网络。

根据电路中使用的电源不同,电路可分为直流电路和交流电路。如果电路中电源电压或电流是恒定不变的,该电路称为直流电路;如果电源电压、电流随时间交替变化,称为交流电路。

**2. 二端网络**

电路(或网络)的一个端口是它向外引出的一对端子,这对端子可以与外电路相连。对于一个端口来说,从它的一个端子流入的电流一定等于从另一个端子流出的电流。这种具有向外引出一对端子的电路或网络称为二端网络或一端口网络,如图1-2所示为一个二端网络。根据二端网络内部是否含有电源,可分为有源二端网络和无源二端网络。

图1-2　二端网络

## 1.1.2　电路变量

**1. 电流**

电流是电荷在电路中有规则地定向运动形成的。单位时间内通过导体某一截面的电荷量称为电流强度,简称电流。其关系可表示为

$$i = \frac{\Delta q}{\Delta t} \tag{1-1}$$

习惯上把正电荷的运动方向规定为电流的实际方向。大小和方向都不随时间变化的电流称为直流电流,简称直流(DA),电流强度用符号 $I$ 表示。直流电流强度 $I$ 与电荷量 $Q$ 的关系式为

$$I = \frac{Q}{t} \tag{1-2}$$

在国际单位制(SI)中,电流强度的单位为 A(安培),即每秒通过导体截面的电量为 1 C(库仑)时电流为 1 A。电流单位还有 mA(毫安)和 μA(微安)。它们的关系为

$$1 \text{ A} = 10^3 \text{ mA} = 10^6 \text{ μA}$$

把大小和方向都随时间周期性变化且在一周期内平均值为零的电流称为交流电流,简称交流(AC)。生活中使用的电流就是正弦交流电流。周期性变化,但在一个周期内的平均值不等于零的电流称为脉动电流。电子技术中常用的脉冲控制信号就是脉动电流。

在实际问题中,电流的真实方向往往难以判断。因此可以先任意选定某一方向作为电流的方向(称为参考方向),把电流看成代数量进行计算。如果计算后该电流值为正值,说明电流的实际方向与参考方向相同;反之,电流值为负值,则说明电流的实际方向与参考方向相反。

**2. 电压**

电荷在电场或电路中具有一定的能量,电场力将单位正电荷从某一点沿任意路径移到参考点所做的功称为该点的电位或电势。电路中某两点间的电位差称为电压。如 A,B 两点的电位分别为 $V_A$, $V_B$,则两点之间的电压为

$$U_{AB} = U_A - U_B \tag{1-3}$$

电位、电压的单位是 V(伏特),简称伏。电场力将 1 C 正电荷从 A 点移到 B 点所做的功为 1 J(焦耳)时,$A$,$B$ 两点之间的电压为 1 V。电压的单位还有 μV,mV 和 kV。它们的关系为

$$1 \text{ kV} = 10^3 \text{ V}$$

$$1 \text{ V} = 10^3 \text{ mV} = 10^6 \text{ μV}$$

习惯上把电位的下降方向规定为电压的实际方向。与电流一样,电压也分为直流电压和交流电压。在分析与计算电路时,如果无法判断电压的实际方向,可以先选定任意一个方向为电压的参考方向,把电压看成代数量进行计算。如果计算后该电压值为正值,说明电压的实际方向与参考方向相同;反之,电压值为负值,则说明电压的实际方向与参考方向相反。

就像人们以海平面作为衡量物体所处高度的参考点一样,计算电位也必须有一个参考点才能确定它的具体数值。参考点的电位一般规定为零,高于参考点的电位为正,低于参考点的电位为负。在电工学中通常以大地的电位为零。有些用电设备为了使用安全,将机壳与大地相连,称为接地。但是,在某些电气系统或电子仪器中,为了安全或抑制干扰等原因,不允许接地,常常选择系统中某一个公共点作为该系统的参考点,该点也称为系统的零点。

**3. 电动势**

从电源的外电路看,正电荷在电场力的作用下,从高电位向低电位移动,形成了电流,即电源使电荷移动做功。为了使电流维持下去,电源必须依靠其他非电场力(例如电池的化学能)把正电荷从电源的低电位端(负极)移到高电位端(正极)。将单位正电荷从电源的负极移到正极所做的功,称为电源的电动势,用符号 $E$ 表示,电动势的单位也是 V。

电动势是衡量电源做功能力的一个物理量,这和前面所述的电压是衡量电场力做功的能力是相似的。它们的区别在于电场力能够在外电路中把正电荷从高电位端(正极)移向低电位端(负极),电压的正方向是电位降低的方向;而电动势能把电源内部的正电荷从低电位端(负极)移向高电位端,电动势的正方向规定为在电源内部自低电位端指向高电位端,也就是电位升高的方向。

**4. 电阻**

物体阻碍电流通过的能力用"电阻"这一物理量表示。电阻的符号为 $R$ 或 $r$,电阻的单位是 Ω(欧姆),简称欧。较大的单位是 kΩ 和 MΩ。它们的关系为

$$1 \text{ kΩ} = 10^3 \text{ Ω}$$

$$1 \text{ MΩ} = 10^6 \text{ Ω}$$

导体的电阻不仅和导体的材料有关,而且还和导体的尺寸有关。实验证明,同一材料的导体电阻与导体的截面积 $S$ 成反比,和导体长度 $L$ 成正比,即

$$R = \rho \frac{L}{S} \tag{1-4}$$

式中 $L$ 单位为 m;$S$ 单位为 m²;$R$ 单位为 Ω;$\rho$ 是导体的电阻率单位为 Ω·m。例如铜的电阻率 $\rho = 0.0175$ Ω·m,铝的电阻率为 $\rho = 0.029$ Ω·m 等。

电阻的倒数 $G$ 称为电导,是表示物体导电能力的物理量,单位为西门子(S),简称西。

**5. 功率与电能**

当电路中电流通过用电设备时,电能将转换成其他形式的能量而做功。单位时间内电流所做的功称为电功率,简称功率,用符号 $P$ 表示。在国际单位制(SI)中,电功率的单位是 W(瓦特),简称瓦,还可采用 kW 和 mW 表示。它们的关系是

$$1\ \text{kW} = 10^3\ \text{W}$$
$$1\ \text{W} = 10^3\ \text{mW}$$

某元件的功率 $P$ 与其电压 $U$、电流 $I$ 及电阻 $R$ 的关系为

$$P = UI = I^2R = \frac{U^2}{R} \tag{1-5}$$

用电设备工作一定时间 $t$ 之后消耗的电能 $W$ 可用下式表示为

$$W = P \cdot t \tag{1-6}$$

当功率的单位为 kW、时间的单位为 h（小时）时，电能的单位为 kW·h，习惯上称为度。一般电度表的计量单位都以度表示。

## 1.1.3　电路工作状态

在实际工作中，由于连接方式不同，电路可以有开路、短路和带负载等不同工作状态。下面以直流电路为例，简单介绍在不同工作状态下电流、电压和功率的特点。

### 1. 开路

在图 1-3（a）电路中，当开关打开时，电路处于开路（空载）状态。电路中电流为零，电源的内阻压降也等于零，这时电源的端电压 $U$（亦称空载电压）等于电源的电动势 $E$，负载电阻 $R$ 不消耗功率。电路电压、电流、电源产生的功率 $P_E$ 及负载消耗的功率 $P$ 分别为

$$I = 0, \quad U = E, \quad P_E = 0, \quad P = 0 \tag{1-7}$$

### 2. 短路

在图 1-3（b）电路中，负载电阻 $R$ 为零时或由于某种原因导致电源两端直接连通时，电流不通过负载电阻，电路处于短路状态。此时，外电路电阻 $R$ 为零，电源端电压 $U$ 也为零，电源电动势全部降在电源的内阻 $R_0$ 上。由于一般电源内阻很小，因此电路电流很大，此电流称为短路电流 $I_S$。电路电压、电流、功率 $P_E$ 及负载消耗的功率 $P$ 分别为

$$I = I_S = \frac{E}{R_0}, \quad U = 0, \quad P_E = I^2R_0, \quad P = 0 \tag{1-8}$$

短路电流很大，容易损坏电源造成严重事故，所以应该尽力预防。一般情况下，短路是由于电气设备和线路的绝缘损坏或者接线错误引起的。为了避免短路事故，通常在电路的电源引入处接入熔断器或断路器进行保护。

### 3. 带负载工作状态

在图 1-3（c）电路中，当合上开关时，电流流过负载电阻，电路处于带负载工作状态。此状态下电路电流、电压、负载消耗功率 $P$、电源产生的功率 $P_E$ 及电源内阻 $R_0$ 消耗的功率 $P_0$ 分别为

$$\begin{cases} I = \dfrac{E}{R_0 + R} \\ U = IR = E - IR \\ P = UI = EI = I^2R_0 = P_E - P_0 \end{cases} \tag{1-9}$$

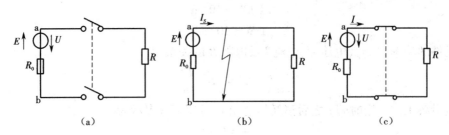

**图1-3　电路的工作状态**

(a)开路；(b)短路；(c)带负载工作状态

## 1.1.4　基本定律

### 1. 欧姆定律

(1)一段电路的欧姆定律

当电阻两端加上电压时,电阻中就会有电流通过,如图1-4(a)所示。实验证明:在部分没有电动势而只有电阻的电路中,电流 $I$ 的大小与电阻 $R$ 两端的电压 $U$ 成正比,与电阻值 $R$ 成反比。这就是一段电路的欧姆定律,此定律可用下式表示为

$$I = \frac{U}{R} \tag{1-10}$$

欧姆定律表示电压、电流和电阻三者之间的变化关系,只要知道其中任意两个量,就可以求出第三个量。如果 $R$ 与电压和电流无关,是常数,这个电阻就是线性电阻。线性电阻的伏安特性如图1-5所示。

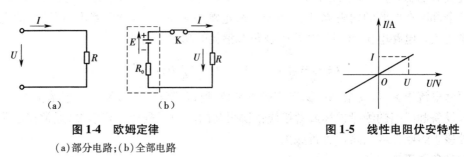

**图1-4　欧姆定律**

(a)部分电路；(b)全部电路

**图1-5　线性电阻伏安特性**

(2)全电路欧姆定律

以直流发电机或蓄电池等作为电源给负载供电的电路如图1-4(b)所示。图中电源的电动势为 $E$ ,电源的内阻为 $R_0$ , $E$ 与 $R_0$ 构成了电源的内电路,如图中虚线框内的部分。负载电阻 $R$ 是电源的外电路。外电路和内电路共同组成了全电路。全电路仍可用欧姆定律进行计算,即

$$I = \frac{E}{R_0 + R} \tag{1-11}$$

或

$$E = IR + IR_0 = U + IR_0 \tag{1-12}$$

$$U = E - IR_0$$

式(1-11)(1-12)就是全电路欧姆定律的表达式。式中 $IR_0$ 为电源的内部压降(或称内阻

压降),$U$ 称为电源的端电压。当电路闭合时,电源的端电压 $U$ 等于电源电动势 $E$ 减去内部压降 $IR_0$。电流越大,则电源的端电压下降得越多。表示它们关系的曲线称为电源的外特性曲线,如图 1-6 所示。一般情况下,电路的负载电阻总是比电源的内阻大得多。因而电源的内部压降 $IR_0$ 总是比电源的端电压 $U$ 要小得多,因此电源电动势与电源端电压接近相等,即 $U \approx E$。如果将式(1-12)各项乘以 $I$,则得到功率平衡式,即

$$UI = EI - I^2 R_0 \qquad (1\text{-}13)$$

$$P = P_E - P_0$$

或

$$P_E = P + P_0 \qquad (1\text{-}14)$$

由上式可见,电源产生的功率 $P_E$ 等于负载消耗的功率 $P$ 与电源内阻 $R_0$ 上消耗的功率 $P_0$ 之和。

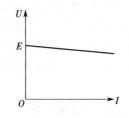

图 1-6　电源外特性曲线

**例 1-1**　电路如图 1-4(b)所示,电源电动势 $E = 12$ V,电源内阻 $R_0 = 0.5\ \Omega$,负载电阻 $R = 10\ \Omega$。当开关 $K$ 闭合后,试求:

(1)电阻 $R$ 中流过的电流 $I$、电阻 $R$ 两端的电压 $U$ 和消耗的功率 $P$,电源的内部压降 $U_0$ 和内阻消耗的功率 $P_0$ 各为多大?

(2)当 $R = 0$ 时,电路中的 $I, U, P, U_0$ 及 $P_0$ 各为多大?

(3)当 $R = \infty$ 时,电路中的 $I, U, P, U_0$ 及 $P_0$ 各为多大?

**解**　(1)$I = \dfrac{E}{R + R_0} = \dfrac{12}{10 + 0.5} = 1.14$ A

$$U = IR = 1.14 \times 10 = 11.4 \text{ V}$$

$$P = I^2 R = (1.14)^2 \times 10 = 13 \text{ W}$$

$$U_0 = IR_0 = 1.14 \times 0.5 = 0.57 \text{ V}$$

$$P_0 = I^2 R_0 = (1.14)^2 \times 0.5 = 0.65 \text{ W}$$

(2)当 $R = 0$ 时,外电路处于短路状态,此时有

$$I = \frac{E}{R + R_0} = \frac{E}{R_0} = \frac{12}{0.5} = 24 \text{ A}$$

$$U = RI = 0$$

$$P = I^2 R = 0$$

$$U_0 = IR_0 = 24 \times 0.5 = 12 \text{ V}$$

$$P_0 = I^2 R_0 = 24^2 \times 0.5 = 288 \text{ W}$$

(3)当 $R = \infty$ 时,外电路处于开路状态,此时有

$$I = 0$$

$$U = E = 12 \text{ V}$$

$$P = 0$$

$$U_0 = 0$$

$$P_0 = 0$$

由上述计算可以看到,因电源内阻一般比较小。当负载电阻等于零时,通过电源的电流很大,在电源内阻上的电压降和消耗功率都将很大。这时电源很容易损坏,应该避免。

**2. 楞次 - 焦耳定律**

电流通过导体时,会有部分电能转换为热能。把这种由电能转化为热能而释放出热量的

现象叫作电流的热效应。电流通过导体时所产生的热量 $W$ 与电流 $I$ 的平方、导体电阻 $R$ 以及通电时间 $T$ 成正比。这个关系称为楞次—焦耳定律，可用下式表示，即

$$W = I^2 RT \tag{1-15}$$

当电流 $I$ 的单位为 A、电阻 $R$ 的单位为 $\Omega$、时间 $T$ 的单位为 s 时，热量 $W$ 的单位为 J（焦耳）。相当于电阻为 $1\ \Omega$ 的导体中通过 1 A 的电流时每秒钟产生的热量。电流的热效应可以为人类服务，但是在某些场合却是有害的。如在变压器、电机等电气设备中，电流通过线圈时产生的热量会使这些设备的温度升高，如果散热条件不好，严重时可能烧坏设备。为了使电气设备能安全、经济运行，就必须对电压、电流和功率等参数值给予一定限制。电气设备在安全状况下工作时长期允许的工作电压、电流和功率等数值，称为额定值，通常用 $I_N, U_N, P_N$ 等符号表示。

### 3. 基尔霍夫定律

不能用简单串、并联方法简化为单一回路的电路称为复杂电路或网络。计算这种电路单靠欧姆定律是不够的，还需利用基尔霍夫定律。

首先介绍几个概念。电路中通过同一电流的每个分支称为支路，如图 1-7 中的 ab、cd、ef 均是支路。电路中三条或三条以上支路的连接点称为节点，图 1-7 中 a，b 两点为节点。电路中任一闭合路径称为回路，图 1-7 中的 abdca、aefba、aefbdca 均是回路。其中回路 abdca 和 aefba 内部不包含其他支路，称为网孔。

任何复杂电路都有三条以上的支路、两个以上的节点和两个以上的回路。图 1-7 所示复杂电路有三条支路、两个节点和三个回路。

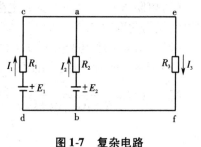

图 1-7　复杂电路

（1）基尔霍夫电流定律（KCL）

任一时刻流入节点的电流之和等于流出该节点的电流之和，即

$$\sum I_{入} = \sum I_{出} \tag{1-16}$$

如果规定流入节点的电流为正，流出节点的电流为负，则上式可改写为

$$\sum I = 0 \tag{1-17}$$

因此基尔霍夫电流定律也可表述成：在任一时刻，流入节点电流的代数和等于零。

该定律用来确定连接在同一节点上各支路电流的关系，由于电流的连续性，电路中任何一点（包括节点在内）均不能堆积电荷，因此该定律成立。基尔霍夫电流定律通常应用于节点，但也可以把它推广应用于包围部分电路的任一假设的闭合面上，如图 1-8 所示虚线框内的闭合面可以收缩为一点，对于该点基尔霍夫电流定律仍成立，因此有

$$I_A + I_B + I_C = 0$$

**例 1-2**　图 1-9 所示电路中有节点 $a$，已知 $I_1 = 5$ A，$I_2 = 2$ A，$I_3 = -3$ A，试求通过 $R$ 的电流 $I_4$。

**解**　假设通过 $R$ 的电流 $I_4$ 的参考方向如图所示。根据基尔霍夫电流定律列出电流方程

$$I_1 - I_2 - I_3 + I_4 = 0$$

$$5 - 2 + 3 + I_4 = 0$$

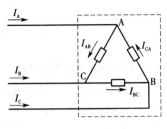

图 1-8　KCL 的推广

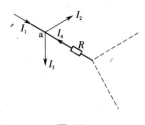

图 1-9

$$I_4 = -6 \text{ A}$$

$I_4$ 为负值,说明实际方向与设定的参考方向相反,通过 $R$ 的电流的实际方向是从 a 点流出。

(2)基尔霍夫电压定律(KVL)

在任一时刻,沿电路任一回路绕行一周(顺时针方向或逆时针方向),回路中各段电压的代数和恒等于零,即

$$\sum U = 0 \tag{1-18}$$

如果规定电位升取正、则电位降取负,反之亦然。对于由电源电动势和电阻构成的回路,根据基尔霍夫电压定律,回路中的各电动势的代数和等于各电阻上电压降的代数和。因此上式可改写为

$$\sum E = \sum IR \tag{1-19}$$

应用基尔霍夫电压定律分析计算时,要首先设定回路的绕行方向。凡是电动势的正方向与绕行方向一致时,该电动势取正号,相反时取负号。通过电阻的电流方向与绕行方向一致时,该电阻上的电压降取正号,相反时取负号。电动势列在方程的一边,电压降列在方程的另一边。

例 1-3　在图 1-10 所示电路中,$E_1 = 100 \text{ V}$,$E_2 = 200 \text{ V}$,$E_3 = 125 \text{ V}$,$R_1 = 5 \text{ }\Omega$,$R_2 = 10 \text{ }\Omega$,$R_3 = 20 \text{ }\Omega$,$R_4 = 15 \text{ }\Omega$,求回路中的电流。

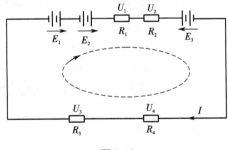

图 1-10

**解**　首先选择回路循行方向为顺时针,如图中所示。可列方程如下

$$E_1 + E_2 - E_3 = IR_1 + IR_2 + IR_3 + IR_4$$

代入数值解得

$$I = \frac{E_1 + E_2 - E_3}{R_1 + R_2 + R_3 + R_4} = 3.5 \text{ A}$$

### 1.1.5　电压源和电流源

（1）电压源

为电路提供恒定电压的电源称为电压源。电压源以电动势 $E$ 和内阻 $R_0$ 串联表示。若电压源内阻 $R_0$ 为零，则称为理想电压源，又称恒压源。理想电压源有两个特点：一是电压恒定不变；二是电路中电流的大小取决于与理想电压源连接的负载电阻的大小。实际电压源的内阻很小，可以看成是理想电压源与电阻 $R_0$ 串联而成，如图 1-11 所示。

（2）电流源

为电路提供恒定电流的电源称为电流源，用一个定值电流 $I_S$ 和内阻 $r_0$ 并联表示。$I_S$ 的方向由低电位指向高电位。若电流源的内阻无限大，则称为理想电流源，简称恒流源。理想电流源端电压的大小由外电路确定，但它提供的电流是一定的，不随外电路改变，如图 1-12 所示。

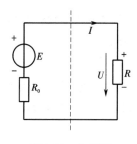

图 1-11　电压源

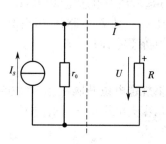

图 1-12　电流源

（3）两种电源的等效变换

如图 1-11 所示电路，应用 KVL 有

$$E = U + IR_0$$

如图 1-12 所示电路，应用 KCL 有

$$I_S = I + \frac{U}{r_0} \quad 或 \quad I_S r_0 = I r_0 + U$$

当负载不变时，实际电压源与实际电流源对负载提供的端电压和端电流大小和方向完全相同，此时称两电源是等效的。即有下列关系成立，即

$$r_0 = R_0, \quad E = I_S r_0$$

或

$$I_S = E/r_0 = E/R_0$$

**结论 1**　具有电动势 $E$ 和内阻 $R_0$ 的电压源，可以等效变换为具有相同内阻的电流源，电流源电流 $I_S$ 等于电压源的短路电流。

**结论 2**　具有电流 $I_S$ 和内阻 $R_0$ 的电流源，可以等效变换为具有相同内阻的电压源，电压源的电动势 $E$ 等于电流源的开路电压，即 $E = I_S r_0$。

根据以上结论，可以进行实际电压源和电流源之间的等效变换，进行等效变换时，要注意方向，电流源电流是从电压源的负极流向正极。这种变换对外电路等效，对内不等效，而理想电压源和理想电流源之间是不能进行等效变换的。

**例 1-4**　已知某电压源电动势 $E = 20$ V，内阻 $R_0 = 4$ Ω。求其等效电流源的电流和内阻。

**解**　电流源电流 $I_S = E/R_0 = 20/4 = 5$ A

内阻 $r_0 = R_0 = 4$ Ω

## 1.1.6　电阻电路分析

**1. 支路电流法**

支路电流法是以支路电流为未知量,根据基尔霍夫电流定律和电压定律列出与未知量数目相同的电流、电压方程,通过解方程组求出支路电流。

支路电流法计算电路的步骤如下:

(1)标出各支路电流的方向,如果不能确定电流的实际方向,可先任意假设参考方向,最后根据计算结果的正负判断电流的实际方向;

(2)根据基尔霍夫电流定律,任意选取$(n-1)$个节点列基尔霍夫电流方程(该 $n-1$ 个方程是独立的);

(3)根据基尔霍夫电压定律,选取独立回路(通常选网孔作为独立回路)列出 $b-(n-1)$ 个独立的电压方程;

(4)解方程组,求支路电流。

上面根据 KCL 和 KVL 一共可列出$(n-1)+[b-(n-1)]=b$ 个独立方程,所以能解出 $b$ 个支路电流。

**例 1-5**　求图 1-13 所示电路中各支路电流。

**解**　在电路中标出电流方向和回路的绕行方向,根据 KCL 与 KVL 列出方程为

节点 $A:I_1+I_2-I_3=0$

回路 $1:E_1=I_1R_1+I_3R_3$

回路 $2:E_2=I_2R_2+I_3R_3$

将已知数据代入上述方程为

$$I_1+I_2-I_3=0$$
$$I_1+4I_3=12$$
$$I_2+4I_3=6$$

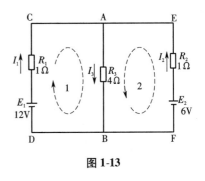

图 1-13

解方程组得 $I_1=4$ A,$I_2=-2$ A,$I_3=2$ A。

计算结果可通过对上面没有使用的回路 AEFBDCA 用 KVL 验证,即

$$\sum U=-E_1+I_1R_1-I_2R_2+E_2=-12+4\times1-(-2)\times1+6=0$$

**2. 戴维南定理**

戴维南定理指出:对于任意的线性有源二端网络,对外电路而言,可以用一个电压源和电阻串联的电路等效,该电压源的电动势 $E_0$ 等于该有源二端网络的开路电压 $U_{OC}$,电阻 $R_0$ 等于该有源二端网络中独立源全部置零后的入端等效电阻。

在实际应用中,有时不需要把所有支路的电流都求出来,而只要计算某一特定支路的电流。在这种情况下,运用戴维南定理则较为简便。

图 1-14(a)(b)所示分别为最简单的有源二端网络和无源二端网络。

要计算电路中某一支路电流时,先将该支路移去,使电路断开,留下的部分为一个有源二端网络,然后按照戴维南定理求出等效电压源的 $E_0$ 和 $R_0$,则待求的支路电流为

$$I=\frac{E_0}{R_0+R} \tag{1-20}$$

式中，$R$ 为待求支路的电阻。

　　所谓等效是对外电路而言的，即把所要计算的那条支路接在上述的等效电压源两端，同接在原电路中一样，流过的电流是相等的。

　　**例 1-6**　用戴维南定理求图 1-15 所示电路中 $R_3$ 支路的电流 $I_3$。

（a）　　　　　　　（b）　　　　　　　　　　　　　　　　　图 1-15

**图 1-14　二端网络**

（a）有源二端网络；（b）无源二端网络

　　**解**　首先将待求支路 $R_3$ 移去，如图 1-16（a），求出有源二端网络的开路电压 $U_{OC}$。

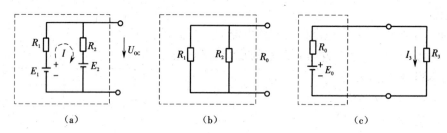

（a）　　　　　　　　　　（b）　　　　　　　　　　（c）

**图 1-16**

（a）求 $U_{OC}$ 电路；（b）求等效内阻电路；（c）等效戴维南电路

　　由闭合回路的欧姆定律，求得图 1-16（a）中的电流为

$$I = \frac{E_1 - E_2}{R_1 + R_2}$$

沿 $E_2$ 支路（或沿 $E_1$ 支路）求开路电压 $U_{OC}$，即

$$U_{OC} = E_2 + IR_2 = E_2 + \frac{E_1 - E_2}{R_1 + R_2} \times R_2 = \frac{E_1 R_2 + E_2 R_1}{R_1 + R_2}$$

求等效内阻电路如图 1-16（b）所示，由图得

$$R_0 = \frac{R_1 R_2}{R_1 + R_2}$$

将 $R_3$ 接在等效电压源两端，如图 1-16（c）所示即可求出未知电流为

$$I_3 = \frac{E_0}{R_0 + R_3} = \frac{\dfrac{E_1 R_2 + E_2 R_1}{R_1 + R_2}}{\dfrac{R_1 R_2}{R_1 + R_2} + R_3} = \frac{E_1 R_2 + E_2 R_1}{R_1 R_2 + R_2 R_3 + R_1 R_3}$$

# 1.2　正弦电路

正弦交流电路是电工学的重点内容之一,是学习电机、电器和电子技术的基础。直流电路中的一些基本定律和分析方法也适用于交流电路,但交流电路中的电压、电流是随时间做周期变化的,因此会有一些特殊的物理现象和规律,学习时应注意掌握。由于交流电具有容易生产、变压、输送和分配等特点,且生产中广泛使用的带动生产设备运转的三相异步电动机也是用三相交流电作为电源的,所以在工业生产和日常生活中交流电得到广泛应用。在需要直流电的场合,可以通过整流装置将交流电变换成直流电。

在周期性变化的电流中,一种是大小随时间变化而方向不变的电流,称为脉动电流;另一种是大小和方向都随时间变化的电流,称为交流电流。大小和方向随时间做周期性变化,并且在一个周期内的平均值为零的电压、电流统称为交流电,工程上所用的交流电主要指正弦交流电。

## 1.2.1　正弦量

### 1. 正弦量三要素

随时间按正弦规律变化的电压和电流称为正弦量,正弦量可表示为

$$x(t) = X_m \sin(\omega t + \varphi_0) \tag{1-21}$$

式中 $x(t)$ 为正弦量的瞬时值。当时间 $t$ 连续变化时,正弦量的值在 $X_m$ 和 $-X_m$ 之间变化,因此 $X_m$ 为正弦量的幅值,如电压和电流的幅值为 $U_m, I_m$。正弦量是周期函数,周期函数重复变化一次所需时间称为周期 $T$,单位为 s(秒),而单位时间内的周期数称为频率 $f$,单位为 Hz(赫兹)。显然,周期 $T$ 和频率 $f$ 互为倒数,即

$$f = \frac{1}{T} \tag{1-22}$$

$\omega$ 表示单位时间内正弦量变化的角度,称为角频率或角速度,单位为 rad/s(弧度/秒)。我国和世界上大多数国家使用的工业频率为 50 Hz,周期 $T = \frac{1}{50} = 0.02$ s,$\omega = 314$ rad/s,也有些国家使用的工业频率为 60 Hz。

$\omega t + \varphi_0$ 称为正弦量的相位,单位为弧度。在一个周期 $T$ 内 $\omega t + \varphi_0$ 变化 $2\pi$ 弧度,所以

$$\omega t = 2\pi \qquad \omega = 2\pi/T = 2\pi f \tag{1-23}$$

$t = 0$ 时刻的相位角 $\varphi_0$ 称为初相位,初相位决定正弦量的起始位置。初相位单位也为弧度,但习惯上也常用度作单位。幅值 $X_m$、角频率 $\omega$ 和初相位 $\varphi_0$ 确定之后,一个正弦量就被完全确定了。因此 $X_m, \omega, \varphi_0$ 称为正弦量的三要素。

正弦量也可以用波形图表示,图 1-17 为正弦电压 $u = U_m \sin(\omega t + \varphi_0)$ 的波形。画正弦量波形图时,常把横坐标定为 $\omega t$ 而并不一定是时间 $t$,这样可以更清楚地表示出初相位对起始位置的影响。由波形图可以看出,正弦量的初相位与计时起点有关。图中 $u_0 > 0$,故 $\varphi_u > 0$;若纵轴移到 $u'$ 处,则 $u_0' < 0$,$\varphi_u' < 0$;当计时起点正好由负到正过零处,则初相位 $\varphi_u = 0$。

### 2. 相位差

相位差为两个同频率的正弦量的相位之差。例如,两个同频率的正弦电流分别为

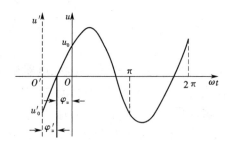

图 1-17　正弦电压 $u = U_m \sin(\omega t + \varphi_0)$ 波形

$$i_1 = I_{1m} \sin(\omega t + \varphi_1)$$
$$i_2 = I_{2m} \sin(\omega t + \varphi_2)$$

它们的相位差为

$$\varphi = (\omega t + \varphi_1) - (\omega t + \varphi_2) = \varphi_1 - \varphi_2 \tag{1-24}$$

相位差与时间 $t$ 无关,正如两人同时从两地以同样速度同向而行,他们之间的距离始终不变,恒等于初始距离。相位差表明同一时刻两个同频率的正弦量间的相位关系。若 $\varphi = \varphi_1 - \varphi_2 > 0$,则称正弦电流 $i_1$ 比 $i_2$ 超前 $\varphi$ 角,或称 $i_2$ 比 $i_1$ 滞后 $\varphi$ 角,其波形如图 1-18(a)所示。超前与滞后是相对的,是指它们到达正最大值的先后顺序。若 $\varphi = \varphi_1 - \varphi_2 < 0$,则称 $i_1$ 比 $i_2$ 滞后 $\varphi$ 角,或称 $i_2$ 比 $i_1$ 超前 $\varphi$ 角。若 $\varphi = \varphi_1 - \varphi_2 = 0$,则称 $i_1$ 与 $i_2$ 同相位,如图 1-18(b)所示。若 $\varphi = \varphi_1 - \varphi_2 = 180°$,则两正弦量反相,如图 1-18(c)所示。

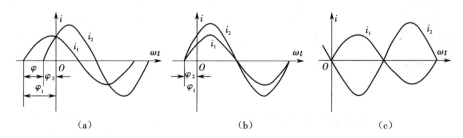

图 1-18　两个同频率正弦量相位关系示意图
(a)$\varphi > 0$;(b)$\varphi = 0$;(c)$\varphi < 0$

### 3. 正弦量的有效值

正弦量的幅值虽可表征大小,但通常说的 220 V,380 V 电压以及交流电压表、电流表表示的并非交流电压、电流的最大值或瞬时值,而是有效值。一般情况下电流、电压的大小都是用有效值度量的。有效值是从电流做功的角度定义的。若周期电流 $i$ 通过电阻 $R$ 在一周期 $T$ 内所做的功与直流电流 $I_d$ 在同等条件下所做的功相等,即

$$\int_0^T i^2 R \, \mathrm{d}t = I_d^2 R T$$

则周期电流 $i$ 的有效值等于直流电流 $I_d$,周期电流 $i$ 的有效值为

$$I = I_d = \sqrt{\frac{1}{T} \int_0^T i^2 \, \mathrm{d}t} \tag{1-25}$$

有效值用相应周期量的大写字母表示。任何周期时变量 $x$ 的有效值定义为

$$X = \sqrt{\frac{1}{T}\int_0^T x^2 \mathrm{d}t} \tag{1-26}$$

即瞬时值平方一个周期内的平均值再开方根,简称均方根值。对于正弦电流其有效值为

$$I = \sqrt{\frac{1}{T}\int_0^T i^2 \mathrm{d}t} = \sqrt{\frac{1}{T}\int_0^T I_m^2 \sin^2(\omega t + \varphi_i)\mathrm{d}t} = \frac{I_m}{\sqrt{2}} \approx 0.707 I_m$$

同理,正弦电压有效值 $U = \dfrac{U_m}{\sqrt{2}} \approx 0.707 U_m$。所以,正弦量 $x = X_m \sin(\omega t + \varphi_0)$ 的有效值 $X$ 为其幅值 $X_m$ 的 0.707 倍。

　　**例1-7**　正弦电压 $u$ 的初相位 $\varphi_0 = 30°$,$t = 0$ 时 $u_0 = 155.5$ V,试写出电压 $u$ 的表达式和有效值。

　　**解**　已知 $u_0 = 155.5$ V $= U_m \sin 30°$,所以 $U_m = 155.5/\sin 30° = 311$ V,正弦电压的表达式为

$$u = 311\sin(\omega t + 30°)\text{ V},\text{有效值 } U = \frac{311}{\sqrt{2}} \approx 220 \text{ V}$$

## 1.2.2　向量法

　　向量表示法实质是一种用复数表征正弦量的方法。已知复数 $A$ 的直角坐标式为

$$A = a + jb \tag{1-27}$$

式中 $a,b$ 分别为复数 $A$ 的实部和虚部;$j$ 为虚数单位,即 $\sqrt{-1}$。在数学中虚数单位记为 $i$,在电工技术中采用 $j$ 作为虚数单位。式(1-27)又称为复数的代数式。复数可以在复平面上表示出来。如图1-19(a)直角坐标系中,以横轴为实轴,单位为 $+1$,纵轴为虚轴,单位为 $+j$,实轴与虚轴构成的平面即为复平面。复平面上任何一点对应一个复数,图1-19(a)中的 $P,Q$ 点与复数 $3 + j3$ 和 $-2 - j3$ 对应。

　　复数也可以用复平面上的复矢量表示。如图1-19(b)复平面中的复矢量 $OA$ 表示复数 $A$。它的长度 $\rho$ 为复数的模,与实轴正方向夹角 $\varphi$ 称为辐角;在实轴和虚轴上的投影分别为复数的实部 $a$ 和虚部 $b$。

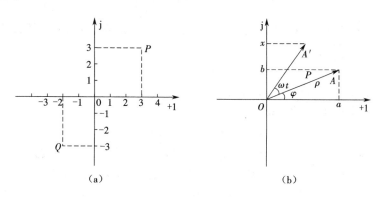

**图1-19　复数的表示**

(a)直角坐标表示;(b)复矢量表示

由图得

$$a = \rho\cos \varphi \tag{1-28}$$

$$b = \rho\sin \varphi \tag{1-29}$$

复数的模为

$$\rho = \sqrt{a^2 + b^2} \tag{1-30}$$

辐角为

$$\varphi = \arctan \frac{b}{a} \tag{1-31}$$

因此

$$A = a + jb = \rho\cos \varphi + j\rho\sin \varphi = \rho(\cos \varphi + j\sin \varphi) \tag{1-32}$$

根据欧拉公式

$$e^{j\varphi} = \cos \varphi + j\sin \varphi \tag{1-33}$$

复数 $A$ 的表达式又可写成指数形式,即

$$A = \rho e^{j\varphi} \tag{1-34}$$

为了简便,工程上又常写为极坐标形式,即

$$A = \rho \underline{/\varphi} \tag{1-35}$$

当两个复数进行加减运算时,复数采用直角坐标式(代数式),然后实部加减实部、虚部加减虚部,得到一个新的复数。

例如两复数 $A_1 = a_1 + jb_1$,$A_2 = a_2 + jb_2$,

则

$$A = A_1 \pm A_2 = (a_1 \pm a_2) + j(b_1 \pm b_2) = a \pm jb \tag{1-36}$$

若两复数相乘,复数通常采用极坐标形式,结果为复数模相乘,辐角相加。设

$$A_1 = \rho_1 \underline{/\varphi_1},A_2 = \rho_2 \underline{/\varphi_2}$$

则

$$A = A_1 A_2 = \rho_1\rho_2 \underline{/(\varphi_1 + \varphi_2)} \tag{1-37}$$

两复数相除,则两复数模相除,辐角相减,即

$$A = \frac{A_1}{A_2} = \frac{\rho_1}{\rho_2} \underline{/(\varphi_1 - \varphi_2)} \tag{1-38}$$

若图 1-19(b)中的复矢量 $A$ 以角速度 $\omega$ 沿逆时针方向旋转,经时间 $t$ 之后,转过 $\omega t$ 角度。这时它在虚轴上的投影为

$$x = \rho\sin(\omega t + \varphi) \tag{1-39}$$

故正弦量可用这样的旋转矢量的虚部表示。

旋转复矢量以复时变函数 $\dot{A} = \rho e^{j(\omega t + \varphi)} = \rho e^{j\varphi}e^{j\omega t}$ 表示。取其虚部得

$$x = I_m\dot{A} = I_m(\rho e^{j\varphi}e^{j\omega t}) = \rho\sin(\omega t + \varphi) \tag{1-40}$$

为正弦量。式中 $\rho e^{j\varphi}$ 为复常数,即前面所讲的不旋转的复矢量 $A$;$e^{j\omega t}$ 为旋转因子。

如前所述,在一个正弦交流电路中,所有正弦量都是同频率的,故式(1-40)中旋转因子是共同的,与确定正弦量间的关系无关。因此取式(1-40)中的复常数 $A = \rho e^{j\varphi}$ 来表征正弦量,并称之为正弦量的向量。

由此可以看出,用向量表征正弦量时,它的模等于所表征的正弦量的幅值,辐角等于正弦量的初相位。为了和一般的复数相区别,规定向量用上方加"·"的大写字母表示。例如正弦

电压 $u = U_m \sin(\omega t + \varphi_u)$ 的向量为

$$\dot{U}_m = U_m e^{j\varphi_u} \quad 或 \quad \dot{U}_m = U_m \underline{/\varphi_u} \tag{1-41}$$

正弦电流 $i = i_m \sin(\omega t + \varphi_i)$ 的向量为

$$\dot{I}_m = I_m e^{j\varphi_i} 或 \dot{I}_m = I_m \underline{/\varphi_i} \tag{1-42}$$

正弦量的大小通常用有效值计量,因为用有效值作为向量的模更方便。用有效值作为模的向量称为有效值向量。相应地,用幅值作为向量模的向量称为幅值向量。有效值向量用表示正弦量有效值的字母上加“·”表示。有效值向量可通过幅值向量除以 $\sqrt{2}$ 得到。以后本书中如不特别声明,所使用的都是有效值向量。例如,正弦电压、电流的有效值向量分别为

$$\left.\begin{array}{l} \dot{U} = \dfrac{\dot{U}_m}{\sqrt{2}} = \dfrac{U_m \underline{/\varphi_u}}{\sqrt{2}} = U \underline{/\varphi_u} \\[3mm] \dot{I} = \dfrac{\dot{I}_m}{\sqrt{2}} = \dfrac{I_m \underline{/\varphi_i}}{\sqrt{2}} = I \underline{/\varphi_i} \end{array}\right\} \tag{1-43}$$

值得注意的是:向量仅是表征正弦量的一种方法,它并不等于正弦量,即 $\dot{U} = U \underline{/\varphi_u} \neq U_m \sin(\omega t + \varphi_u)$。因为向量只表征出了正弦量的大小和初相位两个要素,而舍去了频率要素。用有效值向量乘以 $\sqrt{2}$ 和旋转因子 $e^{j\omega t}$ 后再取虚部才是其表征的正弦量。

由于向量与它所表示的正弦量一一对应,所以当它们之间进行互换时,不必用取虚部等数学演算一步一步导出,可直接根据正弦量的要素写出变换结果。

**例 1-8**　若有正弦电流如下,试写出它们的向量形式。

$$i_1 = 5\sin(314t + 60°) \text{ A}$$
$$i_2 = 5\sin(314t - 60°) \text{ A}$$
$$i_3 = -5\sin(314t + 60°) \text{ A}$$
$$i_4 = 10\cos(314t + 60°) \text{ A}$$

**解**

$(1) \dot{I}_1 = \dfrac{5}{\sqrt{2}} \underline{/60°} = 2.5\sqrt{2} \underline{/60°} \text{ A}$

$(2) \dot{I}_2 = \dfrac{5}{\sqrt{2}} \underline{/-60°} = 2.5\sqrt{2} \underline{/-60°} \text{ A}$

$(3)$ 先把电流 $i_3$ 写成标准的正弦函数形式,即

$$i_3 = -5\sin(314t + 60°) = 5\sin(314t - 120°)$$

所以

$$\dot{I}_3 = \dfrac{5}{\sqrt{2}} \underline{/-120°} = 2.5\sqrt{2} \underline{/-120°} \text{ A}$$

$(4)$ 先把电流 $i_4$ 写成标准的正弦函数形式

$$i_4 = 10\cos(314t + 60°) = 10\sin(314t + 150°)$$

所以

$$\dot{I}_4 = \dfrac{5}{\sqrt{2}} \underline{/150°} = 2.5\sqrt{2} \underline{/150°} \text{ A}$$

**例 1-9**　已知电流向量 $\dot{I} = 10 \underline{/30°} \text{ A}$,电压向量 $\dot{U} = 25 \underline{/60°} \text{ V}$,角频率 $\omega = 314 \text{ rad/s}$,求对

应的正弦电流和电压。

**解** 根据向量可知有效值和初相位,又已知的角频率,可以直接写出电流和电压的表达式分别为

$$u = 25\sqrt{2}\sin(314t + 60°) \text{ V}$$

$$i = 10\sqrt{2}\sin(314t + 30°) \text{ A}$$

向量在复平面的几何表示称为向量图。例 1-9 中的电流、电压向量图如图 1-20 所示。只有同频率的正弦量才能画在同一向量图中。向量模为正弦量的有效值,向量与实轴正方向的夹角为正弦量的初相角。由向量图可直观地看出,$\dot{U}$ 比 $\dot{I}$ 超前 30°。

为使向量图中各向量间的关系更清楚,往往不画出坐标轴。初相位为零的向量仍画在与实轴方向相同的位置。例如,向量 $\dot{I}_1 = 3 \underline{/0°}$ A,$\dot{I}_2 = 5 \underline{/45°}$ A,$\dot{U} = 220 \underline{/60°}$ V。它们的向量图如图 1-21 所示。

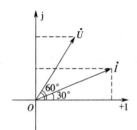

图 1-20 电流、电压向量图

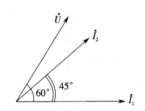

图 1-21 向量图的极坐标表示

正弦量用向量表示后,正弦量之间的运算就可以变成复数运算。

## 1.2.3 含 *RLC* 的交流电路

从本节起研究电阻、电感、电容三个单一参数在交流电路中电压、电流的大小和相位关系以及能量的转换等问题。由于电路中的电压、电流的大小和方向随时间做周期性的变化,因而交流电路的分析计算比直流电路复杂。例如在直流电路中,由于直流电的大小和方向不随时间而变化,因此电感线圈不会产生自感电动势而影响其中电流的大小,故相当于短路。对于电容,在电路稳定后则相当于把直流电路断开,即隔直。在交流电路中,电感和电容对交流电流起着不可忽视的作用,因此首先分析单一参数对交流电路的影响。

**1. 电阻电路**

与电阻相比,白炽灯、碘钨灯、电炉等负载的电感是极小的,可忽略不计。因此这类负载所组成的交流电路,实际上就认为是纯电阻电路(图 1-22(a))。图中箭头所指电压、电流的方向为参考方向。

(1)电压、电流关系

设加在电阻 *R* 两端的电压为

$$u = U_m \sin \omega t \tag{1-44}$$

根据欧姆定律,通过电阻的电流瞬时值为

$$i = \frac{u}{R} = \frac{U_m}{R}\sin \omega t \tag{1-45}$$

由此可见

$$\left.\begin{array}{c} I_m = \dfrac{U_m}{R} \text{或} I = \dfrac{U}{R} \\ \varphi = \varphi_u - \varphi_i = 0 \end{array}\right\} \tag{1-46}$$

比较式(1-44)和式(1-45)可知,在正弦电压的作用下,电阻中通过的电流也按正弦规律变化,且电流与电压同相位。它们的向量图和波形图见图1-22(b)和(c)。若用向量表示上述关系更为简捷,即

$$\dot{I}_m = \frac{\dot{U}_m}{R} \quad \text{或} \quad \dot{I} = \frac{\dot{U}}{R} \tag{1-47}$$

上式称为电阻元件伏安关系的向量形式。它同时给出了电压与电流的数量关系和相位关系。

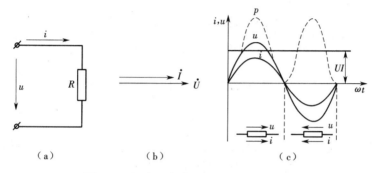

**图1-22 纯电阻电路及其向量图和波形图**
(a)电路图;(b)向量图;(c)波形图

(2)功率

①瞬时功率

在电阻上任意瞬间所消耗的功率称为瞬时功率。它等于电压瞬时值和电流瞬时值的乘积,即

$$P_R = ui = U_m \sin \omega t I_m \sin \omega t = U_m I_m \sin^2 \omega t$$

$$= \frac{U_m I_m}{2}(1 - \cos 2\omega t) = UI(1 - \cos 2\omega t) = UI + UI\sin\left(2\omega t - \frac{\pi}{2}\right) \tag{1-48}$$

上式表明,电阻的瞬时功率由两部分组成:恒定部分 $UI$ 和与时间 $t$ 有关的正弦函数部分。由于正弦值不大于1,所以永远不为负值。这说明电阻在任一时刻总是消耗电能的。这一点从图1-22(c)中虚线所示功率波形上也可以看出,因为其任一瞬时的波形总是正值。瞬时功率的波形可按式(1-48)画出:先画一条与横轴平行且距离为 $UI$ 的直线,然后以这条直线为新的横坐标轴,画出正弦波形。它的振幅为 $UI$,角频率为 $2\omega$,初相位 $-\dfrac{\pi}{2}$。

②平均功率(有功功率)

瞬时功率的实用价值不大,工程计算和测量中用的是平均功率。顾名思义,平均功率即在一个周期内瞬时功率的平均值,用 $P_R$ 表示。它的值为

$$P_R = \frac{1}{T}\int_0^T p_R \mathrm{d}t = \frac{1}{T}\int_0^T UI(1 - \cos 2\omega t)\,\mathrm{d}t = UI \tag{1-49}$$

由于 $U = IR$,所以电阻上的平均功率还可以表示为

$$P_R = I^2 R = \frac{U^2}{R} \tag{1-50}$$

由此得出结论:纯电阻电路消耗的有功功率等于其电压和电流有效值的乘积。它和直流电路的功率计算公式在形式上完全一样。有功功率的单位为 W 或 kW。

**2. 电感电路**

如果交流电路的电感线圈中的电阻可以忽略,可把它看作是一个纯电感电路。日光灯镇流器、变压器线圈在忽略电阻时就是一个纯电感,电路图如图 1-23(a)所示。

(1)电压、电流关系

设通过线圈中的电流为

$$i = I_m \sin \omega t \tag{1-51}$$

由电磁感应定律可得

$$u = -e = L \frac{\mathrm{d}i}{\mathrm{d}t} = L \frac{\mathrm{d}(I_m \sin \omega t)}{\mathrm{d}t} = \omega L I_m \cos \omega t = \omega L I_m \sin\left(\omega t + \frac{\pi}{2}\right) \tag{1-52}$$

由此可见

$$\left. \begin{array}{c} U_m = \omega L I_m \quad \text{或} \quad U = \omega L I \\[2mm] \varphi = \varphi_u - \varphi_i = \dfrac{\pi}{2} \end{array} \right\} \tag{1-53}$$

比较式(1-51)和式(1-52)可知,纯电感电路中电流与电压是同频率的正弦量,电压超前电流 π/2 角度。电压和电流的向量图和波形图如图 1-23(b)(c)所示。

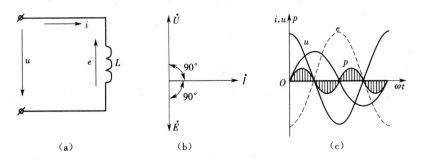

**图 1-23　纯电感电路及其向量图和波形图**

(a)电路图;(b)向量图;(c)波形图

上述关系用向量表示为

$$\dot{U}_m = \mathrm{j}\omega L \dot{I}_m \quad \text{或} \quad \dot{U} = \mathrm{j}\omega L \dot{I} \tag{1-54}$$

上式给出了电感电压与电流的数量关系及相位关系。上式还可以写成如下形式

$$\dot{I} = \frac{\dot{U}}{\mathrm{j}\omega L} = \frac{\dot{U}}{\mathrm{j}X_L} \tag{1-55}$$

式中 $X_L = \omega L = 2\pi f L$ 称为电感抗(简称感抗),它的单位是 Ω。在电感 $L$ 一定时,感抗与频率成正比,即当 $f = 0$(直流)时,$X_L = 0$,电感元件相当于短路;当 $f \to \infty$,$X_L \to \infty$,近乎开路,这就是说电感具有扼制高频电流的作用。

(2)功率

根据瞬时功率的定义可得

$$p_L = ui = U_m \cos \omega t \cdot I_m \sin \omega t = UI \sin 2\omega t \tag{1-56}$$

上式表明,电感的瞬时功率 $p_L$ 是一个按正弦规律变化的周期函数,它的频率是电压和电流频率的两倍,波形如图1-23(c)阴影部分所示。由波形可知,在第一和第三个1/4周期内,由于 $u$ 和 $i$ 都是正值(或都是负值),所以 $p_L$ 为正值,这表明此时线圈向电源吸取能量,并将此能量转变为磁能储存在线圈中;第二和第四个1/4周期内,$u$ 和 $i$ 方向相反,$p_L$ 为负值,表明此时线圈将储存的磁能又转变为电能送回电源。可见,电感元件在正弦交流电路中,时而取能,时而放能,且取与放的能量相等,故它在一个周期内的平均功率等于零,即

$$P_L = \frac{1}{T} \int_0^T p_L \mathrm{d}t = \frac{1}{T} \int_0^T UI \sin 2\omega t \mathrm{d}t = 0 \tag{1-57}$$

这表明,电感元件不消耗电源的能量,它是一个储能元件。

虽然电感量不同的线圈的平均功率皆为零,但是它们与电源交换能量的数值不同。为了衡量不同线圈与电源进行能量交换的规模,把上述瞬时功率的最大值叫作无功功率,用 $Q_L$ 表示。它的计算式为

$$Q_L = UI = I^2 X_L = \frac{U^2}{X_L} \tag{1-58}$$

无功功率的单位是 var(乏)或 kvar(千乏)。

### 3. 电容电路

(1)电压、电流关系

电路如图1-24(a)所示。当电容C接入电压时,即

$$u = U_m \sin \omega t \tag{1-59}$$

导致电容器反复不断地充电、放电,因而电路中就不断有电流通过。电流的大小为

$$i = C \frac{\mathrm{d}u}{\mathrm{d}t} = C \frac{\mathrm{d}(U_m \sin \omega t)}{\mathrm{d}t} = \omega C U_m \cos \omega t = \omega C U_m \sin\left(\omega t + \frac{\pi}{2}\right) \tag{1-60}$$

因此有

$$\left. \begin{array}{c} I_m = \omega L U_m \quad \text{或} \quad I = \omega L U \\[2mm] \varphi = \varphi_u - \varphi_i = -\dfrac{\pi}{2} \end{array} \right\} \tag{1-61}$$

比较式(1-59)和式(1-60)可知,纯电容电路中电压与电流是同频率的正弦量,电压滞后电流 π/2 角度。向量图和波形图如图1-24(b)和(c)所示。

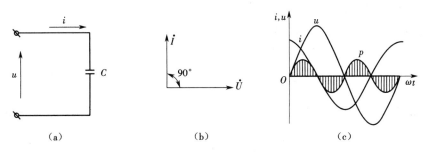

图1-24 纯电容电路及其向量图和波形图

(a)电路图;(b)向量图;(c)波形图

电容器上电压和电流用向量表示为

$$\dot{I} = j\omega C\dot{U} = \frac{\dot{U}}{-j/\omega C} = \frac{\dot{U}}{jX_c} \qquad (1-62)$$

式中 $X_C = -1/\omega C = -1/2\pi fC$ 为电容抗,简称容抗,它的单位仍为 $\Omega$。当 $C$ 一定时,$X_C$ 与电源的频率 $f$ 成反比。当 $f = 0$(直流)时,$X_C \to \infty$,电容器相当于开路,即电容具有隔直流的作用;当频率 $f$ 增高,容抗随之减小,当 $f \to \infty$ 时,则 $X_C \to 0$,此时电容器相当于短路,即 $X_C$ 对高频电流无阻碍作用。这就是常说的电容器具有通交流、隔直流的特性。

(2)功率

由瞬时功率的定义得

$$p_C = ui = U_m\sin \omega t \cdot I_m\cos \omega t = UI\sin 2\omega t \qquad (1-63)$$

可见,纯电容电路的瞬时功率也是以 $UI$ 为幅值、以 $2\omega$ 为角频率随时间按正弦规律变化。其波形如图 1-24(c)阴影部分所示。由波形可知,在第一和第三个 1/4 周期内,电压 $u$ 和电流 $i$ 方向相同,所以 $p_C$ 为正值。这表明此时电源对电容器进行充电,电容从电源吸取能量,并以电场的形式储存在电容器中。在第二和第四个 1/4 周期内,电压 $u$ 和电流 $i$ 方向相反,$p_C$ 为负值。这表明此时电容器处于放电状态,即把储存的能量释放出来,送还电源。显然,在正弦交流电路中,电容器与电源总是在不断进行等量的能量交换,故它在一个周期内的平均功率仍然为零,即

$$P_C = \frac{1}{T}\int_0^T p_C dt = \frac{1}{T}\int_0^T UI\sin 2\omega t dt = 0 \qquad (1-64)$$

因此纯电容电路与纯电感电路一样,不消耗电源的能量,也是一个储能元件。

为了描述电容器与电源之间能量交换的规模,也相应地引入了无功功率的概念。它的定义是

$$Q_C = UI = I^2 X_C = \frac{U^2}{X_C} \qquad (1-65)$$

无功功率 $Q_C$ 的单位与 $Q_L$ 相同。

**例 1-10** 在图 1-25(a)中,已知 $u = 220\sqrt{2}\sin 314t$V,$R = 50$ $\Omega$,$L = 159.24$ mH,$C = 64$ $\mu$F。求:(1)各支路的电流 $i_R$,$i_L$,$i_C$ 并作向量图;(2)各元件的功率 $P$,$Q_c$,$Q_L$。

**解** (1)根据已知条件,求感抗和容抗

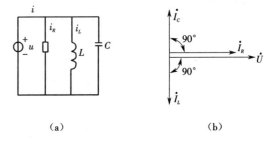

(a)

(b)

**图 1-25**

(a)电路图;(b)向量图

$$jX_L = j\omega L = j314 \times 159.24 \times 10^{-3} = 50 \underline{/90°}\ \Omega$$

$$jX_C = -j\frac{1}{\omega C} = -j\frac{1}{314 \times 64 \times 10^{-6}} = 50 \underline{/-90°}\ \Omega$$

将电压写成向量形式 $\dot{U} = 220 \underline{/0°}$ V,根据各元件伏安特性的向量形式求各支路电流为

$$\dot{I}_R = \frac{\dot{U}}{R} = \frac{220 \underline{/0°}}{50} = 4.4 \text{ A}$$

$$\dot{I}_L = \frac{\dot{U}}{jX_L} = \frac{220 \underline{/0°}}{50 \underline{/90°}} = 4.4 \underline{/-90°} \text{ A}$$

$$\dot{I}_C = \frac{\dot{U}}{-\mathrm{j}X_C} = \frac{220 \;\underline{/0°}}{50 \;\underline{/-90°}} = 4.4 \;\underline{/90°}\ \mathrm{A}$$

因此各支路电流的瞬时值表达式为

$$i_R = 4.4\sqrt{2}\sin 314t\ \mathrm{A}$$

$$i_L = 4.4\sqrt{2}\sin(314t - 90°)\ \mathrm{A}$$

$$i_C = 4.4\sqrt{2}\sin(314t + 90°)\ \mathrm{A}$$

电压、电流的向量图如图 1-25(b)所示。

（2）求各元件功率

$$P = UI_R = 220 \times 4.4 = 968\ \mathrm{W}$$

$$Q_L = I_L^2 X_L = 4.4^2 \times 50 = 968\ \mathrm{var}$$

$$Q_C = I_C^2 X_C = 4.4^2 \times 50 = 968\ \mathrm{var}$$

### 1.2.4　*RLC* 串联交流电路

在实际电路中，纯电阻、纯电感或纯电容的电路是不多见的，常见的交流电路往往是它们的组合。如电动机、变压器绕组可等效为一个内阻与一个纯电感相串联的电路；带补偿电容器日光灯电路可等效为 *R* 与 *L* 的串联再与 *C* 并联的电路等。图 1-26 是 *R*,*L*,*C* 三种元件串联电路，是一种具有普遍意义的电路。因为掌握了这种电路的分析计算方法，对于 *R*,*L* 的串联电路和 *R*,*C* 的串联电路的分析计算也就迎刃而解了。

仍采用向量法分析 *RLC* 串联电路中电压与电流的关系以及功率计算问题。

**1. 电压、电流关系**

根据图 1-26 电流、电压的参考方向，由 KVL 得

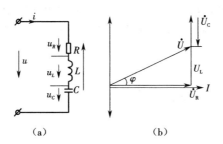

（a）　　　　　　　　　（b）

**图 1-26　*RLC* 串联电路及向量图**

$$u = u_R + u_L + u_C$$

可以证明其向量形式也具有相同的关系，即

$$\dot{U} = \dot{U}_R + \dot{U}_L + \dot{U}_C \tag{1-66}$$

又由纯电阻、纯电感和纯电容伏安特性的向量形式，各元件上的电压为

$$\dot{U}_R = R\dot{I},\ \dot{U}_L = \mathrm{j}\omega L\dot{I},\ \dot{U}_C = -\mathrm{j}\frac{1}{\omega C}\dot{I}$$

将上式代入式（1-66）可得

$$\dot{U} = R\dot{I} + \mathrm{j}\omega L\dot{I} - \mathrm{j}\frac{1}{\omega C}\dot{I} = I\left[R + \mathrm{j}\left(\omega L - \frac{1}{\omega C}\right)\right]$$

$$= \dot{I}[R + j(X_L - X_C)] = \dot{I}[R + jX] = Z\dot{I} \tag{1-67}$$

式(1-67)中 $\dot{U} = Z\dot{I}$ 称为欧姆定律的向量形式,式中

$$Z = R + j\left(\omega L - \frac{1}{\omega C}\right) = R + j(X_L + X_C) = R + jX$$

$$= \sqrt{R^2 + X^2} \left/ \arctan\frac{X}{R}\right. \tag{1-68}$$

$Z$ 称为复阻抗。它的实部是电阻 $R$,虚部是电抗 $X = X_L + X_C$。$|Z| = \sqrt{R^2 + X^2}$ 称为复阻抗的模或阻抗,$\varphi = \arctan\frac{X}{R}$ 称为辐角或阻抗角。由向量图可知,复阻抗的辐角正是电压与电流的相位差。为了便于记忆,用一直角三角形表示以上各量的关系,如图 1-27(a)所示。该直角三角形称为阻抗三角形。因为电阻、电抗、阻抗都不是正弦交变的电量,所以阻抗三角形不应画成向量。

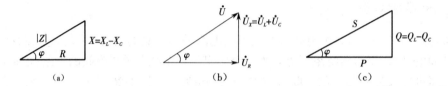

**图 1-27　阻抗三角形、电压三角形和功率三角形**
(a)阻抗三角形;(b)电压三角形;(c)功率三角形

下面作电压与电流的向量图。设 $\omega L > \frac{1}{\omega C}$,因为串联电路电流相等,所以通常以电流为参考向量,即设 $\dot{I} = I\underline{/0°}$,把它画在水平位置上。电阻上的电压 $\dot{U}_R$ 与 $\dot{I}$ 同相;$\dot{U}_L$ 超前 $\dot{I}$ 的角度为 $\pi/2$,画在与虚轴正方向相同的方向上;$\dot{U}_C$ 滞后 $\dot{I}$ 的角度为 $\pi/2$,画在与 $\dot{U}_L$ 相反的方向上。然后利用多边形规则,求 $\dot{U}_R, \dot{U}_L$ 和 $\dot{U}_C$ 的合成向量 $\dot{U}$,如图 1-27(b)所示。

由式(1-67)可以看出,$R, L, C$ 串联交流电路的性质与 $X_L, X_C$ 的大小有关。下面分三种不同的情况讨论。

当 $\omega L > \frac{1}{\omega C}$ 时,$\varphi > 0$,总电压超前电流 $\varphi$ 角,这表明电感起主要作用,电路呈感性。该电路可等效为 $R, L$ 的串联电路。

当 $\omega L < \frac{1}{\omega C}$ 时,$\varphi < 0$,总电压与电流同相位,这表明电容起主要作用,电路呈容性。该电路可等效为 $R, C$ 的串联电路。

当 $\omega L = \frac{1}{\omega C}$ 时,$\varphi = 0$,总电压与电流同相位,电路呈电阻性。这种电路称为串联谐振电路。

**2. 功率**

(1)瞬时功率 $p$

设 $i = \sqrt{2}I\sin\omega t, u = \sqrt{2}U\sin(\omega t + \varphi)$,则瞬时功率为

$$p = ui = 2IU\sin\omega t\sin(\omega t + \varphi)$$

$$= UI[\cos\varphi - \cos(2\omega t + \varphi)]$$

上式表明,$R, L, C$ 串联交流电路的瞬时功率可分为两部分:一是恒定部分 $UI\cos\varphi$,它反映电路

中电阻消耗的功率;另一部分是按 $2\omega$ 的角频率依正弦规律变化,它反映储能元件与电源之间进行能量互换的情况。瞬时功率的波形如图 1-28 所示。

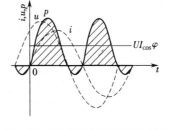

（2）平均功率（有功功率）$P$

由定义,$RLC$ 串联交流电路的平均功率为

$$P = \frac{1}{T}\int_0^T ui\mathrm{d}t = \frac{1}{T}\int_0^T UI[\cos\varphi - \cos(2\omega t + \varphi)]\mathrm{d}t$$

$$= UI\cos\varphi = U_R I = I^2 R \qquad\qquad (1\text{-}70)$$

**图 1-28　$RLC$ 交流电路瞬时功率**

上式中 $P = UI\cos\varphi$ 称为平均功率的一般公式,式中 $\cos\varphi$ 是总电压与电流相位差的余弦,叫作电路的功率因数,它的大小由负载的性质决定。

（3）无功功率 $Q$

将图 1-27（b）电压三角形各边同乘以 $I$,便得到 $RLC$ 电路的功率三角形,如图 1-27（c）所示。由图可知无功功率为

$$Q = Q_L - Q_C = U_L I - U_C I = (U_L - U_C)I = UI\sin\varphi \qquad\qquad (1\text{-}71)$$

可见,$RLC$ 交流电路的无功功率是由电感和电容的无功功率决定。

（4）视在功率 $S$

把总电压与电流的乘积称为 $RLC$ 交流电路的视在功率,用 $S$ 表示,即

$$S = UI \qquad\qquad (1\text{-}72)$$

由图 1-27（c）功率三角形可知,视在功率与有功功率、无功功率的关系为

$$S = \sqrt{P^2 + Q^2} \qquad\qquad (1\text{-}73)$$

视在功率的单位为 VA（伏安）或 kVA（千伏安）。

由于功率不是正弦量,所以功率三角形也不应画成向量图。在同一个电路中,阻抗三角形、电压三角形及功率三角形是相似的,故电路的功率因数可由下式求得。

$$\cos\varphi = \frac{R}{Z} = \frac{U_R}{U} = \frac{P}{S} \qquad\qquad (1\text{-}74)$$

**例 1-11**　图 1-29（a）是常见的日光灯电路,当灯管点亮后,电路由灯管电阻与镇流器线圈串联组成,等效电路如图 1-29（b）所示。图中 $R_1 = 300\ \Omega$ 是灯管电阻,$R_2 = 35\ \Omega$ 是镇流器线圈电阻,$L = 1.5\ \mathrm{H}$ 是线圈电感,如接入 $u = 220\sqrt{2}\sin(314t + 30°)\ \mathrm{V}$ 的电源,求:（1）电路中的电流;（2）各元件上的电压并作向量图;（3）电路中的功率和功率因数。

**解**　（1）求电路中的电流

电路的复阻抗为

$$Z = R_1 + R_2 + \mathrm{j}\omega L = 300 + 35 + \mathrm{j}314 \times 1.5 = 335 + \mathrm{j}471 = 578\ \underline{/54.6°}\ \Omega$$

由欧姆定律的向量形式得

$$\dot{I} = \frac{\dot{U}}{Z} = \frac{220\ \underline{/30°}}{578\ \underline{/54.6°}} = 0.38\ \underline{/-24.6°}\ \mathrm{A}$$

（2）求灯管和镇流器上的电压

$$\dot{U}_{R1} = R_1\dot{I} = 300 \times 0.38\ \underline{/-24.6°} = 114\ \underline{/-24.6°}\ \mathrm{V}$$

$$\dot{U}_{R2} = R_2\dot{I} = 35 \times 0.38\ \underline{/-24.6°} = 13.3\ \underline{/-24.6°}\ \mathrm{V}$$

$$\dot{U}_L = \mathrm{j}\omega L\dot{I} = \mathrm{j}314 \times 1.5 \times 0.38\ \underline{/-24.6°} = 179\ \underline{/65.4°}\ \mathrm{V}$$

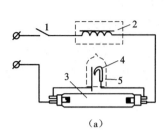 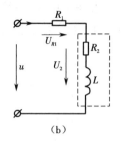 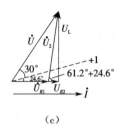

（a） （b） （c）

**图 1-29　日光灯电路**

(a)电路图;(b)等效电路;(c)向量图

1—开关;2—镇流器;3—灯管;4—双金属片;5—启动器

$$\dot{U}_2 = (R_2 + j\omega L)\dot{I} = (35 + j471) \times 0.38 \underline{/-24.6°} = 179.5 \underline{/61.2°} \text{ V}$$

电压与电流的向量图如图 1-29(c)。

(3)计算电路的功率,因总电压与电流的夹角为

$$\varphi = \varphi_u - \varphi_i = 30° - (-24.6°) = 54.6°$$

所以功率因数

$$\cos \varphi = \cos 54.6° = 0.58, \sin \varphi = \sin 54.6° = 0.82$$

$$P = UI\cos \varphi = 220 \times 0.38 \times 0.58 = 48.4 \text{ W}$$

$$Q = UI\sin \varphi = 220 \times 0.38 \times 0.82 = 68.6 \text{ var}$$

$$S = \sqrt{P^2 + Q^2} = \sqrt{48.4^2 + 68.6^2} = 84 \text{ VA}$$

**例 1-12**　在图 1-29 中日光灯电路上再并联一只 220 V,100 W 的白炽灯,已知日光灯电路的功率为 40 W(忽略镇流器功耗),$\cos \varphi_1 = 0.5$,电源电压 $u = 220\sqrt{2}\sin \omega t$ V,试求日光灯电路中的电流 $\dot{I}_1$,白炽灯电流 $\dot{I}_2$,总电流 $\dot{I}$ 和整个电路的功率因数,并画向量图。

**解**　由公式 $P = UI\cos \varphi$ 可得日光灯电流有效值和白炽灯电流有效值为

$$I_1 = \frac{P_1}{U\cos \varphi_1} = \frac{40}{220 \times 0.5} = 0.364 \text{ A}$$

$$I_2 = \frac{P_2}{U} = \frac{100}{220} = 0.455 \text{ A}$$

因为 $\cos \varphi_1 = 0.5$,所以 $\varphi_1 = 60°$,即 $\dot{I}_1$ 滞后 $\dot{U}$ 60°,$\dot{I}_2$ 与 $\dot{U}$ 同相位,由此可得

$$\dot{I}_1 = 0.364 \underline{/-60°} = 0.182 - j0.315 \text{ A}$$

$$\dot{I}_2 = 0.455 \underline{/0°} \text{ A}$$

$$\dot{I} = 0.182 - j0.315 + 0.455 = 0.71 \underline{/-26.3°} \text{ A}$$

电流与电压的向量图如图 1-30 所示,即

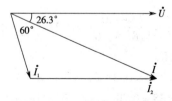

**图 1-30　例 1-12 的向量图**

$$\cos\varphi = \cos(-26.3°) = 0.896 \text{ 或 } \cos\varphi = \frac{P_1 + P_2}{UI} = \frac{40 + 100}{220 \times 0.71} = 0.896$$

## 1.2.5　功率因数的改善

提高供电网络的功率因数,可使电源的能量得到充分利用。交流电源(发电机或电力变压器)的额定容量通常用视在功率 $S_N = U_N I_N$ 表示。电源输出并提供给负载的有功功率与负载的功率因数有关。如图 1-31(a)的电路,当发电机的电压与电流达到额定值时,如果电路的功率因数是 0.5(未接电容器),则发电机输出的有功功率为 $P = 0.5S_N$。输出的有功功率仅占发电机容量的 50%,而另外 50%的能量被负载的无功电流占用。所以,电源的能量未能得到充分利用。如果感性负载两端并联一个适当的电容器,则电路的功率因数将提高,总电流将减小,如图 1-31(b)向量图所示。因此在不超过发电机额定电流的原则下,可再接一些负载,这就使发电机能量的利用程度大大提高。

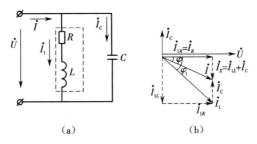

**图 1-31　提高功率因数的电路图和向量图**

(a)电路图;(b)向量图

在电源电压 $U$ 和负载功率 $P$ 一定的条件下,由 $I = \dfrac{P}{U\cos\varphi}$ 可知,提高功率因数可以使输电线路的电流减小,从而也减小了线路上的电压损失和功率损耗,提高了供电质量。

**1. 提高功率因数的措施**

提高功率因数的措施很多。例如避免异步电动机在空载或轻载下工作,因为异步电动机空载运行时,功率因数仅有 $0.2 \sim 0.3$;用大型同步电动机过励磁运行(为容性负载)补偿功率因数;或在企业变配电所内集中安装静电电容器。对于日光灯等感性负载可在负载两端并联适当的电容器,如图 1-31(a)所示。

提高功率因数并不影响负载的正常工作,即不影响负载本身的电压、电流、功率和功率因数,而是改变线路总电压和总电流之间的相位差,从而提高供电线路的功率因数。

**2. 感性负载并联电容器的计算**

如前所述,并联电容 $C$ 以前和以后电路消耗的有功功率不变,即

$$P = UI_1\cos\varphi_1 = UI\cos\varphi$$

所以

$$\left.\begin{array}{l} I_1 = \dfrac{P}{U\cos\varphi_1} \\[3mm] I = \dfrac{P}{U\cos\varphi} \end{array}\right\} \tag{1-75}$$

由向量图 1-31(b)可以看出 $I_1$ 有两个分量,即无功分量 $I_{1L} = I_1 \sin \varphi_1$,有功分量 $I_{1R} = I_1 \cos \varphi_1$。同理,总电流 $I$ 也有两个分量,即无功分量 $I_x = I \sin \varphi$,有功分量 $I_R = I \cos \varphi$,由图可见 $I_R = I_{1R}$。

$I_C = I_{1L} - I_x = I_1 \sin \varphi_1 - I \sin \varphi$,把式(1-75)代入上式得

$$I_C = \frac{P \sin \varphi_1}{U \cos \varphi_1} - \frac{P \sin \varphi}{U \cos \varphi} = \frac{P}{U}(\tan \varphi_1 - \tan \varphi)$$

又由于 $I_C = \dfrac{U}{X_C} = \omega C U$,所以

$$\left. \begin{array}{l} \omega C U = \dfrac{P}{U}(\tan \varphi_1 - \tan \varphi) \\[3mm] C = \dfrac{P}{\omega U^2}(\tan \varphi_1 - \tan \varphi) \end{array} \right\} \tag{1-76}$$

式中 $\varphi_1$ 为并联电容之前负载的功率因数角;$\varphi$ 为并联电容后整个电路的功率因数角;$P$ 为负载取用的功率。

**例 1-13**  有一盏 220 V,20 W 的日光灯接入工频 220 V 的电源上,镇流器上的功耗约为 8 W,$\cos \varphi_1 = 0.5$,试求把功率因数从 0.5 提高到 0.9 所需要并联补偿电容值及并联电容前后电路中的电流。

**解**  (1)当 $\cos \varphi_1 = 0.5$ 时,$\tan \varphi_1 = 1.732$,当 $\cos \varphi = 0.9$ 时,$\tan \varphi = 0.484$。由公式(1-76)可得

$$C = \frac{P}{\omega U^2}(\tan \varphi_1 - \tan \varphi) = \frac{20 + 8}{2\pi \times 50 \times 220^2}(1.732 - 0.484) = 2.3 \ \mu F$$

(2)并联电容前后电路中的电流分别为

$$I_1 = \frac{P}{U \cos \varphi_1} = \frac{20 + 8}{220 \times 0.5} = 0.25 \ A$$

$$I = \frac{P}{U \cos \varphi} = \frac{20 + 8}{220 \times 0.9} = 0.14 \ A$$

由计算结果可知,感性负载并联适当的电容后线路电流明显减小。

# 1.3  三相电路

## 1.3.1  三相电源

### 1. 三相正弦交流电的产生

三相正弦交流电是三相交流发电机产生的。三相交流发电机主要由定子(不转动部分)和转子两部分组成,结构示意图如图 1-32 所示。定子包括机座、定子铁芯、定子绕组等几部分。定子铁芯固定在机座内,内圆上有均匀分布的槽,槽内对称地嵌放三组完全相同的绕组,每组称为一相。图中,三相绕组的首、末端分别用 $U_1$,$U_2$,$V_1$,$V_2$,$W_1$,$W_2$ 表示。绕组 $U_1 U_2$,$V_1 V_2$,$W_1 W_2$ 简称 $U$ 相绕组、$V$ 相绕组、$W$ 相绕组。三相绕组的各首端 $U_1$,$V_1$,$W_1$ 之间及各末端 $U_2$,$V_2$,$W_2$ 之间的空间位置互差120°。

发电机的转子铁芯上安装有励磁绕组,通入直流电励磁。精心设计制造磁极面的形状,使

空气隙中的磁感应强度 $B$ 按正弦规律分布。

发电机的转子由原动机(汽轮机、涡轮机等)拖动,以顺时针方向匀速旋转时,定子的三相绕组将依次受到旋转磁场的切割,分别产生感应电动势 $e_1$,$e_2$,$e_3$。由于磁场切割三相绕组的速度相同,同一时刻的磁感应强度不同,因而 $e_1$,$e_2$,$e_3$ 频率相同、幅值相等,但相位不同。当磁极面正转到 $U$ 相绕组时,如图 1-32(a)中所示,$e_1$ 达正的最大值;转过 120°后,$e_2$ 达正最大值;再转过 120°,$e_3$ 达正最大值。所以 $e_1$ 比 $e_2$ 超前 120°,$e_2$ 比 $e_3$ 超前 120°,$e_3$ 又比 $e_1$ 超前 120°。若以 $e_1$ 为参考正弦量,三个电动势的表达式为

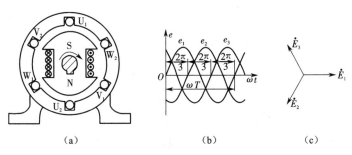

**图 1-32　三相交流发电机工作原理示意图**

(a)结构示意图;(b)三相电动势;(c)向量图

$$\left.\begin{array}{l} e_1 = E_m \sin \omega t \\ e_2 = E_m \sin(\omega t - 120°) \\ e_3 = E_m \sin(\omega t + 120°) \end{array}\right\} \tag{1-77}$$

$e_1$,$e_2$,$e_3$ 的波形及向量图如图 1-32(b)(c)所示。不难得出三相电动势之和等于零,即

$$e_1 + e_2 + e_3 = 0 \tag{1-78}$$

三相正弦交流电达正最大值的先后顺序称为相序。显然,三相电源相序为 1→2→3,叫作正相序,与此相反的相序称为逆相序。

相序问题是一个不容忽视的问题。为了保证供电系统的可靠性、经济性,提高电源的利用率,所有发电厂都要并入电网运行。同名连接是并入电网的一个必要条件。另外,一些电气设备的工作状态与相序有关。例如,若给三相异步电动机逆相序供电,电动机将反向旋转。

**2. 三相电源的连接**

(1)星形连接(Y 接)

若将发电机的三相定子绕组末端 $U_2$,$V_2$,$W_2$ 连接在一起,分别由三个首端 $U_1$,$V_1$,$W_1$ 引出三条输电线,称为星形连接。这三条输电线称为相线或端线,俗称火线,用 $A$,$B$,$C$ 表示;$U_2$,$V_2$,$W_2$ 的连接点称为中性点。由三条输电线向用户供电,称为三相三线制供电方式。在低压系统中,一般采用三相四线制,即由中性点再引出一条称为中性线(零线)的线路与三条相线一同向用户供电。星形连接的三相四线制电源如图 1-33(a)所示。

三相电源的每一相线与中线构成一相,其间的电压称为相电压(即每相绕组上的电压),常用 $U_A$,$U_B$,$U_C$ 表示。每两条相线之间的电压称为线电压,即 $U_{AB}$,$U_{BC}$,$U_{CA}$。如果三个相电压大小相等,相位互差 120°,则为对称的三相电源。若设 $\dot{U}_A = U\,\underline{/0°}$,根据基尔霍夫电压定律(KVL),对称三相电源的线电压与相电压关系为

$$\dot{U}_{AB} = \dot{U}_A - \dot{U}_B = U\,\underline{/0°} - U\,\underline{/-120°} = \sqrt{3}\,U\,\underline{/30°}$$

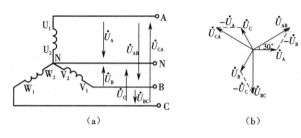

图 1-33 星形连接

（a）电路图；（b）向量图

$$\dot{U}_{BC} = \dot{U}_B - \dot{U}_C = U\ \underline{/-120^\circ} - U\ \underline{/120^\circ} = \sqrt{3}\,U\ \underline{/-90^\circ}$$

$$\dot{U}_{CA} = \dot{U}_C - \dot{U}_A = U\ \underline{/120^\circ} - U\ \underline{/0^\circ} = \sqrt{3}\,U\ \underline{/150^\circ}$$

画出各相电压及线电压向量图如图 1-33（b）所示。可见，对称三相电源星形连接时，三个线电压也是对称的。线电压的值为相电压的 $\sqrt{3}$ 倍，相位分别超前对应相电压30°。对称三相系统线电压通常用 $U_l$ 表示，相电压用 $U_p$ 表示，则 $U_l = \sqrt{3}\,U_p$。

由图 1-33（a）可知，三相四线制给用户提供相、线两种电压。我国的低压系统使用的三相四线制电源额定电压为 380 V/220 V，即相电压 220 V，线电压为 380 V。三相三线制只提供 380 V 的线电压。

（2）三角形连接（$\triangle$ 接）

电源的三相绕组还可以将一相的末端与另一相的首端依次连成三角形，并由三角形的三个顶点引出三条相线 $A,B,C$ 给用户供电，如图 1-34 所示，因此三角形接法的电源只能采用三相三线制供电方式，且 $U_l = U_p$。

三角形接法的三相绕组形成闭合回路，三相电压之和为零，即 $\dot{U}_{AB} + \dot{U}_{BC} + \dot{U}_{CA} = 0$，故电源内部无环流。

## 1.3.2 三相负载

交流用电设备分为单相和三相两大类。一些小功率的用电设备（如电灯、家用电器等）为使用方便都制成单相的，用单相交流电供电，称为单相负载。三相用电设备内部结构有相同的三部分，根据要求可接成 Y 或 $\triangle$，用对称三相电源供电，称为三相负载，如三相异步电动机等。

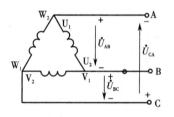

图 1-34 三角形连接

负载接入电源时应遵守两个原则：一是加于负载的电压必须等于负载的额定电压；二是应尽可能使电源的各相负荷均匀、对称，从而使三相电源趋于平衡。所谓负载对称是指各相的复数阻抗相同，即 $Z_1 = Z_2 = Z_3$，不仅阻抗值相同，而且阻抗角也相等。

根据以上两个原则，单相负载应平均接于电源的三个相电压或线电压上。在 380 V/220 V 三相四线制供电系统中，额定电压为 220 V 的单相负载，如白炽灯、日光灯等分别接于各相线与中性线之间，如图 1-35（a）所示，从总体看，负载连接成星形；380 V 的单相负载应均匀接于各相线之间，从总体看，负载连接成三角形，如图 1-35（b）所示。

三相负载本身为对称负载，额定电压和相应接法同时在铭牌上给出。三相负载的额定电

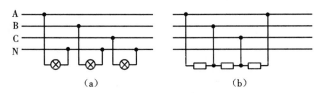

**图1-35 负载接入电源的接法**

(a)负载星形连接;(b)负载三角形连接

压如不特别指明都是指线电压。例如三相异步电动机额定电压为380 V/220 V,连接方式为 Y/△,指当电源线电压为380 V时,此电动机的三相对称绕组接成Y形;当电源线电压为220 V 时,则接成△形。

### 1.3.3 三相电路的计算

三相电路分析是在单相电路分析的基础上进行的。三相电路中负载各相承受的电压称为 负载的相电压;各相负载通过的电流称为相电流;相线中的电流称为线电流;三相四线制供电 系统中中性线通过的电流称为中性线电流。

**1. 负载Y接**

负载作星形连接时的接线见图1-36(a)所示。有中性线的星形连接常称为$Y_0$连接。负 载的公共连接点为$N'$,各电压、电流参考方向如图中所设。

由图1-36(a)可看出,负载$Y_0$连接时各相电压即电源的相电压,各相电压对称,与负载是 否对称无关。相电压值为线电压的$1/\sqrt{3}$,相位滞后于线电压30°。

此时,负载线电流等于相电流。若设$\dot{U}_A = U_p \underline{/0°}$,则

$$\left. \begin{array}{l} \dot{I}_A = \dot{I}_a = \dfrac{\dot{U}_A}{Z_a} = \dfrac{U_p}{|Z_a|} \underline{/(0° - \varphi_a)} = I_1 \underline{/-\varphi_a} \\[3mm] \dot{I}_B = \dot{I}_b = \dfrac{\dot{U}_B}{Z_b} = \dfrac{U_p}{|Z_b|} \underline{/(-120° - \varphi_b)} \\[3mm] \dot{I}_C = \dot{I}_c = \dfrac{\dot{U}_C}{Z_c} = \dfrac{U_p}{|Z_c|} \underline{/(120° - \varphi_c)} \end{array} \right\} \tag{1-79}$$

根据基尔霍夫电流定律(KCL),中性线电流为

$$\dot{I}_N = \dot{I}_A + \dot{I}_B + \dot{I}_C \tag{1-80}$$

如果三相负载对称,由于$|Z_a| = |Z_b| = |Z_c|$且$\varphi_a = \varphi_b = \varphi_c$,故各相电流也对称,即数值相 等,相位互差120°,因此只需计算出其中一相即可。这时,中性线电流$\dot{I}_N = \dot{I}_A + \dot{I}_B + \dot{I}_C = 0$,故 中性线可以省去,由三相三线制电源供电。无中性线的星形连接称为Y接法。图1-36(b)为 对称三相感性负载的相电压、线电压及对应相电流的向量图。

当不对称的负载作星形连接且无中性线时(即Y),电路如图1-37所示。负载公共点$N'$ 与电源中性点$N$间的电压可用下式求得

$$\dot{U}_{N'N} = \frac{\dfrac{\dot{U}_A}{Z_a} + \dfrac{\dot{U}_B}{Z_b} + \dfrac{\dot{U}_C}{Z_c}}{\dfrac{1}{Z_a} + \dfrac{1}{Z_b} + \dfrac{1}{Z_c}}$$

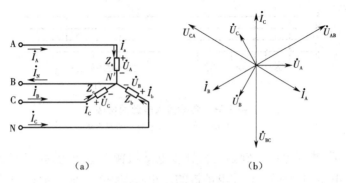

图 1-36　负载星形连接

(a)电路图;(b)向量图

各相负载的电压分别为

$$\dot{U}_a = \dot{U}_A - \dot{U}_{N'N}$$
$$\dot{U}_b = \dot{U}_B - \dot{U}_{N'N}$$
$$\dot{U}_c = \dot{U}_C - \dot{U}_{N'N}$$

因此三相负载的相电压是不对称的。若负载承受的电压偏离额定电压太多,电气设备便不能正常工作,甚至被损坏。由以上分析可知,中性线可使星形连接的负载相电压对称,不论负载是对称的还是不对称的。

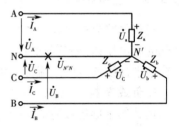

图 1-37　不对称负载星形连接

单相负载作星形连接的三相电路,工作时不能保证三相负载对称。如照明电路,必须用有中性线的三相四线制电源供电,且中性线上不允许接刀闸和熔断器,以避免中性线断开时三相不对称从而造成危险。

**例 1-14**　用线电压为 380 V 的三相四线制电源给某三相照明电路供电。已知 A,B 相各接有 40 盏,C 相接有 20 盏 220 V、100 W 的白炽灯,求各相的相电流、线电流和中性线电流。

**解**　因负载的额定电压 220 V 为电源线电压的 $1/\sqrt{3}$,故负载采用有中性线的星形接法。

每盏白炽灯的额定电流为

$$I_N = \frac{P_N}{U_N} = \frac{100}{220} = 0.45 \text{ A}$$

每相白炽灯都是并联,故各相电流为

$$I_A = I_B = 40 \times 0.45 = 18 \text{ A}$$
$$I_C = 20 \times 0.45 = 9 \text{ A}$$

因为白炽灯为电阻性负载,其电流与电压同相,若设 $\dot{U}_1 = 220 \underline{/0°}$ V,则

$$\dot{I}_A = 18 \underline{/0°} \text{ A}, \quad \dot{I}_B = 18 \underline{/120°} \text{ A}, \quad \dot{I}_C = 9 \underline{/+120°} \text{ A}$$

所以中性线电流为

$$\dot{I}_N = \dot{I}_A + \dot{I}_B + \dot{I}_C = 18 \underline{/0°} + 18 \underline{/120°} + 9 \underline{/+120°}$$
$$= 18 - 4.5 - j7.79 - 9 + j15.59$$
$$= 4.5 + j7.8 = 9 \underline{/60°} \text{ A}$$

**2. 负载 Δ 接**

负载作三角形连接的三相电路及各相电流、电压的参考方向如图 1-38(a)所示。不难看

出,负载的相电压等于线电压,即 $\dot{U}_P = \dot{U}_L$。负载的线电流与相电流关系可由 KCL 得到:

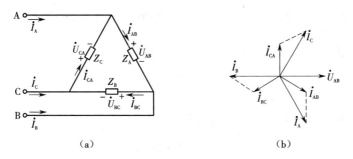

图 1-38　负载作三角形连接

（a）电路图；（b）向量图

$$\left.\begin{array}{l} \dot{I}_A = \dot{I}_{AB} - \dot{I}_{CA} \\ \dot{I}_B = \dot{I}_{BC} - \dot{I}_{AB} \\ \dot{I}_C = \dot{I}_{CA} - \dot{I}_{BC} \end{array}\right\} \tag{1-81}$$

如果三相负载对称,即相电流 $\dot{I}_{AB}, \dot{I}_{BC}, \dot{I}_{CA}$ 是对称的。若设线电压 $\dot{U}_{AB} = U_1 \underline{/0°}$,阻抗 $Z_A = Z_B = Z_C = |Z| \underline{/\varphi}$,则相电流

$$\dot{I}_{AB} = \frac{\dot{U}_{AB}}{Z_A} = \frac{U_1 \underline{/0°}}{|Z| \underline{/\varphi}} = I_P \underline{/-\varphi}$$

$$\dot{I}_{BC} = \frac{\dot{U}_{BC}}{Z_B} = I_P \underline{/-120° - \varphi} \tag{1-82}$$

$$\dot{I}_{CA} = \frac{\dot{U}_{CA}}{Z_C} = I_P \underline{/120° - \varphi}$$

因此各线电流为

$$\dot{I}_A = \dot{I}_{AB} - \dot{I}_{CA} = I_P \underline{/-\varphi} - I_P \underline{/120° - \varphi} = \sqrt{3} I_P \underline{/-\varphi - 30°}$$

$$\dot{I}_B = \dot{I}_{BC} - \dot{I}_{AB} = I_P \underline{/120° - \varphi} - I_P \underline{/-\varphi} = \sqrt{3} I_P \underline{/-\varphi - 150°} \tag{1-83}$$

$$\dot{I}_C = \dot{I}_{CA} - \dot{I}_{BC} = I_P \underline{/120° - \varphi} - I_P \underline{/-120° - \varphi} = \sqrt{3} I_P \underline{/90° - \varphi}$$

可见,线电流也是对称的,其值为相电流的 $\sqrt{3}$ 倍,相位滞后于对应相电流 30°。各相电流、线电流的向量图如图 1-38（b）所示。

## 1.3.4　三相电路的功率

在三相电路中,无论负载为 Y 接还是 Δ 接,消耗的总功率都应为各相负载消耗的功率之和,即

$$P = P_A + P_B + P_C = U_A I_A \cos \varphi_A + U_B I_B \cos \varphi_B + U_C I_C \cos \varphi_C \tag{1-84}$$

负载对称时,各相消耗的功率相等,则

$$P = 3 U_P I_P \cos \varphi \tag{1-85}$$

$\varphi$ 角为对应的相电压与相电流的相位差。

三相电路的线电压与线电流易于测量,另外三相负载的铭牌上给出的额定电压、电流均指

额定线电压、线电流,因此对称三相电路的有功功率常以线电压、线电流计算。

当对称负载星形连接时, $U_P = \dfrac{1}{\sqrt{3}}U_l$, $I_P = I_l$;三角形连接时, $U_P = U_l$, $I_P = \dfrac{1}{\sqrt{3}}I_l$;所以将两种接法的相电压、相电流分别代入式(1-85)得到同一表达式,即

$$P = \sqrt{3}U_l I_l \cos \varphi \tag{1-86}$$

式中的功率因数角 $\varphi$ 与式(1-85)中的角相同。

同理可得,负载对称时的三相电路的总无功功率为

$$Q = \sqrt{3}U_l I_l \sin \varphi \tag{1-87}$$

总视在功率为

$$S = \sqrt{P^2 + Q^2} = \sqrt{3}U_l I_l \tag{1-88}$$

**例 1-15** 三相异步电动机额定功率 4 kW,额定相电压 220 V,额定功率因数 $\cos \varphi_N$ 为 0.85,效率 $\eta$ 为 0.85。问:(1)当电源线电压分别为 380 V 和 220 V 时,电动机的三相定子绕组如何连接?(2)求两种情况下的相电流和线电流。

**解** (1)当电源线电压为 380 V 时,电动机的三相绕组应接成星形,相电压 $U_P = 220$ V,等于电动机的额定相电压。当电源线电压为 220 V 时,与电动机的额定相电压相等,故电动机的三相绕组应接成三角形。

(2)由(1)可知,电动机在两种接法时相电压相同,故相电流也相同。相电流可由式(1-85)求得,即 $I_P = \dfrac{P}{3U_P \cos \varphi}$,式中的有功功率 $P$ 为电源输入给电动机的有功功率。已知条件中的电动机的额定功率 $P_N$ 是指电动机额定运行时轴上输出的机械功率。电动机的额定功率与电源输入的有功功率之比,定义为效率 $\eta$,即

$$\eta = \frac{P_N}{P} \tag{1-89}$$

因此有 $I_P = \dfrac{P}{3U_P \cos \varphi} = \dfrac{4 \times 10^3}{3 \times 220 \times 0.85 \times 0.85} = 8.4$ A

Y 接时,线电流 $I_l = I_P = 8.4$ A

$\Delta$ 接时,线电流 $I_l = \sqrt{3}I_P = \sqrt{3} \times 8.4 = 14.53$ A

若把应该做星形连接的负载错接成三角形时,则每相负载所承受的电压为额定电压的 $\sqrt{3}$ 倍,相电流、线电流、负载功率随之显著增大,很容易导致导线和负载烧毁。相反,若把应该作三角形连接的负载错接成星形时,则每相负载不能尽其所能,还可能出现事故,因此三相负载应按铭牌或说明书的要求连接,不可接错。

# 习 题

1-1 在习题图 1-1 电路中, $E_1 = 3$ V, $E_2 = 1.2$ V, $R_1 = 4$ Ω, $R_2 = 8$ Ω, $R_3 = R_4 = 6$ Ω,列出求各支路电流的方程。

1-2 用戴维南定理求电路中 $R_5$ 支路的电流。

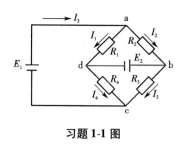

**习题 1-1 图**

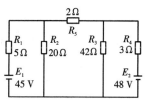

**习题 1-2 图**

1-3 试求下列两正弦电压之差的有效值,并画出对应的向量图:

$$u_1 = 220\sqrt{2}\sin(\omega t + 30°)$$

$$u_2 = 220\sqrt{2}\sin(\omega t + 150°)$$

1-4 三个负载串联,接在 $u = 220\sqrt{2}\sin(\omega t + 30°)$ V 的电源上,如图所示。已知 $R_1 = 3.16$ Ω,$X_{L1} = 6$ Ω;$R_2 = 2.5$ Ω,$X_{C2} = 4$ Ω;$R_3 = 3$ Ω,$X_{L3} = 3$ Ω。试求:

(1)$i, u_1, u_2, u_3$ 的瞬时值表达式;

(2)作电流、电压向量图;

(3)$P, Q, S$ 以及 $\cos\varphi$。

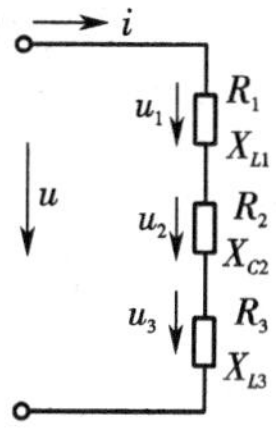

**习题 1-4 图**

1-5 某车间采用混合照明,安装有 100 W 日光灯 10 盏,每盏功率因数 0.5,镇流器功耗为 10 W;100 W 白炽灯 10 盏。并连接于 220 V 电源上,试求总电流和总功率因数,并作总电压与总电流的向量图。

1-6 有一额定值为 220 V、40 W 的日光灯,镇流器功耗为 8 W,$\cos\varphi_1 = 0.5$,接于 220 V、50 Hz 的电源上。为了提高功率因数,在其两端并联 4.75 μF 的电容器,求并联电容器前、后电路的总电流及并联电容后的功率因数。

1-7 某建筑工地,采用三相四线制 380 V/220 V 的电源供电,已知 $A$ 相接有 220 V、500 W 碘钨灯 2 盏,$B$ 相接有 220 V、250 W 自镇流高压汞灯 6 盏,$C$ 相接有 220 V、100 W 白炽灯 10 盏。各相均为电阻性负载。试求各相电流、中线电流和三相总功率。

# 第2章　变压器与电动机

## 2.1　变压器

变压器是利用电磁感应作用传递交流电能的。它由一个铁芯和绕在铁芯上的两个或多个匝数不等的线圈(绕组)组成,变压器具有变换电压、电流的功能。在电力系统中,为减小线路上的功率损耗,实现远距离输电,用变压器将发电机发出的电源电压升高后再送入电网。在配电地点,为了用户安全和降低用电设备的制造成本,先用变压器将电压降低,然后分配给用户。在电子技术中,测量和控制也广泛使用变压器,有用于整流、传递信号和实现阻抗匹配的整流变压器、耦合变压器和输出变压器。这些变压器的容量都较小,效率不是主要的性能指标。除此之外,尚有自耦变压器、仪用互感器及用作金属热加工的电焊变压器、电炉变压器等。

### 2.1.1　变压器的基本原理

图 2-1 变压器由闭合铁芯和绕在铁芯上的两个匝数不同的线圈组成。为了减小涡流及磁滞损耗,铁芯用涂有绝缘漆、厚度为 0.35 ~ 0.50 mm 的硅钢片叠成。与电源连接的线圈称为原绕组(或原边,或一次绕组);与负载连接的线圈称为副绕组(或副边,或二次绕组)。原边承受电源的电压,经过磁场耦合传送给副边,给负载提供电能。原、副边绕组的匝数分别为 $N_1$, $N_2$。

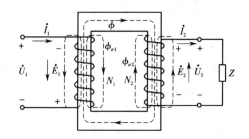

图 2-1　变压器原理图

**1. 空载运行和电压变换**

把变压器的原绕组接于电源,而副绕组开路(即不与负载接通),变压器便空载运行。

在外加正弦电压 $u_1$ 的作用下,如果副边开路,原绕组中便有交变电流 $i_0$ 通过,称为空载电流。变压器的空载电流一般都很小,约为额定电流的 3% ~ 8%。空载电流 $i_0$ 通过匝数为 $N_1$ 的原绕组,产生磁动势 $i_0N_1$。在其作用下,铁芯中产生了正弦交变磁通。主磁通与原、副绕组同时交链,还有很少一部分磁通穿过原绕组后沿周围空气而闭合,即原绕组的漏磁通,如图 2-1 中的 $\Phi_{\sigma 1}$。

主磁通在原绕组中产生的感应电动势为

$$e_1 = -N_1 \frac{\mathrm{d}\Phi}{\mathrm{d}t} \tag{2-1}$$

原绕组的漏磁感应电动势为

$$e_{\sigma 1} = -N_1 \frac{\mathrm{d}\Phi_{\sigma 1}}{\mathrm{d}t}$$

主磁通在副绕组中也将感应出相同频率的电动势,即

$$e_2 = -N_2 \frac{\mathrm{d}\Phi}{\mathrm{d}t} \tag{2-2}$$

变压器空载时的原边电路就是一个含有铁芯线圈的交流电路,漏磁通 $\Phi_{\sigma1}$ 与 $i_0$ 成正比,它们的关系可用漏磁通电感 $L_{\sigma1} = N_{1\sigma} \frac{\Phi_{\sigma1}}{i_0}$ 表示。由 KVL 可知原边电路的电压方程式为

$$\left. \begin{array}{l} u_1 + e_1 + e_{\sigma1} = i_0 R \\[2mm] u_1 + e_1 = i_0 R + L_{\sigma1} \dfrac{\mathrm{d}i_0}{\mathrm{d}t} \\[2mm] u_1 + e_1 = u_R + u_L \end{array} \right\} \tag{2-3}$$

式中 $u_R$ 是原绕组的电阻压降;$u_L$ 是原边绕组的漏感抗压降。

由于空载电流 $i_0$ 很小,所以 $u_R$ 和 $u_L$ 可以忽略不计,因此式(2-3)可以写成 $u_1 \approx -e_1$,若用向量表示,则

$$\dot{U}_1 \approx -\dot{E}_1 = \mathrm{j}4.44 f N_1 \dot{\Phi}_m \tag{2-4}$$

空载时变压器的副边绕组是开路,它的端电压 $\dot{U}_2$ 与感应电动势 $\dot{E}_2$ 相平衡。$\dot{U}_2$ 与 $\dot{E}_2$ 关联方向如图 2-1 所示。根据 KVL 有

$$\dot{U}_2 \approx \dot{E}_2 = -\mathrm{j}4.44 f N_2 \dot{\Phi}_m \tag{2-5}$$

所以原边电压 $U_1$ 与副边电压 $U_2$ 的关系为

$$\frac{U_1}{U_2} \approx \frac{N_1}{N_2} = K_u \tag{2-6}$$

式中 $K_u$ 是变压器的变压比。

**2. 带载运行和电流变换**

变压器接上负载后,副边就有电流 $i_2$ 产生。$i_2$ 产生的磁动势 $i_2 N_2$ 将产生磁通 $\Phi_2$。磁通 $\Phi_2$ 的绝大部分与原边磁动势产生的磁通共同作用在同一闭合磁路上,仅有很少的一部分沿着副绕组周围的空间闭合,如图 2-1 中的 $\Phi_{\sigma2}$ 所示。$\Phi_{\sigma2}$ 称为副绕组的漏磁通。

当变压器接有负载后,由于副边磁动势的影响,铁芯中的主磁通 $\Phi$ 将试图改变,但由式(2-5)可知 $\Phi_m$ 受 $\dot{U}_1$ 的制约基本不变。因此随着 $i_2$ 出现,原边电流将由 $i_0$ 增加到 $i_1$ 补偿副边电流 $i_2$ 的励磁作用。

由安培环路定律可知,有载时的磁通 $\Phi$ 是由磁动势 $i_1 N_1$ 和 $i_2 N_2$ 共同产生的。为了保证带载前后磁路中的磁通基本维持不变,故

$$i_0 N_1 = i_1 N_1 + i_2 N_2$$

或

$$\dot{I}_0 N_1 = \dot{I}_1 N_1 + \dot{I}_2 N_2 \tag{2-7}$$

式(2-7)称为磁动势平衡方程。

将式(2-7)改写为 $\dot{I}_1 = \dot{I}_0 - \left( \dfrac{N_2}{N_1} \right) \dot{I}_2$,令 $\dot{I}' = -\left( \dfrac{N_2}{N_1} \right) \dot{I}_2$ 代入上式得 $\dot{I}_1 = \dot{I}_0 + \dot{I}'$。可见 $\dot{I}'$ 的物理意义是原边电流因负载而增加的量,称为负载分量,相应地 $\dot{I}_0$ 为原边电流的励磁分量。由于铁芯的磁导率很高,所以变压器在满载下 $I_0$ 仅为 $I_1$ 的百分之几,因此允许忽略 $\dot{I}_0$ 不计,可得

$$\dot{I}_1 \approx \dot{I}' = \frac{-\dot{I}_2}{K_u} \tag{2-7}$$

和

$$\frac{I_1}{I_2} \approx \frac{N_2}{N_1} = \frac{1}{K_u} = K_i \qquad (2\text{-}8)$$

式中 $K_i$ 是变流比,为副边与原边的匝数比。

式(2-7)中符号" $-$ "表示 $\dot{I}'$ 与 $\dot{I}_2$ 反相,正符合 $\dot{I}'$ 抵偿 $\dot{I}_2$ 的励磁作用,保持铁芯磁通 $\varPhi$ 基本不变的物理概念。$\dot{I}'$ 传输的电功率经过磁场耦合,传给变压器的副绕组供给负载。而副边电流为

$$\dot{I}_2 = \frac{\dot{U}_2}{Z}$$

在 $\dot{U}_2$ 不变的前提下,$\dot{I}_1$ 仅由负载决定,所以原边电流也是受负载制约的。

变压器带负载运行时的副边电路也是一个含有铁芯线圈的交流电路,副边电压的平衡方程为

$$u_2 = e_2 + e_{\sigma 2} - R_2 i_2$$

式中　$e_2$——主磁通在副绕组内产生的感应电动势;

　　　$R_2$——副边绕组的电阻;

　　　$e_{\sigma 2}$——副边绕组的漏磁通 $\varPhi_{\sigma 2}$ 在副边绕组内产生的感应电动势。

用向量表示副边电路电压方程式为

$$\dot{U}_2 = \dot{E}_2 + \dot{E}_{\sigma 2} - R_2 \dot{I}_2 = \dot{E}_2 - (R_2 + j\omega L_{\sigma 2})\dot{I}_2$$

通过前面的分析可知带负载运行时,原边的电压平衡方程为 $\dot{U}_1 = (R_1 + j\omega L_{\sigma 1})\dot{I}_1 - \dot{E}_1$。由于在实际运行中,原、副边绕组的内阻和漏磁感抗均很小,故 $\dot{U}_1 \approx -\dot{E}_1$,$\dot{U}_2 \approx \dot{E}_2$,即

$$\frac{U_1}{U_2} \approx \frac{E_1}{E_2} = \frac{N_1}{N_2} = K_u$$

根据上面的分析可知:

(1)变压器应用磁场的耦合作用传递交流电能(或电信号),原、副边没有电的联系;

(2)原、副边电压比近似等于绕组匝数比,即 $\dfrac{U_1}{U_2} \approx \dfrac{N_1}{N_2} = K_u$;

(3)在满载或负载较大的情况下,原、副边电流之比近似等于绕组匝数的反比,即

$$\frac{I_1}{I_2} \approx \frac{N_2}{N_1} = \frac{1}{K_u} = K_i$$

### 3. 阻抗折算

对电源来说,变压器连同负载 $Z$ 可等效为一个复数阻抗 $Z'$,如图 2-2 所示。从变压器的原边得

$$\frac{\dot{U}_1}{\dot{I}_1} = Z'$$

用变压器副边电压、电流表示原边电压、电流,则

$$Z' = \frac{\dot{U}_1}{\dot{I}_1} \approx \frac{-K_u \dot{U}_2}{-\dot{I}_2/K_u} = K_u^2 \frac{\dot{U}_2}{\dot{I}_2} = K_u^2 Z \qquad (2\text{-}9)$$

由此可见,副边阻抗换算到原边的等效阻抗等于副边阻抗乘以变压比的平方。应用变压器的阻抗折算可以实现阻抗匹配,即选择适当的变压器匝数比把负载阻抗折算为电路所需的

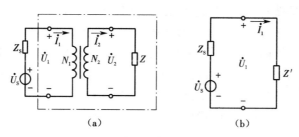

图 2-2 变压器的阻抗变换

（a）线路图；（b）等效图

数值。

**例 2-1** 一正弦信号源的电压 $U_S = 5$ V，内阻为 $R_S = 1\,000$ Ω，负载电阻 $R_L = 40$ Ω。用一变压器将负载与信号源接通如图 2-3 所示，使电路达到阻抗匹配 $R'_L = R_S$，信号源输出的功率最大。试求：（1）变压器的匝数比；（2）变压器原边和副边的电流；（3）负载获得的功率；（4）如果不用变压器耦合，直接将负载接通电源时负载获得的功率。

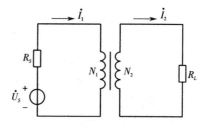

图 2-3 例题 2-1 电路图

**解** （1）将副边电阻 $R_L$ 折算为 $R'_L$ 所需匝数比，因为 $R'_L = \left(\dfrac{N_1}{N_2}\right)^2 R_L$，所以有

$$\frac{N_1}{N_2} = \sqrt{\frac{R'_L}{R_L}} = \sqrt{\frac{R_S}{R_L}} = \sqrt{\frac{1000}{40}} = 5$$

（2）原边电流

$$I_1 = \frac{U_S}{R_S + R'_L} = \frac{5}{1000 + 1000} = 2.5 \text{ mA}$$

副边电流

$$I_2 = \frac{N_1}{N_2} I_1 = 5 \times 2.5 = 12.5 \text{ mA}$$

（3）负载的功率

$$P_L = I_2^2 R_L = (12.5 \times 10^{-3})^2 \times 40 = 6.25 \text{ mW}$$

直接接电源时负载的功率

$$P'_L = \left(\frac{U_S}{R_S + R_L}\right)^2 R_L = \left(\frac{5}{1000 + 40}\right)^2 \times 40 = 0.925 \text{ mW}$$

## 2.1.2 变压器的运行特性

### 1. 外特性和电压调整率

前面分析时，略去了变压器绕组的电阻和漏磁通，所以，在原边电压 $\dot{U}_1$ 不变的前提下，主磁通 $\dot{\Phi}_m$、原边和副边的感应电动势 $\dot{E}_1$ 和 $\dot{E}_2$ 以及副边端电压 $\dot{U}_2$ 都不受负载的影响而保持不变。但在实际变压器中，由于漏磁通和绕组电阻的存在，$\dot{\Phi}_m, \dot{E}_1, \dot{E}_2$ 和 $\dot{U}_2$ 都与负载有关，不能维持不变。

变压器的外特性是描述原边接额定电压 $U_{1N}$ 并且保持不变时副边端电压 $U_2$ 与负载电流 $I_2$ 的关系。表示外特性 $U_2 = f(I_2)$ 曲线称为变压器的外特性曲线,如图 2-4 所示。根据理论分析和实验证明,电阻性负载($\cos \varphi = 1$)和感性负载($\cos \varphi < 1$)的外特性是下降的,端电压 $U_2$ 随负载电流 $I_2$ 的增大而降低。

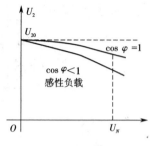

**图 2-4 变压器的外特性曲线**

变压器为空载(或 $I_2 = 0$)时,副边电压为 $U_{20}$,且与 $E_2$ 相等。变压器带负载后,副边电压 $U_2$ 随电流 $I_2$ 而变,变化的程度用电压调整率 $\Delta U\%$ 表示。电压调整率定义为

$$\Delta U\% = \frac{U_{20} - U_2}{U_{20}} \times 100\% \qquad (2\text{-}10)$$

式中　$U_{20}$——副边空载电压;

　　　$U_2$——副边电流为额定电流 $I_{2N}$ 时的端电压。

对电力变压器要求 $\Delta U\%$ 小一些,约为 $2\% \sim 3\%$。$\Delta U\%$ 越小,固然供电电压的稳定性越好,但发生短路事故时变压器受到的冲击也越大。

**2. 损耗和效率**

在运行过程中,变压器原、副边绕组和铁芯总要损耗一部分功率。变压器的损耗包括两部分,一是原、副边绕组的铜损耗 $\Delta P_{Cu}$(绕组的电阻损耗);另一部分是变压器的铁芯损耗 $\Delta P_{Fe}$(磁滞损耗和涡流损耗之和)。铜损

$$\Delta P_{Cu} = R_1 I_1^2 + R_2 I_2^2$$

式中 $R_1, R_2$ 分别为原绕组和副绕组的电阻。

变压器的效率为输出功率与输入功率之比,即

$$\eta = \frac{P_2}{P_1}$$

式中　$P_1$——变压器原边输入功率;

　　　$P_2$——变压器副边输出功率。

$P_1$ 与 $P_2$ 之差为变压器的功率损耗,因而 $P_2 = P_1 - \Delta P_{Cu} - \Delta P_{Fe}$

铁损耗 $\Delta P_{Fe}$ 与 $\varPhi_m$ 有关,变压器铁芯中的磁通几乎不受负载的影响,所以可视铁损耗为定值。铁损是由原边电压 $U_1$ 决定的,空载时副边电流为零,原边空载电流 $I_0$ 比额定电流 $I_{1N}$ 小得多。若略去空载铜损耗不计,则铁损耗等于变压器的空载输入功率(变压器的空载损耗),即

$$\Delta P_{Fe} = P_0$$

设 $\beta = \dfrac{I_2}{I_{2N}}$ 为负荷系数,空载时 $\beta = 0$,满载时 $\beta = 1$,任意负载时 $\beta = \dfrac{I_2}{I_{2N}}$。于是铜损耗为

$$\Delta P_{Cu} = I_1^2 R_1 + I_2^2 R_2 = \beta^2 (I_{1N}^2 R_1 + I_{2N}^2 R_2) = \beta^2 \Delta P_{CuN}$$

式中 $\Delta P_{CuN}$ 是变压器满载时的铜损耗,它等于额定负载电流时变压器的短路损耗 $P_{SC}$。

因此变压器效率的一般表达式为

$$\eta = \frac{(P_1 - \Delta P_{Fe} - \Delta P_{Cu})}{P_1} = \frac{(P_1 - P_0 - \beta^2 \Delta P_{CuN})}{P_1}$$

$$= 1 - \frac{(P_0 + \beta^2 \Delta P_{SC})}{P_1}$$

其中 $P_0$，$P_{sc}$ 可从产品目录中查出。

变压器的负载是经常变动的。从运行经济方面考虑,将电力变压器的效率特性设计成负载等于 50% 满载以上时效率较高,且变化平缓,如图 2-5 所示。大容量变压器满载时的效率可高达 98%。

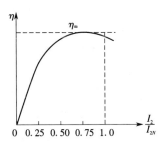

图 2-5　变压器的效率曲线

## 2.1.3　三相变压器

交流电能的产生和输送几乎都采用三相制。欲把某一数值的三相电压变换为同一频率的另一数值的三相电压,可用三台单相变压器连接成三相变压器组或用一台三相变压器实现。

三相变压器用于变换三相电压,在电力系统中用得很广。三相变压器的作用原理基本与单相变压器相同,三相变压器的磁路结构和线圈连接比单相变压器复杂。图 2-6 为三相变压器的原理图。三相变压器的铁芯用硅钢片叠成,有三个铁芯柱,每一铁芯柱为一相,同一相的原、副绕组装在同一铁芯柱上。三相绕组各相的原边线圈的匝数均为 $N_1$,副边各相线圈的匝数均为 $N_2$,结构也相同。原边绕组的首末端分别用大写字母 $U_1$，$V_1$，$W_1$ 和 $U_2$，$V_2$，$W_2$ 表示;副边的首末端分别用小与字母 $u_1$，$v_1$，$w_1$ 和 $u_2$，$v_2$，$w_2$ 表示。

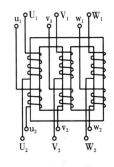

图 2-6　三相变压器原理图

因原边施加的电压 $\dot{U}_A$，$\dot{U}_B$ 和 $\dot{U}_C$ 是对称三相电压,所以三相磁通也对称。它们在副边产生的感应电动势也是三相对称电动势。

常用的三相变压器绕组的连接方式有 $Y/Y_0$，$Y/\triangle$，$Y_0/\triangle$ 三种,分子表示高压绕组的连接方式,分母表示低压绕组的连接方式。三相变压器的线电压变换比不仅与原、副线圈的匝数比有关还与变压器的连接方式有关。设高压绕组的匝数为 $N_1$,低压为 $N_2$,变比 $K_u = \dfrac{N_1}{N_2}$。在 $Y/Y_0$ 接法中线电压变换比为

$$\frac{U_{11}}{U_{21}} = \frac{\sqrt{3}\,U_{1p}}{\sqrt{3}\,U_{2p}} = \frac{N_1}{N_2} = K_u$$

$Y/Y$ 的变换比显然与 $Y/Y_0$ 的一样。在 $Y/\triangle$ 接法中,线电压变换比为

$$\frac{U_{11}}{U_{21}} = \sqrt{3}\frac{U_{1p}}{U_{2p}} = \sqrt{3}K_u$$

变压器在运行时因有铜损和铁损而发热,使绕组和铁芯的温度升高。为了防止变压器因温度过高而烧坏,必须采取冷却散热措施。常用的冷却介质有两种即空气和变压器油。用空气作为介质的变压器称为干式变压器;用油作为介质的变压器称为油浸式变压器。小型变压器的热量由铁芯和绕组直接散发到空气中,这种冷却方式称为空气自冷式,即在空气中自然冷却。油浸式又分为油浸自冷式、油浸风冷式和强迫循环式三种。容量较大的变压器多采用油冷式,即把变压器的铁芯和绕组全部浸在油箱中。油箱中的变压器油(矿物油)除了使变压器

冷却外,它还是很好的绝缘材料。

油浸式变压器还有油箱、油枕、分接开关、安全气道、气体继电器、绝缘套管等其他附件。这些附件对变压器的安全可靠的运行是必不可少的。

**1. 油箱和冷却系统**

油箱是变压器的外壳,器身就放在油箱内,箱内盛放变压器油,作为绝缘介质和冷却介质。为了容易散热,常采用波形壁来增加散热面积。大型电力变压器常在箱壁上焊有散热管,热油从管上部流出,从下部流入,不但增加散热面积,而且使油经过管子循环流动,加强油对流作用以促进变压器的冷却。还有在散热器上安装数个风扇,增加散热效果,即用强迫冷却方式。另外,还有采用强迫循环冷却的。

**2. 绝缘套管**

绝缘套管是设置在变压器油箱盖上,将变压器高、低绕组从油箱引至箱外,使其分别与电源及负载相连,并使引线与接地的油箱绝缘。

**3. 分接开关**

分接开关是改变变压器变比的一种装置,通常设在变压器绕组的高压侧,通过改变绕组的匝数调节变压器的输出电压。高压侧比低压侧电流小,故开关接触问题容易解决。

**4. 安全保护装置**

(1)油枕　变压器运行时,油温升高,体积膨胀;油温降低,体积收缩。这就形成了对空气的呼吸作用。空气吸入油中,会使油受潮、氧化,因而使油质劣化,降低使用年限。为防止这种现象发生,大中型变压器油箱盖上都装有油枕。其下部与油箱相连,油枕的容积为变压器油总容积的 8% ~10%,一端装有油表用于指示实际油面。

(2)吸湿器　与油枕配合使用。吸湿器内装有吸湿剂,如变色硅胶。它在干燥状态下为蓝色,吸潮后变为红色,可重复使用。大、中型变压器的油枕是经吸湿器与空气相通的,这样既减少了空气与变压器油的接触,又防止空气中杂质和湿气进入油中。

(3)安全气道(又称防爆管)　安全气道是一根较粗的管子,上端装有防爆膜,安装在变压器的箱盖上,与箱盖成 65°~70°倾斜角,并与内部相通。当内部发生故障而产生大量气体使压力增加至一定值时,油和气体将冲破保护膜片,向外喷出,从而起到排气泄压的作用,避免油箱爆裂、变形等事故。国家标准规定,800 kVA 以上带油枕的油浸变压器均应安装安全气道。当油箱压力达到 50 662.5 Pa(0.5 atm)时,保护膜应破裂。

(4)气体继电器(又称瓦斯继电器)　气体继电器是油浸式变压器的保护装置,安装在变压器油箱与油枕的连接管上。当变压器内因短路或接触不良等发生故障时,产生的气体便经气体继电器向油枕流动。轻微故障产生的气体少,聚集在气体继电器上部,压迫油面下降,会使接点动作,发出信号。严重故障时产生大量的气体,会使形成的油流冲动气体继电器,使接点动作而自动切断电源,变压器停止运行。当变压器因漏油而使油下降时,也可通过气体继电器将变压器电源切断,从而对变压器内部起到保护作用。

(5)变压器绝缘油　变压器绝缘油是饱和碳氢化合物。在变压器发生故障时,绝缘油在过高的温度和电弧作用下会分解而产生气体。产生气体的多少随故障性质和故障程度而异。绝缘油起绝缘和冷却散热作用,所以对变压器绝缘油的质量和技术性能有较高的要求。在补充和更换变压器油时,必须注意油号相同。

## 2.1.4　变压器的额定值

变压器的外壳上都附有铭牌,上面列出一系列额定值,指导用户安全、合理地使用变压器。

**1. 额定电压**

变压器的额定电压用分数形式标在铭牌上,分子为高压的额定值,分母为低压的额定值。在三相变压器中,额定电压指的是相应连接法的线电压,因此连接法与额定电压一并给出,如 10 000 V/400 V,Y/Y₀。变压器副边的额定电压是原边接额定电压时副边的空载电压。超过额定电压使用时,将因磁路过饱和、励磁电流增高和铁损增大,引起变压器温升增高;严重超过额定电压时可能造成绝缘击穿和烧毁。

**2. 额定电流**

变压器的额定电流是原边接额定电压时原、副边允许长期通过的最大电流。三相变压器的额定电流是相应连接法的线电流。

**3. 额定容量**

单相变压器的额定容量为额定电压与额定电流的乘积,用视在功率 $S_N$,单位为 VA 或 kVA,即

$$S_N = \frac{U_{2N}I_{2N}}{1000} \text{ kVA}$$

三相变压器的额定容量为

$$S_{N3p} = \frac{\sqrt{3}\,U_{2N}I_{2N}}{1000} \text{ kVA}$$

国家标准中,建筑中用的电力变压器的额定容量有 20 kVA,30 kVA,50 kVA,180 kVA,320 kVA,560 kVA,750 kVA 和 1 000 kVA 等。

**4. 变压器的效率**

变压器实际输出的有功功率 $P_2$ 不仅决定于副边的实际电压 $U_2$ 与实际电流 $I_2$,而且还与负载功率因数有关,即

$$P_2 = U_2 I_2 \cos\varphi_2$$

式中 $\varphi_2$ 是 $U_2$ 与 $I_2$ 的相位差。

变压器输入功率决定于它的输出功率,输入的有功功率为

$$P = U_1 I_1 \cos\varphi_1$$

变压器输入与输出功率之差($P_1 - P_2$)是变压器本身消耗的功率,称为变压器的损耗。变压器的损耗包括两部分。

(1)铜损 $P_{Cu}$

由于原、副绕组具有电阻 $r_1,r_2$,当电流 $I_1,I_2$ 通过时,有一部分电能变成热能,其值为 $P_{Cu} = r_1 I_1^2 + r_2 I_2^2$。铜损与电流有关,随负载而变化,因而也称可变损耗。

(2)铁损 $P_{Fe}$

铁损是铁芯中涡流损耗 $P_e$ 与磁滞损耗 $P_h$ 之和,即 $P_{Fe} = P_e + P_h$。

频率一定时,铁损与铁芯中交变磁通的幅值 $\varPhi_m$ 有关。而当电源电压 $U_1$ 定时,$\varPhi_m$ 基本不变,因而铁损与变压器的负载大小无关,所以铁损也称固定损耗。输出功率和输入功率之比值就是变压器的效率,记做 $\eta$,即

$$\eta = (P_2/P_1) \times 100\% = [P_2/(P_2 + P_{Cu} + P_{Fe})] \times 100\%$$

变压器没有转动部分,也就没有机械摩擦损耗,因此它效率很高。大容量变压器最高效率可达98%~99%,而中小型变压器的效率可达90%~95%。

**5. 温升**

变压器的额定温升是在额定运行状态下指定部位允许超出标准环境温度之值。我国以40 ℃作为标准环境温度。大容量变压器油箱顶部的额定温升用水银温度计测量,定为55 ℃。

额定运行状态通常是指变压器原边接额定电压时原、副边电流均为额定值,且在指定的冷却方式下,环境温度为40 ℃时的运行状态。

## 2.1.5　仪用互感器

专用测量仪表使用的变压器称为仪用互感器。采用仪用互感器的目的在于:扩大仪表的量程,测量大电流、电压和功率等;测量高压系统的电流、电压和功率等时用于隔离高电压以保障人员和设备的安全;在自动控制和继电保护装置中用于提取交流电流和电压信号。

仪用互感器有电流互感器和电压互感器两种。

**1. 电流互感器(CT)**

CT 是电流变换装置。图 2-7 为用 CT 测量大电流或高电压电路中的电流时的接线原理图。CT 的原边绕组匝数甚少(甚至为 1 匝或半匝),副边与电流表、功率表的电流线圈串连接成闭合回路,在不读表时必须将副边短路。由变压器的电流变换原理得

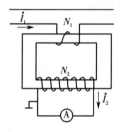

$$\frac{I_1}{I_2} \approx \frac{N_2}{N_1} = K_i$$

所以 $I_1 \approx K_i I_2$。

**图 2-7　电流互感器原理图**

电流互感器副边绕组的额定电流通常设计为同一标准值 5 A。因此测量不同的电流所用的电流互感器变比是不一样的。专与 CT 配套的电流表的表盘可按 $K_i I_2$ 刻度。

为了安全起见,CT 的副边不允许开路。CT 原边绕组的电流 $\dot{I}_1$ 只由被测电路的负载决定,并不受副边电流 $\dot{I}_2$ 的影响,这是和普通变压器的不同之处。在正确接法中,磁动势 $\dot{I}_1 N_1$ 与 $\dot{I}_2 N_2$ 互相抵消,磁路的磁通很小,铁芯的铁损很小,副边感应电动势也很低,对人员设备是安全的。但是当副边开路后,$\dot{I}_2 = 0$,去磁作用消失,而 $\dot{I}_1 N_1$ 的磁动势大小不变,铁芯磁通值很高,出现高度磁饱和,因此铁损加大,引起铁芯过热 CT 被焚;并且在副绕组中产生很高的电压,可能击穿绝缘,危及人员和设备的安全。此外 CT 的铁芯和副边绕组必须同时接地,以防绝缘破损副边出现高压,危及工作安全。

**2. 电压互感器(PT)**

PT 是电压变换装置,结构与普通变压器一样,副边额定电压设计为 100 V。图 2-8 是 PT 测高电压的接线原理图,副边与电压表或功率表的电压线圈相接。由变压器的电压变换原理得

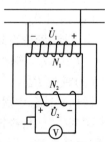

$$\frac{U_1}{U_2} \approx \frac{N_1}{N_2} = K_u$$

所以 $U_1 \approx K_u U_2$,专与 PT 配套的电压表,表盘可按 $K_u U_2$ 刻度。

为了安全,PT 的铁芯和副绕组必须接地,否则由于绝缘损坏会导

**图 2-8　电压互感器原理图**

致副边出现过高的电压而造成人员伤害和设备损坏。PT 副边是不准短路的,因为正常工作时,电压表、功率表的电压线圈的阻抗值很高,$I_1$ 和 $I_2$ 较小,如副边电路短路,则 $I_1$,$I_2$ 将急剧增加,变压器的铜损加大,易引起线圈发热、烧毁。PT 在不读表时可以开路。

## 2.2　电动机

### 2.2.1　概述

电能是现代最主要的能源之一,电机是与电能的生产、输送和使用有关的能量转换机械。它不仅是工业、农业和交通运输的重要设备,而且在日常生活中的应用也越来越广泛。

旋转电机的分类方法很多,按功能大致可分为

①发电机,是一种把机械能转换成电能的旋转机械;

②电动机,是一种把电能转换成机械能的旋转机械;

③控制电机,是控制系统中应用的一种元件。

通常把旋转电机按它产生或耗用电能种类的不同,分为直流电机和交流电机。交流电机又按它的转子转速与旋转磁场转速的关系不同,分为同步电机和异步电机。异步电机按转子结构的不同,还可分为绕线式异步电机和鼠笼式异步电机。这种分类法可以归纳如下:

$$
\text{旋转电机}
\begin{cases}
\text{直流电机} \\
\text{交流电机}
\begin{cases}
\text{同步电机} \\
\text{异步电机}
\begin{cases}
\text{绕线式异步电机} \\
\text{鼠笼式异步电机}
\end{cases}
\end{cases}
\end{cases}
$$

应该指出,不论是动力电机的能量转换,还是控制电机的信号变换,它们的工作原理都依赖于电磁感应定律。根据课程的性质和特点,本书重点讨论工农业生产和日常生活中应用最广泛的鼠笼式异步电动机。

### 2.2.2　三相异步电动机的结构

三相异步电动机的结构分为定子和转子两大部分,图 2-9 为三相异步电动机外形和拆开的各部分元件图。

定子由机座、定子铁芯、定子绕组和端盖等部分组成。定子铁芯一般用厚 0.5 mm 的环形硅钢片叠成,呈圆筒形,固定在机座里面。在定子铁芯硅钢片的内圆侧表面冲有间隔均匀的槽,如图 2-10 所示。定子三相绕组对称地嵌放在这些槽中,首末端 $U_1$,$V_1$,$W_1$ 和 $U_2$,$V_2$,$W_2$ 分别引出,接到机座的接线盒上,如图 2-11(a)所示。根据电动机额定电压和供电电源电压的不同,定子绕组或连接成三角形,或连接成星形,分别如图 2-11(b)(c)所示。

端盖固定在机座上,端盖中央孔上装有轴承以支撑转子。转子拖动机械负载。转子由转子铁芯、转子绕组和转轴组成。转子铁芯也是用硅钢片叠成,转子铁芯固定在转轴上,呈圆柱形,外圆侧表面冲有均匀分布的槽(图 2-10),槽内嵌放转子绕组。转子绕组有鼠笼型和绕线型两种。

鼠笼型转子绕组的制作方法有两种:一种是将铜条嵌入转子铁芯槽中,两端用铜环将铜条一一短接构成闭合回路,如图 2-12(a)所示;另一种方法是将熔化的铝液浇铸到转子铁芯槽

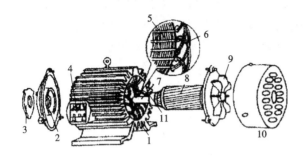

图2-9 鼠笼式异步电动机的零部件

1—机座;2—端盖;3—轴承盖;4—接线盒;
5—定子铁芯;6—定子绕组;7—转轴;8—转子;
9—风扇;10—罩壳;11—轴承

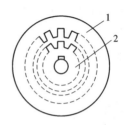

图2-10 定子和转子的铁芯

1—定子铁芯;2—转子铁芯

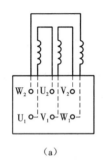

(a)

铜排

(b)

(c)

图2-11 三相定子绕组的连接方法

(a)三相定子绕组首、末端的连接法;(b)三角形连接;(c)星形连接

内,并同时铸出两端短路环和散热风扇叶片,如图2-12(b)所示。后一种制造方法成本较低。中小型鼠笼型异步电动机转子一般都采用铸铝法制造。

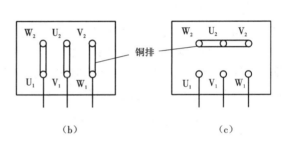

风扇

(a)

(b)

图2-12 鼠笼式转子

(a)铜条鼠笼式转子;(b)铸铝鼠笼式转子

绕线型转子绕组的结构如图2-13所示。它同定子绕组一样,也是三相对称绕组。转子绕组连接成星形,即三相绕组的末端接在一起,三个始端分别接到彼此相互绝缘的三个铜制滑环上。滑环固定在转轴上,并与转轴绝缘。滑环随轴旋转,与固定的电刷滑动接触。电刷安装在电刷架上,电刷的引出线与外接三相变阻器连接。通过滑环、电刷将转子绕组与外接变阻器构成闭合回路。绕线型异步机可以通过调节外接变阻器改变转子电路电阻,达到改变电动机运

行特性的目的。

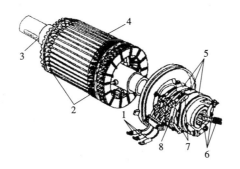

**图 2-13　绕线式转子**

1—电刷外接线；2—转子绕组；3—转轴；4—转子铁芯；5—滑环；
6—转子绕组出线头；7—电刷；8—刷架

## 2.2.3　三相异步电动机的工作原理

为了便于理解异步电动机的转动原理，先假设用一对旋转着的永久磁铁作为旋转磁场，如图 2-14 所示。设这个两极磁场顺时针方向旋转，旋转磁场中间是简化的、只有一匝绕组的转子，闭合的转子绕组受到旋转磁场的切割，在转子绕组上产生感应电动势。由于转子绕组是闭合回路，所以在感应电动势的作用下出现感应电流，感应电流的方向如图 2-14 中所示。图中 ⊙ 表示电流从该端流出，⊗ 表示电流从该端流入。感应电流同旋转磁场相互作用产生电磁力 $F$，电磁力的方向根据左手定则判定。在电磁力的作用下转子和旋转磁场同方向旋转。但是转子速度必然低于旋转磁场的转速，否则转子绕组不受旋转磁场切割而不能产生感应电动势和电流，当然也就不能产生电磁力和转矩。通常称旋转磁场的转速为同步转速 $n_1$，转子的转速即异步机的转速 $n$。

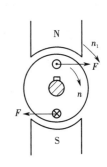

**图 2-14　异步电动机的工作原理图**

三相异步电动机的旋转磁场是由三相交流电产生。当给三相异步电动机的定子绕组通入三相对称电流后，随电流变化会合成产生一空间旋转磁场。

**1. 一对极（两极）的旋转磁场**

一对极（两极）三相异步机的每相定子绕组只有一个线圈。这三个线圈的结构完全相同，对称地嵌放在定子铁芯槽中，绕组的首端与首端、末端与末端都互相间隔 120°，如图 2-15 所示。为了清楚起见，三相对称绕组每相只用一匝线圈表示。设三相绕组接成星形，如图 2-16 所示。当三相绕组的首端接通三相交流电源时，绕组中的三相对称电流分别为

$$i_A = I_m \sin \omega t$$
$$i_B = I_m \sin(\omega t - 120°)$$
$$i_C = I_m \sin(\omega t + 120°)$$

波形如图 2-17 所示。图中 $T_1$ 为电流周期。设从线圈首端流入的电流为正，从末端流入的电流为负，则在 $t_1 \sim t_4$ 各瞬间三相绕组中的电流产生的合成磁场如图 2-18 所示。对照图 2-17 与图 2-18 分析如下：

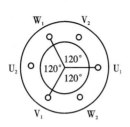

图 2-15　三相定子绕组的布置图

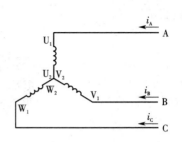

图 2-16　三相定子绕组的接线图

①在 $t_1$ 时刻，即 $\omega t = 90°$ 时，$i_A = I_m$，$i_B = i_C = -\dfrac{1}{2}I_m$ 用右手螺旋法则判定，三相电流产生的合成磁场为一两极磁场，如图 2-19(a)所示；

②经过 $\dfrac{T_1}{3}$ 的时间，在 $t_2$ 时刻，即 $\omega t = 210°$ 时，$i_B = I_m$，$i_A = i_C = -\dfrac{1}{2}I_m$ 三相电流产生的合成磁场如图 2-18(b)所示，此刻两极磁场在空间的位置较 $\omega t = 90°$ 时沿顺时针方向旋转了 120°；

③再经过 $\dfrac{T_1}{3}$ 的时间，在 $t_3$ 时刻，即 $\omega t = 330°$ 时，$i_C = I_m$，

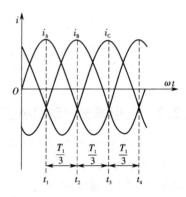

图 2-17　三相电流的波形图

$i_A = i_B = -\dfrac{1}{2}I_m$，三相电流产生的合成磁场如图 2-18(c)所示，两极磁场较 $\omega t = 210°$ 时又沿顺时针方向旋转了 120°；

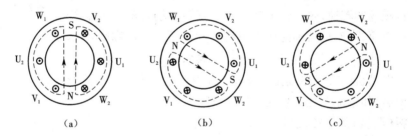

图 2-18　两极旋转磁场

(a)$\omega t = 90°$；(b)$\omega t = 210°$；(c)$\omega t = 330°$

④再经过 $\dfrac{T_1}{3}$ 的时间，在 $t_4$ 时刻，两极磁场沿顺时针方向又转到图 2-18(a)所示的位置。

可见，三相电流经过一个周期，相位变化了 360°，产生的合成磁场在空间也旋转了一周。磁场旋转的速度与电流的变化同步。

上述每相绕组节距为 180° 几何角(每个绕组首、末端之间的几何角)，产生的旋转磁场是一对极(两极)磁场，其转速为

$$n_1 = 60\,\frac{1}{T_1} = 60 f_1$$

式中  $f$——定子电流的频率，Hz；

  $n_1$——转速，r/min。

从图 2-18 中还可以观察到旋转磁场的旋转方向与通入定子三相绕组的电流相序有关。若 $i_A$ 电流从 $U_1$ 端通入，$i_B$，$i_C$ 分别从 $V_1$ 端和 $W_1$ 端通入，相序的排列为顺时针方向，磁场顺时针方向旋转；反之，磁场逆时针方向旋转。

**2. 同步转速与磁极对数的关系**

若绕组采用 90°几何角的节距，每相绕组由两个线圈串联组成，线圈的首端与首端、末端与末端都互隔 60°几何角。给三相绕组通入三相对称正弦电流，可产生两对极（四极）的旋转磁场，如图 2-19 所示。两对极的磁场旋转一周需要 $2T_1$ 时间，旋转的速度为

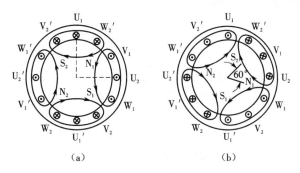

**图 2-19  四极旋转磁场**

（a）$\omega t = 90°$；（b）$\omega t = 210°$

$$n_1 = 60 \frac{1}{2T_1} = 60 \frac{f_1}{2} \ \text{r/min}$$

同理，节距为 60°的几何角的三相对称绕组，通入三相对称正弦电流，可以产生三对极（六极）的旋转磁场。三对磁极的旋转磁场旋转一周需要 $3T_1$ 时间。依此类推，$p$ 对磁极的旋转磁场旋转一周需要 $pT_1$ 时间。所以，同步转速的表达式为

$$n_1 = 60 \frac{1}{pT_1} = 60 \frac{f_1}{p} \ \text{r/min} \tag{2-11}$$

在工频 $f_1 = 50 \ \text{Hz}$ 时，同步转速 $n_1$ 与磁极对数 $p$ 的关系如表 2-1 所示。

**表 2-1  同步转速与磁极对数的关系表**

| $p$ | 1 | 2 | 3 | 4 | 5 | 6 |
|---|---|---|---|---|---|---|
| $n_1/(\text{r/min})$ | 3 000 | 1 500 | 1 000 | 750 | 600 | 500 |

**3. 转速与转差率**

如前所述，异步电机的转子绕组受到旋转磁场的切割时产生电磁转矩，使电动机转动起来，因此异步电机的转速 $n_1$，必然低于同步转速 $n_1$ 即 $n < n_1$。

异步电机的同步转速 $n_1$ 与 $n$ 之差 $\Delta n$ 称为转差，也称滑差，即

$$\Delta n = n_1 - n \tag{2-12}$$

转差 $\Delta n$ 与同步转速 $n_1$ 的比值称为转差率，即

$$S = \frac{\Delta n}{n_1} = \frac{n_1 - n}{n_1} \qquad (2\text{-}13)$$

根据上式可得转速为

$$n = (1 - s)n_1 \qquad (2\text{-}14)$$

在电动机启动瞬间,电动机的转速 $n = 0$,即 $s = 1$。随着转速的提高,转差率 $s$ 减小。正常运行时,异步电动机的转差率 $s$ 在 0 与 1 之间,即 $0 < s \le 1$。一般异步电动机的额定转速 $n_N$ 很接近同步转速 $n_1$,所以额定转差率 $s_N$ 数值很小,在 $0.01 \sim 0.06$ 之间。

转差率 $s$ 是异步电动机的一个重要参数,在分析电动机的运行特性时经常用到。

### 2.2.4 三相异步电动机的机械特性

**1. 电磁转矩**

三相异步电动机的电磁转矩是指电动机的转子受到电磁力的作用而产生的转矩,它是由旋转磁场的每极磁通 $\Phi$ 少与转子电流 $I_2$ 相互作用而产生的。由于转子绕组中不但有电阻而且有电感存在,使转子电流滞后感应电动势一个相位角 $\varphi_2$。经过分析,异步电动机的电磁转矩

$$T = C_T \Phi_m I_2 \cos \varphi_2 \qquad (2\text{-}15)$$

式中　$C_T$——转矩结构常数,它与电动机结构参量有关;

　　　$\Phi_m$——旋转磁场主磁通最大值;

　　　$I_2$——每相转子电流有效值;

　　　$\cos \varphi_2$——转子电路功率因数。

由式(2-15)可见,转矩除与 $\Phi_m$ 成正比外,还与 $I_2 \cos \varphi_2$ 成正比。

为了进一步对电磁转矩进行分析,经过理论推算,三相电动机的电磁转矩表达式还有

$$T = C \frac{s R_2 U_1^2}{R_2^2 + (s X_{20})^2} \qquad (2\text{-}16)$$

式中　$C$——常数;

　　　$U_1$——电源电压;

　　　$s$——电动机的转差率;

　　　$R_2$——转子每相绕组的电阻;

　　　$X_{20}$——转子静止时每相绕组的感抗。

$R_2$ 和 $X_{20}$ 近似为常数,式(2-16)比式(2-15)更具体地表示出异步电动机的转矩与外加电源电压、转差率及转子电路参数之间的关系。式(2-16)表明异步电动机的电磁转矩与电源电压的平方成正比。由此可见,电源电压波动对电动机的转矩及运行将产生很大影响。例如,电源电压降低到额定电压的 80% 时,电动机的电磁转矩仅为额定值的 64%。电源电压过分降低,电动机就不能正常运转,影响工作质量,甚至烧坏绕组。

**2. 机械特性**

在一定电源电压 $U_1$ 和转子电阻 $R_2$ 下,电动机电磁转矩与转速的关系曲线 $n = f(T)$ 称为异步电动机的机械特性曲线,如图 2-20 所示。为了分析电动机的运行性能,以便正确使用电动机,对机械特性曲线上的三个转矩应加注意。

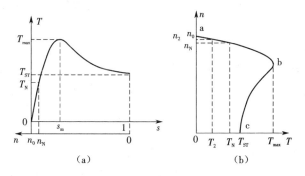

**图 2-20　异步电动机的机械特性**

(a) $T=f(s)$；(b) $n=f(T)$

（1）额定转矩 $T_N$

异步电动机在额定功率时的输出转矩称为额定转矩。当电动机等速转动时，电动机的转矩与阻尼转矩相平衡。阻尼转矩包括负载转矩 $T_2$ 和空载损耗转矩（主要是电机本身的机械损耗转矩 $T_0$）。由于 $T_0$ 很小，通常可忽略，所以

$$T = T_2 + T_0 \approx \frac{P_2}{\dfrac{2\pi n}{60}}$$

式中　$P_2$——异步电动机的输出功率，W；

　　　$n$——异步电动机的转速，r/min；

　　　$T$——异步电动机的输出转矩，N·m。

在实际应用中，$P_2$ 的单位常用 kW，则上式为

$$T = 9550 \frac{P_2}{n} \tag{2-17}$$

额定转矩是电动机在额定功率时的输出转矩，可以从电动机的铭牌上查得额定功率 $P_{2N}$ 和额定转速 $n_N$，应用式（2-17）求得

$$T_N = 9550 \frac{P_{2N}}{n_N} \tag{2-18}$$

（2）最大转矩 $T_{\max}$

机械特性曲线上电动机输出转矩的最大值称为最大转矩或临界转矩。其对应的转速为 $n_m$ 称为临界转速。负载转矩超过最大转矩时，电动机就带不动负载了，发生停转（又称闷车）现象，电动机的电流马上升高六、七倍，电动机严重过热，以致烧坏电机，这是不允许的。

为了避免电动机出现过热现象，不允许电动机在超过额定转矩的情况下长期运行。另外，只要负载转矩不超过电动机的最大转矩，即电动机的最大过载可以接近最大转矩，过载时间也比较短时，电动机不至于立即过热，这是允许的。最大转矩反映了电动机短时容许过载能力，通常以过载系数表示。过载系数为

$$\lambda = \frac{T_{\max}}{T_N} \tag{2-19}$$

一般三相异步电动机的过载系数为 $1.8 \sim 2.2$。某些特殊电动机过载系数可以更大。过载是反映电动机过载性能的重要指标。在选用电动机时，应该考虑可能出现的最大负载转矩，

再根据所选电动机的额定转矩和过载系数计算电动机的最大转矩,最大转矩必须大于最大负载转矩,否则,就要重新选择电动机。

(3)启动转矩 $T_{ST}$

电动机刚接通电源启动时(转速 $n=0$,转差率 $s=1$)的转矩称为启动转矩。当启动转矩大于电动机轴上的负载转矩时,转子开始旋转,并且逐渐加速。由图 2-20(b)的机械特性曲线可知,这时电磁转矩 $T$ 沿着曲线 cb 部分迅速上升,经过最大转矩 $T_{max}$ 后,又沿着曲线 ba 段逐渐下降。直至 $T=T_2$ 时,电动机就以某一转速旋转,这个过程称为电动机的启动。

在机械特性曲线 ba 段工作时,如果负载转矩在允许的范围内变动,电动机能自动适应负载的要求,平衡稳定地工作。例如由于某种原因引起负载转矩增加,而使它的转速下降,由图 2-20(b)可见,电动机的转矩增加,就适应了这种运行要求。因为转速下降时,定子旋转磁场对转子导体的相对切割速度增大,使转子绕组电流增大,于是电动机的电磁转矩也相应增大。所以机械特性曲线 ba 段是稳定工作区。如果 ba 段比较平坦,当负载在空载与额定值之间变化时,电动机的转速变化不大。这种特性称为硬的机械特性。

如果负载转矩超过电动机的最大转矩 $T_{max}$ 时,电动机的运行便越过曲线 b 点进入 bc 段,这时电磁转矩不仅不会增加,相反会急剧下降,转速也迅速下降,直到电动机停转。所以机械特性曲线 bc 段是不稳定的工作区。

不同电源电压时,机械特性曲线如图 2-21 所示。转子电阻 $R_2$ 不同时的机械特性曲线如图 2-22 所示。如果在转子回路中串接三相附加电阻,就可以使机械特性发生变化。通常在绕线型异步电动机转子回路中采用串接电阻的方法提高异步电动机的启动转矩或制动转矩。转子回路串接电阻以后的机械特性称为人工机械特性。鼠笼型异步电动机不可能在转子回路中串接电阻,因此不可能得到人工机械特性。

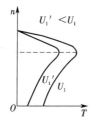

图 2-21 对应于不同电源电压 $U_1$ 的
$n=f(T)$ 曲线($R_2$ = 常数)

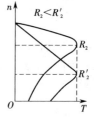

图 2-22 对应于不同转子电阻 $R_2$ 的
$n=f(T)$ 曲线($U_1$ = 常数)

## 2.2.5 三相异步电动机的启动、反转、调速和制动

### 1. 异步电动机的启动

异步电动机启动是指电动机接通交流电源,使电动机的转子由静止状态开始转动,一直加速到额定转速,进入稳定状态运转的过程。启动时的电磁转矩必须大于负载转矩,转子才能启动并加速旋转。

(1)启动时可能存在的问题

①启动电流大

在电动机刚开始启动时,由于转子尚未转动(转速 $n=0$),旋转磁场以最大的相对速度(同步速度)切割静止的转子导体,这时转子绕组感应电动势最大,产生的转子电流也最大,定子电流也相应增大。一般中、小型鼠笼式异步电动机的定子启动电流(线电流)与额定电流之比值大约为 4 ~ 7。随着电动机转速迅速升高,转子感应电动势和定子、转子电流也相应迅速减小。小型电动机转子启动时间很短,只有几秒至十几秒,启动电流也较小,一般不会引起电动机过热。如果电动机频繁启动,启动电流所造成的热量积累就有可能使电动机过热,以至损坏定子绕组。大型电动机过大的启动电流也会造成电网电压降低,影响安装在同一条线路的其他用电设备的正常运行。例如照明灯光突然变暗;邻近的电动机转速降低,甚至停转等,因此对于容量较大的电动机,一般采用专用的启动设备以减小启动电流。

②启动转矩小

在刚启动时,虽然转子电流较大,但转子的功率因数 $\cos \varphi$ 是很低的。由式(2-15)可知,启动转矩实际上是不大的,它与额定转矩之比值约为 1.0 ~ 2.2。如果启动转矩过小,就不能在满载下启动,应设法提高。有些机械设备如切削机床一般都是空载启动,启动后再进行切削,对启动转矩没有特殊的要求。而起重机的电动机应该采用启动转矩较大的电动机,如绕线式异步电动机。

(2)启动方法

①直接启动

就是不加任何启动设备的启动。一般电动机容量小于供电变压器容量的 7% ~ 10% 时,允许直接启动。

②降压启动

若异步电动机启动频繁或容量较大,为了减少启动电流,通常采用降压启动。也就是在启动时降低定子绕组的电压,启动完毕,再加上额定电压使电动机正常运转。由于降低了定子绕组的电压,也就减小了启动电流,但启动转矩也随之大大减小。因此降压启动只能用于轻载或空载的情况下。

a. Y/△ 启动

Y/△ 启动只适用于正常工作时定子绕组为三角形连接的电动机。启动时,先把定子绕组改接成星形,启动完毕,电动机转速达到稳定后再改接成三角形,这种启动方法称为降压启动。由于启动时定子绕组改接成星形,使加在定子绕组上的相电压只有三角形接法时的 $1/\sqrt{3}$ ,星形接法的电流只有三角形连接时的 1/3,启动电流降低了 2/3,但启动转矩也只有直接启动时的 1/3,所以这种方法只适用于空载或轻载启动。Y/△ 启动也可以用三刀双投开关实现,所用设备简单,维护方便,如图 2-23 所示。

b. 自耦变压器启动

利用自耦变压器降低启动电流启动,如图 2-24 所示。启动时先将双刀三投开关扳向启动,这时经自耦变压器降低了的电压加在定子绕组上,以限制启动电流,等电动机转速接近稳定时,再将三刀双投开关扳向运行,使定子绕组在全压下运行。自耦变压器的副绕组一般有三个抽头可供选择,可以根据启动转矩的要求选用。这种方法有手动和自动控制电路,但需要一台专用的三相自耦变压器,所以体积大、成本高、检修麻烦;但启动转矩较大,适用于容量较大或正常运行时接成星形、不能采用 Y/△ 启动的鼠笼式异步电动机。

c. 串联电阻启动

绕线式异步电动机是在转子绕组中串接可变电阻,如图 2-25 所示。启动时先将可变电阻

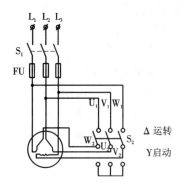

图 2-23　Y/△ 启动控制电路

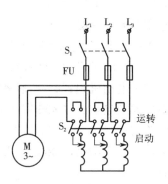

图 2-24　自耦变压器器降压
启动控制电路

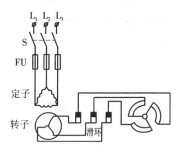

图 2-25　绕线式转子回路串电阻

调至最大,闭合开关,电动机开始运转,随着转速的升高,逐步减小变阻器的阻值,转速达到稳定时,短接变阻器,电机正常运行。转子绕组中接入变阻器后,不仅可以减小启动电流,还可以增大启动转矩,这是降压启动所不具备的优点。绕线式异步电动机还可以在转子绕组中接入频敏变阻器启动。频敏变阻器是随转子电流频率而改变其电抗大小的电抗器,具有启动性好、控制系统设备少、结构简单、制造容易、运行可靠、维护方便等优点。启动时,转子电流频率最高,频敏变阻器电抗最大,因而,转子绕组和定子绕组的启动电流下降,并可使电动机获得较大的启动转矩,在电动机启动过程中,随着转子频率的减小,频敏变阻器的电抗也自动减小,可使电动机实现无级、平稳启动。启动完毕,频敏变阻器应被短接。

**2. 异步电动机的反转**

异步电动机转子的旋转方向与旋转磁场是一致的。如果要改变转子的旋转方向,使异步电动机反转,只要将接到电动机上的三根电源线中的任意两根对调就可以了。由此可见,异步电动机转子的旋转方向决定于接入三相交流电源的相序。

**3. 异步电动机的调速**

调速是指电动机在负载不变的情况下,用人为方法改变它的转速,以满足生产过程的要求。由式(2-14)可知

$$n = (1-s)n_1 = (1-s)\frac{60f_1}{p}$$

可见,异步电动机有三种调速方法。

(1)变极调速

由式 $n_1 = \frac{60f_1}{p}$ 可知,如果磁极对数 $p$ 减小一半,则旋转磁场的转速 $n_1$ 便提高一倍。图 2-26 是定子绕组的两种接法。$A$ 相绕组由线圈 $U_1 U_2$ 和 $U_1' U_2'$ 组成。图 2-26(a)是两个线圈串联,得到 $p=2$;图 2-26(b)是两个线圈反并联(头尾相连)得到 $p=1$。在改变极对数时,一个线圈中的电流方向不变,而另一个线圈中的电流方向改变了。

可以改变磁极对数的异步电动机称为多速电动机。我国定型生产的变极式多速异步电动

机有双速、三速、四速三种类型。它们的转速可逐级改变,主要用于各种金属切削机床及木工机床等设备中。

(2)变频调速

改变电动机电源的频率能够改变电动机的转速。由于发电厂供给的交流电频率为 50 Hz 固定不变,因此必须采用专用的变频调速装置。变频调速装备由可控硅整流器和可控硅逆变器组成。整流器先将 50 Hz 的交流电变换为直流电,再由逆变器变换为频率可调、电压有效值也可调的三相交流电,供给鼠笼式异步电动机,实现电动机的无级调速,并具有硬的机械特性。

目前已经有采用 16 位微处理器和适用于 2.2 ~ 110 kW 容量电动机调速用的高性能数字式变频器,调频范围为 0.5 ~ 50 Hz 精度为 0.1 Hz。此外,还有转矩补偿、加减速时间、多挡速度、制动量和制动时间的设定以及保护和警报显示等功能。

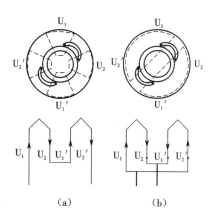

**图 2-26 改变极对数的调速方法**
(a)$P = 2$;(b)$P = 1$

(3)变转差率调速

绕线式异步电动机的调速是通过调节串接在转子电路的调速电阻进行的,如图 2-27 所示。加大转子电路中的调速电阻时,可使机械特性向下移动,如果负载转矩不变,转差率 $s$ 上升,而转速下降。串接的电阻越大,转速越低,调速范围一般为 3:1。这种调速方法的优点是设备简单、投资少,但能量损耗较大,广泛用于运输机械设备等方面。

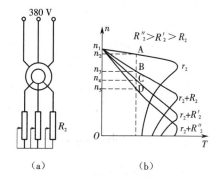

**图 2-27 绕线式电动机串电阻调速**
(a)电路图;(b)调速特性

**4. 异步电动机的制动**

有些机械完成某项工作后,需要立即停止运动或反转,但电动机及其所带的负载具有惯性,虽然电源已经切断,电动机的转动部分还会继续转动一定时间后才能停止。这就需要对电动机进行制动,使其立即停止下来。电动机制动时施加的制动转矩的方向与转子的转动方向相反。异步电动机的制动方法有以下几种。

(1)电动制动

①反接制动 在生产中最常用的电气制动方法是反接制动,如图 2-28(a)所示。利用转换开关在电动机定子绕组断开时,立即对调任意两根电源线,重新接通电源,使旋转磁场反向旋转。这时转子受到反向制动转矩的作用,转子转速迅速下降并且停止转动。当转速接近零时,通常利用控制电器自动切断电源,否则电动机还会继续向相反方向旋转。由于在反接制动时旋转磁场与转子的相对转速很大,因而电流较大。为了限制电流,对功率较大的电动机进行制动时必须在定子电路(鼠笼式)或转子电路(绕线式)中接入电阻。这种制动方法比较简单,效果较好,但能量消耗较大,制动时会产生强烈的冲击,容易损坏机件。

②能耗制动 能耗制动是在电动机切断三相电源的同时,在其中两相定子绕组中接上直流电源,在电机中产生方向恒定的磁场,使电动机转子产生转子电流与固定磁场相互作用产生制动转矩。直流电流的大小一般为电动机额定电流的 0.5 ~ 1.5 倍。这种方法是将转动部分

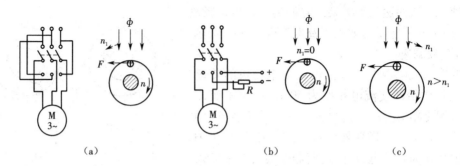

**图 2-28　电气制动**

(a)反接制动；(b)能耗制动；(c)发电反馈制动

的动能转换为电动机转子中的电能而被消耗掉的制动方法，如图 2-28(b)所示。

③发电反馈制动　这是指外力或惯性使电动机转速大于同步转速时，转子电流和定子电流的方向都与电机作为电动机运行的方向相反，所以此时电机不从电源吸取能量，而是将重物的位能(如起重机等提升设备放下重物时)或转子的动能(如电动机从高速调到低速时)转变为电能并反馈电网，电机变为发电机运行，因而称为发电反馈制动，原理如图 2-28(c)所示。

(2)机械制动

最常用的机械制动方法是电磁抱闸制动。当电动机启动时，定子绕组和电磁抱闸线圈同时接通电源，电动机就可以自由转动。当电动机断电时，电磁抱闸线圈也同时断电，在弹簧作用下，闸瓦将装在电动机轴上的闸轮紧紧"抱住"，使电动机立即停转。建筑施工所用的小型卷扬机等起重机械大多采用电磁抱闸制动。

### 2.2.6　三相异步电动机的型号与额定数据

电动机的型号和额定数据都标记在铭牌上。例如 Y132S-2 电动机的铭牌如下所示。

<table>
<tr><td colspan="3" align="center">三相异步电动机</td></tr>
<tr><td>型号：Y132S-2</td><td>功率：7.5 kW</td><td>频率：50 Hz</td></tr>
<tr><td>电压：380 V</td><td>电流：15.0 A</td><td>接法：△</td></tr>
<tr><td>转速 2 900 r/min</td><td>绝缘等级：B</td><td>工作方式：连续</td></tr>
<tr><td colspan="3" align="center">出厂年月　　　　　×年×月</td></tr>
</table>

①型号　电动机型号中包括产品类型代号、结构和特殊环境代号。产品类型代号见表 2-2 所示；型号说明举例如图 2-29。

**表 2-2　电动机产品类型代号**

| 代号 | 产品名称 | 代号 | 产品名称 |
|---|---|---|---|
| Y | 笼型异步机 | YB | 隔爆笼型异步机 |
| YR | 绕线型异步机 | YQS | 潜水笼型异步机 |
| YQ | 高启动转矩异步机 | YQY | 潜油笼型异步机 |
| YD | 多速异步机 | YRL | 立式绕线型异步机 |

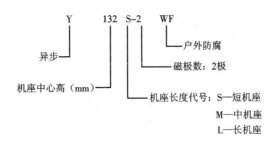

**图 2-29　电动机型号说明**

②额定电压 $U_{1N}$　$U_{1N}$ 是电动机额定运行时应加的电源线电压,单位为 V。一般规定电动机电源电压的偏差应在额定值的 ±5% 以内。

③额定电流 $I_{1N}$　$I_{1N}$ 是电动机额定运行时的线电流,单位为 A。

④额定转速 $n_N$　$n_N$ 是电动机额定运行时的转速,单位为 r/min。

⑤额定功率 $P_N$　$P_N$ 是电动机额定运行时,电动机轴上输出的机械功率,单位为 kW。

⑥额定频率 $f_{1N}$　我国电力系统交流电的频率统一采用 50 Hz,因此国内用交流异步电动机的额定频率一般为 50 Hz,有的国家采用 60 Hz。

⑦绝缘等级　电动机的绝缘等级是按所用绝缘材料允许温升分级的,如表 2-3 所示。

**表 2-3　电动机的绝缘等级**

| 绝缘等级 | 环境温度在 40 ℃的允许温升/℃ | 允许极限温升/℃ |
| --- | --- | --- |
| A | 60 | 105 |
| E | 75 | 120 |
| B | 80 | 130 |
| F | 100 | 155 |
| H | 125 | 180 |

⑧工作方式　工作方式也称为定额,用英文字母 S 和数字标志。按运行状态对电动机温升的影响,工作方式细分为 9 种,可归纳为连续、短时和断续三大类。连续($S_1$)工作可按铭牌上给出的额定功率长期连续运行,温升可达稳定值,拖动通风机、水泵、压缩机等生产机械的电动机常为连续运行。短时($S_2$)工作运行时间短,停歇时间长,温升未达稳定值就停止运行,停歇时间足以使电动机冷却到环境温度。若连续使用时间过长会使电动机过热。如拖动机床、水闸闸门的电动机常为短时运行。断续($S_3$)工作是周期性地工作与停机,工作时温升达不到稳定值,停机时也来不及冷却到环境温度。带动起重机、电梯等电动机均属断续运行。

⑨外壳防护等级　电动机外壳防护分为两种。第一种防护是防止人体触及电动机内部带电部分和转动部分,以及防止固体物进入电动机内部。第二种防护是防止进水而引起的有害影响。电动机外壳防护等级代号由四部分组成,见图 2-30。

Y 系列三相笼型异步电动机是 20 世纪 80 年代我国统一设计的新系列产品。与 JO₂、J₂ 旧系列产品相比,具有效率高、启动转矩大、体积小、质量轻、噪音低、振动小、温升裕度大、防护性

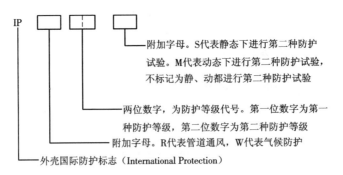

图2-30　电动机防护等级说明

能好等优点。此外,Y系列电动机在功率和机座号等级、安装尺寸的对应关系上符合国际电工委员会(IEC)标准,提高了国内外同类产品的互换性。Y系列电动机额定电压为380 V、3 kW及以下定子绕组为Y接法,4 kW及以上为Δ接法,采用B级绝缘,防护类型有封闭式(IP44)和防淋式(IP23)两种。

# 2.3　常用低压控制器

为了提高劳动生产率,改善劳动条件,有利于实现生产过程的自动化,建筑工地的生产机械一般都采用电动机拖动,因此需要各种电器与电动机组成电力拖动控制系统,以便对建筑机械进行方便而准确地控制。为了使电动机运转符合生产机械的要求,实现电力拖动启动、正反转、调速与制动等,就必须具有正确、可靠、合理的控制线路。控制线路还要对电机过载及线路短路进行自动保护。

## 2.3.1　电器分类

电器按电压来分有低压电器和高压电器;按动作情况来分有非自动电器和自动电器;按作用来分有执行电器、控制电器、保护电器等。

## 2.3.2　保护措施

**1. 短路保护**

电动机定子绕组的绝缘损坏就会造成短路,对电动机和其供电线路造成很大危害,因此必须采取短路保护措施。方法是在线路上设置熔断器,出现短路事故时,熔断器熔丝迅速熔断,使电动机脱离电源。

**2. 过载保护**

三相异步电机所带负载过大时,定子绕组中电流过大,可能大大超过额定电流,使电机温度过高,长时间运行会损坏绝缘材料,导致电机被烧。

**3. 欠压和失压保护**

电动机的电磁转矩与电源电压的平方成正比。电动机电压不足时,电磁转矩以平方倍减小,此时若还让电动机带动额定负载工作,必然使电流增大,时间长了会使定子绕组发热,因此在这种情况下,必须切断电动机的电源,以免烧毁电动机。

电路因某种原因断电时,一旦恢复供电,将会使电动机自动地全压启动,所以,在线路中欠压和失压保护是十分必要的。

### 2.3.3 常用电器

#### 1.刀开关

闸刀开关用符号 QS 表示,是一种简单的手动操作电器,用于非频繁接通和切断容量不大的低压供电线路,并兼作电源隔离开关。按工作原理和结构,刀开关可分为胶盖闸刀开关、转换开关(组合开关)、铁壳开关、熔断式刀开关等。

胶盖闸刀开关是普遍使用的一种刀开关,闸刀装在瓷质底板上,每相附有保险丝、接线柱,用胶木罩壳盖住闸刀,以防止切断电源时电弧烧伤操作者。胶盖闸刀开关价格便宜、使用方便,在民用建筑中广泛应用。三相胶盖闸刀开关在小电流配电系统中用来接通和切断电路,也可用于小容量三相异步电动机的全压启动操作。单相双极刀开关用在照明电路或其他单相电路上。常用的有 HKl,HK2 两种型号,技术资料见表2-4。

表2-4 HK1,HK2 型闸刀规格

| 型号 | 额定电压/V | 额定电流/A | 可控制的电动机功率/kW | 极数 |
|---|---|---|---|---|
| HK1 | 220 | 15 | 1.5 | 2 |
| | 220 | 30 | 3.0 | 2 |
| | 220 | 60 | 4.5 | 2 |
| | 380 | 15 | 2.2 | 3 |
| | 380 | 30 | 4.0 | 3 |
| | 380 | 60 | 5.5 | 3 |
| HK2 | 220 | 10 | 1.1 | 2 |
| | 220 | 15 | 1.5 | 2 |
| | 220 | 30 | 3.0 | 2 |
| | 380 | 15 | 2.2 | 3 |
| | 380 | 30 | 4.0 | 3 |
| | 380 | 60 | 5.5 | 3 |

转换开关又叫组合开关,由三个动触头、三个静触头、绝缘垫板、绝缘方轴、手柄等组成,如图2-31所示。静触头的一端固定在胶木盒的绝缘板中,另一端伸出盒外并附有接线螺钉,以便和负载连接。动触头装在绝缘方轴上,操作手柄可使绝缘方轴向左或向右每次转动90°,从而使动触头与静触头接通或分断,转换开关实质上是一种刀开关,只不过是用动触头的左右旋转代替了闸刀的上下推拉。

转换开关的文字符号用 Q 表示,额定电压有交流 380 V、直流 220 V,额定电流有 10 A,25 A,60 A,100 A 四级。按动、静触头组合的对数,转动开关有单极、双极、三极。它结构紧凑、安装而积小、接线方式多、操作方便,常用作电源引入开关;也可用于小容量电动机的正反转控制、Y/A 启动、变级调速,还可用于测量三相电压。

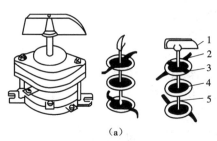

图 2-31　HZ$_{10}$－25/3 型组合开关

(a)开关结构;(b)符号

1—手柄;2—静触头;3—动触头;4—绝缘垫板;5—绝缘方轴

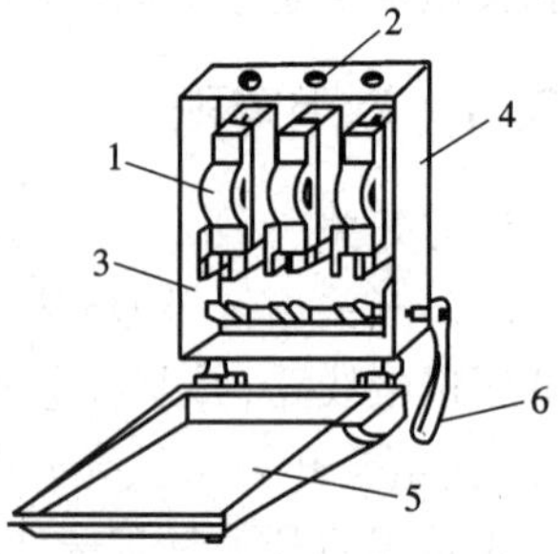

图 2-32　铁壳开关结构

1—瓷插熔断器;2—进出线孔;3—刀闸;
4—外壳;5—壳盖;6—手柄

　　铁壳开关主要由刀开关、熔断器和铁制外壳组成。在刀闸断开处有灭弧罩,断开速度比胶盖闸刀快,灭弧能力强,并具有短路保护。它适用于各种配电设备,供不频繁手动接通和分断负荷电路之用,包括用作感应电动机的不频繁启动和分断。铁壳开关的型号主要有 HH3,HH4 等系列,结构见图 2-32 所示,规格见表 2-5。

表 2-5　HH3,HH4 型负荷开关规格

| 型号 | 额定电压/V | 额定电流/A | 极　数 |
|---|---|---|---|
| HH3 | 250 | 10,15,20,30, | 2,3 或 |
| | 440 | 60,100,200 | 3 + 中性线座 |
| HH4 | 380 | 15,30,60 | 2,3 或 3 + 中性线座 |

　　熔断式刀开关也称刀熔开关,熔断器装于刀开关的动触片中间。它的结构紧凑,可代替分列的刀开关和熔断器,通常装于开关板及电力配电箱内,主要型号有 HR3 系列。

　　除上述所介绍的各种形式的手动开关外,近几年来国内已有厂家从国外引进技术,生产出较为先进的新型隔离开关,如 PK 系列隔离开关和 PG 系列熔断器式隔离器等。PK 系列可拼装式隔离开关分为单极和多极两种,外形如图 2-33 所示。它的外壳采用陶瓷等材料制成,耐高温,抗老化,绝缘性能好。该产品体积小、质量轻,可采用导轨进行拼装,电寿命和机械寿命都较长。主要技术资料见表 2-6。它可代替前述的小型刀开关,广泛应用于工矿企业、民用建筑等场所的低压配电电路和控制电路中。PG 型熔断器式隔离器是一种带熔断器的隔离开关,外形结构大致与 PK 型相同,也分为单极和多极两种,可用导轨进行拼装,主要技术资料见表 2-6 所示。

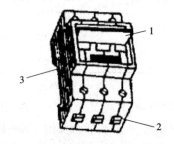

图 2-33　PK 系列隔离开关外形

1—手柄;2—接线端;3—安装轨道

表 2-6　新型隔离开关主要技术参数

| PK 系列 | 额定电流/A | 16 | 32,63,100 | | |
| --- | --- | --- | --- | --- | --- |
| | 额定电压/V | 220 | 380 | | |
| | 极数 p | 1,2,3,4 | | | |
| PG 系列<br>(熔断器式) | 额定电流/A | 10 | 16 | 20 | 32 |
| | 配用熔断器<br>额定电流(A) | 2,4,6,10 | 6,10,16 | 0.5,2,4,6,8,10,<br>12,16,20 | 25,32 |
| | 额定电压/V | 220 | 380 | | |
| | 额定熔断<br>短路电流/A | 8 000 | 20 000 | | |
| | 极数 p | 1,2,3,4 | | | |

对于低压刀开关,主要是根据负荷电流大小选择额定容量的范围。在正常情况下,闸刀开关可以接通和断开自身标定的额定电流。因此对于普通负荷来说,可以根据负荷的额定电流选择相应的刀开关。当用刀开关控制电动机时,由于电动机的启动电流大,选择刀开关的额定电流要比电动机的额定电流大一些,一般是电动机额定电流的 2 倍左右。在选择刀开关时,还应根据工作地点的环境选择合适的操作机构。对于组合式的刀开关,应配有满足正常工作和保护需要的熔断器。

**2. 按钮**

通常用于接通和断开电路。按钮接通电路后,一松手靠弹簧力将它立刻恢复到原来的状态,电流不再通过它的触点,所以它只起发出"接通""断开"信号的作用。它与接触器、继电器等的吸引线圈相结合,可实现电动机的远距离控制或电气连锁。任何一个按钮都有常闭触头(动断触头)和常开触头(动合触头),合在一起称为复合按钮。在控制电路中,启动用动合触头,停止用动断触头。按下按钮帽时,常闭触头先断开,常开触头后闭合;松手后,常开触头先断开,常闭触头后闭合。图 2-34 为按钮的结构示意图,符号为 SB。

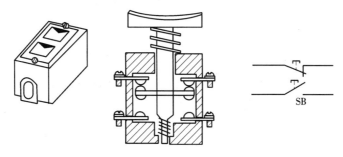

图 2-34　控制按钮的外形、结构示意和图形符号

**3. 交流接触器**

交流接触器用来频繁地远距离接通和切断主电路或大容量控制电路,是电力拖动中最主要的自动控制电器,但它不能切断短路电流和过载电流。

交流接触器主要由触点系统、电磁操作机构和灭弧装置等三部分组成。触点用来接通、切断电路,由动触点、静触点和弹簧组成。电磁操作机构实际上就是一个电磁铁,包括吸引线圈、山字形的静铁芯和动铁芯。动铁芯与反作用弹簧相连。当线圈通电时,动铁芯被吸下,使动合触点闭合。主触点断开瞬间会产生电弧,一来灼伤触点,二来延长切断时间,故触点位置有灭弧装置,见图2-35。

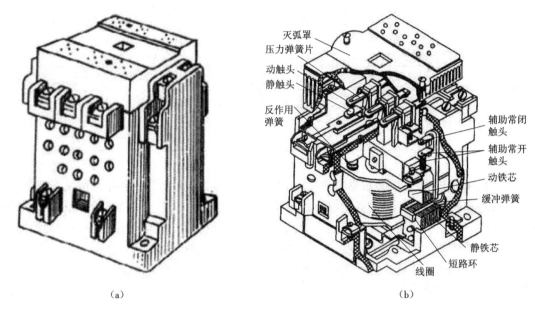

(a)　　　　　　　　　　　　　　　　　　　(b)

**图2-35　交流接触器外形及原理图**

交流接触器触点分为主触点和辅助触点。主触点接触面积大,允许通过较大的电流,用于接通和断开电流较大的主电路,有三对动合触点。辅助触点接触面积小,只能通过较小的电流(小于5 A),用来接通和断开控制电路,它一般有两对动合触点和两对动断触点。交流接触器的工作原理:当铁芯线圈通电时,产生电磁吸引力,将铁芯的可动部分(衔铁)吸合,同时带动它的主触点动作,使主电路接通,而接在控制电路中的辅助触点部分接通,部分断开。当线圈断电时,磁力消失,在反作用弹簧的作用下,动铁芯复位,各触点又回到原来的位置。

选用时要注意主触点电压大于或等于所控制的电压,主触点电流大于或等于负载额定电流。

**4. 行程开关**

行程开关又称限位开关,用于控制机械设备的行程及进行终端限位保护,是一种根据运动部件的行程位置而切换电路的电器。在实际系统中,将行程开关安装在限定运行的位置。当安装于生产机械运动部件上的触动模块撞击行程开关时,行程开关的触点动作,实现电路的切换。在电梯的控制电路中,利用行程开关控制轿(厅)门的开起和关闭,以及实现轿厢的上、下限位保护。

行程开关按其结构可分为直动式、滚动式和微动式。

(1)直动式行程开关　直动式行程开关的结构原理如图2-36(a)所示。其动作原理与按钮开关相同,但触点的分合速度取决于生产机械的运行速度。行程开关在电气控制线路中的图形及文字符号如图2-36(b)所示。要注意图形上的"A"为行程开关的限定符号。

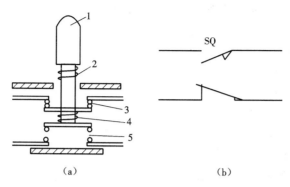

**图 2-36　直动式行程开关的结构原理图及行程开关的图形符号**

（a）结构原理图；（b）图形符号

1—顶杆；2—复位弹簧；3—动断触点；4—触点弹簧；5—动合触点

（2）滚动式行程开关　滚动式行程开关触点的分合速度不受生产机械运动速度的影响，但结构较为复杂。滚动式行程开关在外部撞杆端有一个滚轮。当滚轮被机械上的撞块撞击带有滚轮的撞杆时，撞杆转向带动凸轮转动，顶下推杆，使微动开关中的触点迅速动作。当机械返回时，在复位弹簧的作用下，各部分动作部件复位。

（3）微动式行程开关　微动式行程开关动作灵敏，触点切换速度不受操作按钮压下速度的影响。但由于操作或允许压下的极限行程很小，开关的结构强度不高，因而使用时应特别注意行程和压力的大小。

**5. 时间继电器**

时间继电器在通电或断电后，触点要延迟一段时间才动作，在电路中起着控制时间的作用。时间继电器的图形符号，如图 2-37 所示。

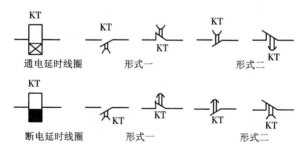

**图 2-37　时间继电器的图形符号**

时间继电器的种类很多，常用的有电磁式、空气阻尼式、电动机式和半导体式等。下面重点介绍空气阻尼式时间继电器的结构原理。空气阻尼式时间继电器的结构原理如图 2-38 所示。它由电磁系统、触点系统和延时机构三部分构成。电磁铁为直动双 E 型，触点系统则是借用 LXS 型微动开关。延时机构是利用空气通过小孔时产生阻尼作用的气囊式阻尼器。它的延时范围为 0.4～180 s，可用作通电延时或断电延时。它既有由空气室中的气动机构带动的延时触点，也有由电磁机构直接带动的瞬动触点，因此用途比较广泛。

（1）通电延时继电器

空气阻尼式通电延时继电器结构，如图 2-38（a）所示。空气室内有活塞，在活塞的肩部和活塞杆上装有橡皮膜。橡皮膜和活塞通过活塞杆上的弹簧相接,橡皮膜的四周被上下两半空气室夹紧固定。

工作原理:线圈通电时,电磁力克服复位弹簧反力迅速将衔铁向上吸合,上支杆使微动开关 SQ$_1$ 动作(SQ$_1$ 为时间继电器的瞬动触点)。此时,由于活塞杆不再受衔铁的压力而在软弹簧 4 的作用下开始带动活塞和橡皮膜上移。橡皮膜紧压活塞肩部,造成上下气室不通。由于下方空气室中的空气受气孔处调节螺丝钉的阻碍,外界空气补充缓慢,而上方气室与大气相通,因此在橡皮膜的上、下方空气室中存在着一定的压力差,阻碍活塞及活塞杆上移,使其上移缓慢。当活塞杆升至终端位置时,支杆倾斜,使微动开关 SQ$_2$ 动作,实现通电延时。

线圈断电时,衔铁在复位弹簧的作用下复位,将活塞迅速推至最下端。因活塞被向下推时,橡皮膜下方气室空气通过橡皮膜与活塞肩部的气隙经上气室排掉,活塞杆迅速复位,支杆复位,因而触点也迅速复位,无延时作用。

(2)断电延时继电器

图 2-38(b)为断电延时继电器结构,工作原理与通电延时继电器相似,读者可以自行分析。

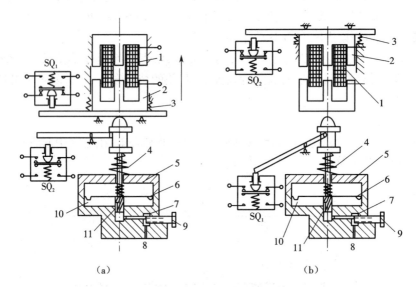

**图 2-38 空气阻尼式时间继电器结构原理图**

(a)通电延时型;(b)断电延时型

1—线圈;2—衔铁;3—复位弹簧;4,5—弹簧;6—橡皮膜;

7—节流孔;8—进气(或排气)孔;9—调节螺钉;10—空气室;11—活塞

由空气阻尼式时间继电器的工作原理可知,调节进气孔的节流程度(进气速度)即可调节继电器的延时时间。因此这种时间继电器的延时范围大,并可平滑调节。常用的空气阻尼式时间继电器有 JS-A,JS7 – B,JSK$_1$,JSK$_2$ 等系列。

**6. 速度继电器**

速度继电器主要用于三相笼式异步电动机的反接制动电路中,配合反接制动实现快速准确停车;也可用于三相笼式异步电动机的能耗制动电路中作为电动机停转后自动切除制动电源。速度继电器的电磁系统与交流电动机的电磁系统相似,由定子和转子组成。其转子由永久磁铁制成,定子的结构和笼式异步电动机的转子相似,有硅钢片叠成并装有笼式绕组。使用时,其转子固定在被控电动机的轴上。

　　速度继电器上要有定子、转子和触点三部分组成,JY₁型速度继电器结构原理图如图 2-39 所示电动机旋转时带动速度继电器的转子一起转动,永久磁铁形成的磁场变为旋转磁场(相对定子而言),定子绕组切割永久磁铁产生的磁场产生感应电势和感应电流(其方向由右手定则判定)使定子柄随着电动机轴旋转的力一向偏转,带动定子柄拨动簧片,使触点闭合或断开。当电动机转速降低时,电磁转矩下降;电动机速度降至接近零时,定子柄在触点簧片弹力的作用下复位,动合触点及动断触点相继复位。

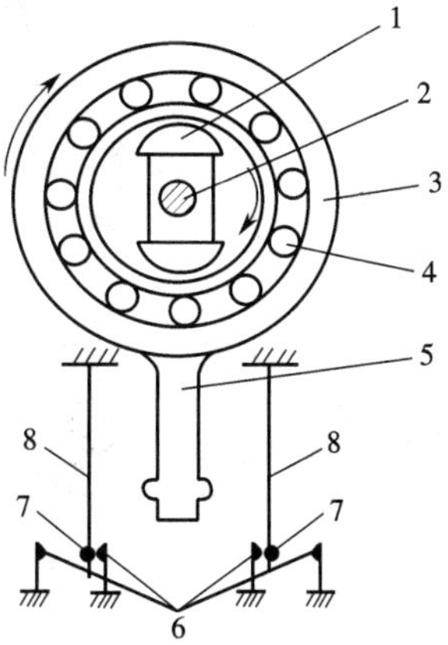

图 2-39　JY₁型速度继电器结构原理图

1—转子;2—电动机轴;3—定子;4—定子绕组;
5—定子柄;6—静触点;7—动触点;8—簧片

# 2.4　异步电动机控制电路

　　在生产中要使用电动机带动某一工作机械完成一定的工作程序和任务,如启动、停止、上升、下降、左转、右转、前进、后退、加速、减速等,就要对电机的运行方式进行控制。为了将控制电路清楚、简练地表达出来,不需要具体画出各种控制元件的相对位置和结构,而是用一定的符号表示组成电路的各个元件及其原理,这种电路图称为控制电路图。

　　绘制电动机的控制电路图应遵循以下几点:

　　①图中所有元件和部件都必须用国家标准规定的图形符号和文字符号来表示;

　　②元件不按实际位置而是以视图方便为主,依动作次序画出,一般主电路画在辅助电路的左侧或上面,各分支电路按动作次序从上到下或从左到右依次排列;

　　③同类元件用同一文字符号加不同数字符号来区分(如 KM₁,KM₂)一个元件的不同部件必须使用相同的文字符号与数字序号,然后再数字序号后面用圆点"·"或"—"隔开的数字来区分,如 KM₁.₁,KM₂.₂。

　　电动机的控制电路图中常用的图形符号如表 2-7 所示。

表 2-7　常用图形符号

| 开关、控制和保护装置 | | | |
|---|---|---|---|
| 名　　称 | 图形符号 | 名　　称 | 图形符号 |
| 开　　关<br>动合触点 |  | 热继电顺<br>动断触点 |  |

表 2-7（续）

| 动断触点 | ⅄ | 三级开关<br>（单线表示） | ≢ |
|---|---|---|---|
| 延时闭合的<br>动合触点 | 或 | 三极开关<br>（多线表示） | |
| 延时断开的<br>动合触点 | 或 | 接触器动合<br>触点 | |
| 延时闭合的<br>动断触点 | 或 | 接触器动断<br>触点 | |
| 延时断开的<br>动断触点 | 或 | 操作器件一般符号 | |
| 按钮开关<br>（动合按钮） | E-⅄ | 交线继电器线圈 | |
| 按钮开关<br>（动断按钮） | E-⅄ | 热继电器的驱动器件 | |
| 位置和限制开关<br>（行程开关)的<br>动合触点 | | 熔断器一般符号 | |
| 位置和限制开关<br>（行程开关)的<br>动断触点 | ⅄ | 灯的一般符号 | ⊗ |

## 2.4.1 常用继电—接触控制电路

### 1. 点动控制电路

点动就是将按钮按下时电动机运转,按钮松开电动机停转。点动控制器电路常用于电动葫芦式起重电机控制和机床的刀架调整、试车等。

点动控制电动机运转时,合上电源开关 QS,按下按钮 SB 交流接触器的吸引线圈有电流通过,产生磁通,静铁芯吸合动铁芯,带动接在主电路中的三个常开触点闭合,电源接通,电动机开始运转,见图 2-40。松开按钮 SB,交流接触器吸引线圈断电,在弹簧反作用力的作用下,主触点断开,主电路断开,电动机停转。

### 2. 长动控制电路

长动就是连续运行。图 2-41 为三相异步电动机长动控制电路图。主电路由三相电源 L1,L2,L3、刀开关 QS、熔断器 FU、接触器 KM 的常开主触头、热继电器的发热元件和电动机 M 组成。辅助电路即控制电路由热继电器 FR 的常闭触头、停止按钮 $SB_1$、启动按钮 $SB_2$、接触器 KM 的吸引线圈及常开辅助触头组成。

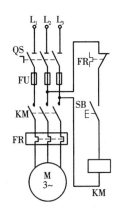

图 2-40　电动机点动控制原理图图

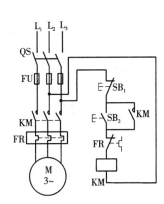

图 2-41　长动控制电路图

工作原理如下:启动时,合上 QS,按下 $SB_2$,交流接触器的吸引线圈通电,常开触头闭合,电动机启动。松手后,$SB_2$ 断开,但由于与 $SB_2$ 并联的常开辅助触头已闭合,所以吸引线圈仍可通过自身常开辅助触头继续通电从而使电动机继续运行。用自身已闭合的常开辅助触头使吸引线圈保持通电称为自锁,起自锁作用的辅助触头称为自锁触头。使电动机停转时,按下 $SB_1$,吸引线圈断开常开触头都会断开,电动机停转。松手后,$SB_1$ 闭合,但由于自锁触头已断开,吸引线圈不会通电,电动机仍保持停止状态。

在这个电路中,熔断器起到短路保护作用,热继电器起到热载保护作用,交流接触器起到欠压和失压护作用。为了使用方便,常把按钮、接触器、热继电器等组装在一起,组成磁力启动器。

### 3. 两地或多地控制同一台电动机电路

有时为了操作方便,需要在两地或多地对同一台电动机进行控制,在每个控制地点分别设启动按钮和停止按钮各一个,启动按钮并联,停止按钮串联,接入同一控制电路。图 2-42 为两地或多地控制同一台电动机的电路图,$SB_1$ 和 $SB_2$ 设在甲地,$SB_3$ 和 $SB_4$ 设在乙地。按下 $SB_2$ 或 $SB_4$ 都可以实现启动控制,按下 $SB_1$ 或 $SB_3$ 都可以实现停止控制。

### 4. 正、反控制电路

生产中要求电动机能同时进行正、反两个方向的运转,如起重机的上升和下降等。只要任意对调电动机的两根相线,就可以改变电动机的转动方向。

图 2-43 为用接触器常闭触头进行互锁的控制电路,图中 $KM_1$,$KM_2$ 分别表示正、反转接触器的线圈和对应触头。若接触器 $KM_1$ 工作,则其三对常开主触头把三相电源和电动机按相序

L1,L2,L3 连接,电动机正转。而接触器 KM₂ 工作,其三对常开主触头把三相电源和电动机按相序 L3,L2,L1 连接,对调了 L1 和 L3 两相电源,从而使电动机反转。若两个接触器同时工作,将会造成 L1 和 L3 两相电源短路的事故。为了避免出现这种情况,电路图中将两个接触器常闭辅助触头 KM₁ 和 KM₂ 分别串联在对方吸引线圈的电路中。通电后,其常闭辅助触头 KM₁ 断开,切断了 KM₂ 吸引线圈的励磁通路,即使误按反转启动按钮 SB₂,KM₂ 也不会动作。这种相互制约的关系为互锁或连锁,这两个常闭辅助触头称为互锁触头。

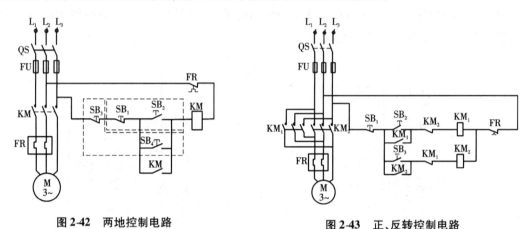

图 2-42    两地控制电路

图 2-43    正、反转控制电路

图 2-44 为单方向旋转既能连续运行又能点动的电动机控制电路。

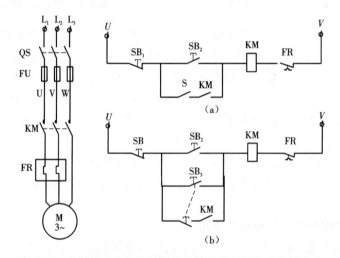

图 2-44    电动机单方向旋转既能连续运行又能点动控制电路

### 5. 应用实例

现在介绍混凝土搅拌机的控制线路。

（1）主要结构

混凝土搅拌机是建筑施工中常用的机械设备,它的主要结构由搅拌滚筒、物力拖斗以及拖动电机等组成。混凝土搅拌机的控制线路图如图 2-45 所示。图中电动机 M₁ 拖动搅拌滚筒,M₂ 拖动物料拖斗。

K 为控制水阀的电磁铁线圈,用于控制水管阀门的打开和关闭。当按下按钮 7SB 时,线圈

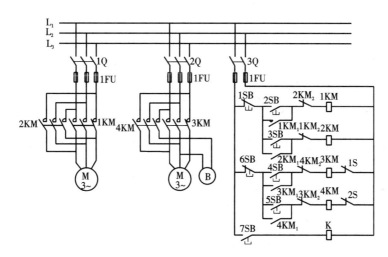

**图 2-45　混凝土搅拌机线路图**

K 通电,水管阀门打开,水流过滚筒。当手松开按钮 7SB 时,线圈 K 断电,水管阀门关闭,停止向滚筒供水,供水时间的长短决定于手按下按钮 7SB 的时间。因此由按钮 7SB 和线圈 K 组成的控制电路实际上就是点动控制电路。

(2)工作过程

当按下按钮 5SB,电动机 $M_2$ 反转,拖斗降下,以待装料。按下按钮 2SB,电动机 $M_1$ 带动滚筒正转起来。再按下按钮 4SB,电动机 $M_2$ 正转,使拖斗提升,把物料倒入转动的滚筒中。按下按钮 7SB,打开水管的阀门,向滚筒供水,经过一段时间后,释放按钮 7SB,停止供水。然后按下 5SB 按钮,电动机 $M_2$ 带动拖斗降下,为下一次装料做准备。当搅拌好后,按下按钮 3SB,滚筒反转,把料倒出来。

## 2.4.2　行程控制线路

在生产中常常需要控制某些机械的行程,如在一些机床上要求刀具或工件自动往复。采用装有行程开关的控制电路,就可以实现这些限位控制。

小型起重设备电动葫芦的控制线路如图 2-46 所示。它由两台电动机 $M_1$,$M_2$ 分别拖动控制上下提升运动和水平运动。为了保证运行安全,加装了上移限位开关 $ST_1$、前移限位开关 $ST_2$、后移限位开关 $ST_3$,并采用了复合式按钮,使按钮 $SB_1$ 与 $SB_2$、$SB_3$ 与 $SB_4$ 之间互相闭锁,以防误操作而产生电源短路。

提升重物时,按下按钮 $SB_1$,接触器线圈 $KM_1$ 触点闭合,$M_1$ 正转。若提升物体位置超限时,撞开上移限位开关 $ST_1$,$M_1$ 停车保护。下放物体时,按下按钮 $SB_2$,接触器线圈 $KM_2$ 触点闭合,$M_1$ 反转。

电动电葫芦前移时,按下按钮 $SB_3$,接触器线圈 $KM_3$ 带电触点闭合,$M_2$ 正转;后移时,按下按钮 $SB_4$,接触器线圈 $KM_2$ 带电触点闭合,$M_2$ 反转。电动电葫芦前移超限时,撞开限位开关 $ST_2$;后移超限时,撞开限位开关 $ST_3$,实现限位保护。

## 2.4.3　延时控制线路

在建筑工地上,常用皮带运输机运送沙料等物品,皮带运输机工作过程如图 2-47 所示。

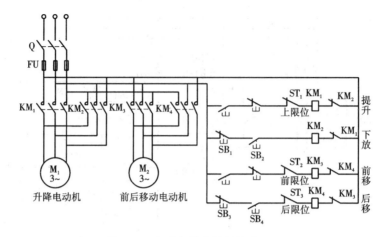

图 2-46　电动电葫芦控制线路原理

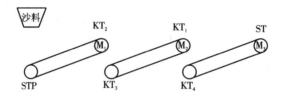

图 2-47　皮带运输机工作过程示意图

**1. 三台皮带运输机联动控制对系统的要求**

（1）电动机启动顺序　设三台电动机为 $M_1$，$M_2$，$M_3$（图 2-48）。电动机启动时，顺序为 $M_3$，$M_2$，$M_1$，并要有一定的时间间隔，以免沙料在皮带上堆积造成后面的皮带重载启动。

（2）电动机停车顺序　电动机的停车顺序为 $M_1$，$M_2$，$M_3$，且应有一定的时间间隔，以保证停车后皮带上不残存沙料。

（3）电动机过载　无论哪台电动机过载，所有电动机必须按顺序停车，以免造成沙料堆积。

（4）电动机的保护环节　电动机控制系统应有失压、过载和短路等保护环节。按控制要求，发出启动指令后 3 号皮带机立即启动，延时 $\Delta t_1$ 后 2 号皮带机启动。延时时间里利用通电延时时间继电器完成启动信号的延时输入工作。在停车时发出停车指令，1 号皮带机立即停车，经一定时间间隔 2 号皮带机自动停车；再经过一段时间间隔 3 号皮带机停车。对 2 号及 3 号皮带机停车信号的延时输入也采用通电延时时间继电器来完成。

**2. 实际控制系统分析**

三台皮带运输机联动控制的线路图如图 2-48 所示。线路中设置 $FR_1$ ～ $FR_3$ 动断触点，并与 KA 线圈串联，用于过载停车保护。与按钮开关并联的中间继电器 KA 自锁触点兼有失压保护的作用。为实现过载时按顺序停车的要求，用 KA 的动断触点控制 $KT_3$ 和 $KT_4$。

联动控制工作原理分析如下。

（1）正常工作

①启动　合上 Q，$Q_1$，$Q_2$，$Q_3$，按下启动按钮 ST，KA 通电吸合并自锁，互锁 $KT_3$，$KT_4$，$KT_1$，

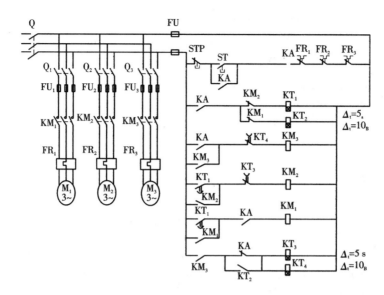

图 2-48　皮带运输机联动控制线路

$KT_2$, $KM_3$ 通电, 开始延时, 电动机 $M_3$ 启动运行。5 s 后 $KT_1$ 的动合延闭触点闭合, $KM_2$ 通电, $M_2$ 启动且断开 $KT_1$ 线圈电路。10 s 时 $KT_2$ 的动合延闭触点闭合, $KM_1$ 通电, $M_1$ 启动且断开 $KT_2$ 线圈电路; $KM_1$, $KM_2$ 均以自锁触点维持吸合。

②停车　按下停车按钮 STP, KA 失电, 其动断触点复位接通 $KT_3$, $KT_4$ 线圈电路, 开始延时, 动合触点复位断开 $KT_1$ 线圈电路, 停车。延时 5 s 后, $KT_3$ 常闭延开触点动作, 切断 $KM_2$ 线圈电路, $M_2$ 停车; 延时 10 s 时 $KT_4$ 动断延开触点动作, 切断 $KM_3$ 线圈电路 $M_3$ 停车。同时, $KM_3$ 动合触点打开, 断开 $KT_3$, $KT_4$ 线圈电路。

（2）过载保护

过载时无论 $FR_1$, $FR_3$ 中哪对触点打开, 停车顺序均为 $M_1$, $M_2$, $M_3$。原理分析同正常停车。失压保护由 KA 的自锁触点实现, 短路保护由各熔断器实现。

## 2.4.4　变频调速控制的应用

变频调速控制在笼式异步电动机控制系统中得到了广泛应用, 如建筑物中的电梯、风机、制冷机、给水泵, 以及家电中的冰箱、电扇、空调机等。变频调速控制的优点是调速的范围大（无级）、启动平滑性能好（软启动）, 对电网无冲击电流 $I_{st}$（节能）。

**1. 变频调速控制的工作原理**

变频调速控制是根据笼式异步电动机的转速 $n = 60f/p(1-s)$, 显然转速 $n$ 与频率 $f$ 成正比。电源的频率为 50 Hz, 只要改变电源的频率, 即可平滑地调节笼式异步电动机的转速。变频调速控制器是由传感器、整流装置、给定器、微机变频调速器和逆变调速等组成。变频调速控制的工作原理框图如图 2-49 所示。

由图 2-49 可见, 它是将三相交流电源先变为直流电源, 再通过逆变变成交流, 并通过微机控制其频率的变化, 所以它的输出为三相频率可调的交流电源。

现以给水泵变频调速为例介绍变频调速控制系统的应用。生活供水量是随着用水负荷的变化而不断变化, 通常是利用高位水箱或水塔的预储水满足用水负荷的要求。给水泵采用笼

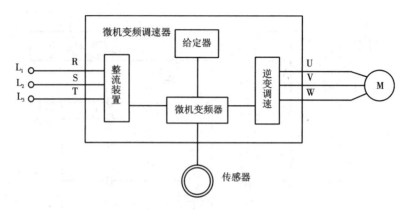

**图 2-49　变频调速控制的工作原理图**

式异步电动机为动力,连续给水箱或水塔供水,直至水满停泵。高位水箱或水塔需要建筑投资,还会造成水质的二次污染,需经常刷洗。给水泵变频调速控制的应用在国内外较为普遍,它可取代高位水箱、水塔及气罐供水装置。

　　给水泵的变频调速控制利用设于出水管中的压力传感器反映用水负荷压力的变化,将压力变化量转变成电信号输入微机,微机再将此电信号与给定的信号相比较、分析与运算,以确定频率的增加或减少。若用水量增大,则将频率增大使水泵转速加快,以增加供水量;若用水量减少,则减小频率使水泵转速变慢,以减少供水量。这就保证了供水管网按给定值恒压供水。

**2. 给水泵变频调速控制线路图**

　　给水泵变频调速控制系统是利用一套微机变频调速器去控制一台、两台或多台给水泵的转速,达到改变供水量的目的。现以两台给水泵变频调速为例说明控制原理。

　　(1)主线路图

　　两台给水泵变频调速主电路图如图 2-50 所示。首先合上的是空气断路器 QF。当使交流接触器动合触点 1KM 闭合后,电源经交流接触器主触点 1KM 和热继电器 FR 送到 1 号水泵电机 $M_1$ 进行手动控制。当断开 1KM,闭合动合主触点 2KM 和 3KM 后,电源经微机变频调速器送给水泵电机 $M_1$ 和 $M_2$ 进行自动变频供水控制。

　　(2)控制回路电路图

　　两台给水泵变频调速控制电路图如图 2-51 所示。

　　①工频供水控制

　　空气断路器 QF 闭合后,电源指示(红)灯 RD 亮,将转换开关 SA 置"手控",图中①—②和③—④合。按下启动按钮 2SB,中间继电器线圈 KA 带电,动断触点 $KA_4$ 打开,使电源指示灯 RD 灭;动合触点 $KA_1$ 合(自锁)确保中间继电器线圈 KA 不断电;动合触点 $KA_2$ 合使交流接触器线圈 1KM 带电,主触点 1KM 闭合,1 号泵电机 $M_1$ 通电运转。此时交流接触器动合触点 $1KM_1$ 合,使指示(绿)灯 GN 亮,表示 1 号泵在运行中。交流接触器动断触点 $1KM_2$ 合和 $1KM_3$ 开,确保交流接触器的线圈 2KM 和 3KM 带电。若 1 号泵电机 $M_1$ 发生过载等事故时,热继电器的动断触点 FR 打开,使 1 号泵电机停止运转。

　　②变频调速供水装置

　　将转换开关 SA 置"自控"位置,图中①—②和⑤—⑥合。按下启动按钮 2SB,中间继电器

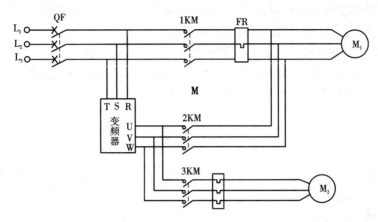

图 2-50　给水泵变频调速主电路

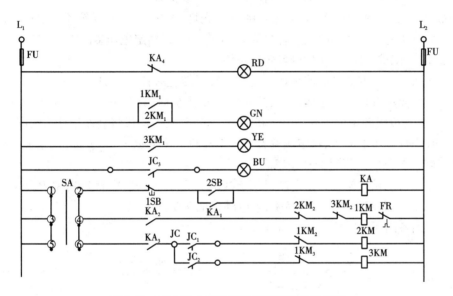

图 2-51　两台给水泵变频调速控制回路电路图

线圈 KA 带电,使动合触点 KA₃ 合。变频调速器按压力传感器返回的水流量的变化,经过分析,改变频率使两台水泵速度连续可调。

a. 用水量减少　输出管网的水流较小时,压力传感器反映用水负荷的压力变化量减少,输入微机调整使其输出的动合触点 JC₁ 闭合,交流接触器线圈 2KM 带电,主触点 2KM 闭合,1 号泵电机 M₁ 运转。变频调速器不断地根据管网的实际压力值与给定值进行比较,经 PI(比例)积分运算来改变输出频率,使 1 号泵电机 M₁ 的转速随用水流量的变化而变化。交流接触器的动合触点 2KM₁ 合,使指示(绿)灯 GN 亮,表示 1 号泵在运行中。

b. 用水量增大　输出管网的水流较大时,压力传感器反映用水负荷的压力变化量信号增大,输入微机调整,可使压力继电器的动合触点 JC₁ 和 JC₂ 均闭合,交流接触器线圈 2KM 和 3KM 带电,1 号泵电机 M₁ 和 2 号泵电机 M₂ 运转,并能根据频率变化来改变电机 M₁ 和 M₂ 的转速,让水流量变化。交流接触器的动断触点 2KM₂ 和 3KM₂ 开,确保交流接触器的线圈 1KM 不带电。交流接触器的动合触点 3KM₁ 合,指示(黄)灯 YE 亮,表示 2 号泵在运行中。若 1 号泵或 2 号泵电机发生过载等事故时,微机变频调速器可自动断电,使 1 号泵或 2 号泵电机停,同时将动合触点 $JC_3$ 闭合,使报警指示(蓝)灯 BU 亮。

1 号泵和 2 号泵电机可长期运行。若想使两台电机停止工作,只需按下停止按钮 1SB,此时中间继电器线圈 KA 失电,动断触点 $KA_4$ 闭合,使电源指示灯 RD 亮;动合触点 $KA_1$,$KA_2$,$KA_3$ 均开,主触点 1KM,2KM,3KM 断开,电机停止运转。

# 习　题

2-1　有一台容量为 10 kVA 的单相变压器,电压为 3 300 V/220 V。变压器在额定状态下运行,试求:

(1)原、副边额定电流;

(2)副边可接 40 W、220 V 的白炽灯($\cos \varphi = 1$)多少盏?

(3)副边改接 40 W、220 V $\cos \varphi = 0.44$ 的日光灯,可接多少盏?(镇流器损耗不计)

2-2　某三相电力变压器的额定容量为 $S_N = 500$ kVA、额定电压 $U_{1N}/U_{2N} = 10$ kV/0.4 kV,采用 Y/$\triangle$ 连接,试求一次、二次侧的额定线电流。

2-3　什么叫异步电动机的同步转速? 它与转子转速有什么区别?

2-4　三相异步电动机稳定运行时,当负载转矩增加时,异步电动机的电磁转矩为什么也会相应增大? 当负载转矩大于异步电动机的最大转矩时,电动机将会发生什么情况?

2-5　有一台异步电动机,额定频率 $f_N = 50$ Hz,额定转速 $n_N = 730$ r/min。求该电动机的极对数、同步转速及额定运行时的转差率。

2-6　已知某三相鼠笼式异步电动机额定线电压为 $U_N = 380$ V,额定功率 $P_N = 7$ kW,额定功率因数 $\cos \varphi_N = 0.82$,效率 $\eta_N = 85\%$,求电动机的额定线电流。

2-7　下列各图所示电路是否具有自锁功能,为什么?

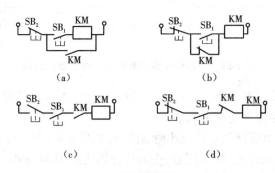

题 2-7 图

2-8　试分析正、反转控制线路中,若没有电气或机械连锁,将会有何后果?

2-9　行程开关在电动机控制中起哪些作用?

2-10　在电梯控制线路中,若不加上、下限位开关,轿厢将会有何后果?

2-11　分析图示控制线路的工作过程。在图中,若按下启动按钮 $SB_2$,交流接触器的线圈 $KM_1$ 和时间继电器 KT 同时通电,试问 $KM_1$ 和 KT 的触点是否会同时闭合? 如果不同时合,哪个触点先闭合?

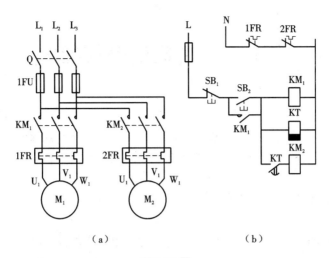

**题 2-11 图**

（a）主电路；（b）控制电路

2-12 在锅炉房中的引风机(M₁)和鼓风机(M₂)的控制线路如图所示,试分析工作过程。

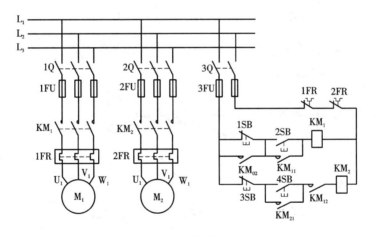

**题 2-12 图**

2-13 变频调速控制和变极对数、变转差率调速有何区别,其优点是什么?

# 第3章　建筑供电与配电

一般建筑采用低压供电,而高层建筑通常采用 10 kV 甚至 35 kV 电压供电。供配电设计是建筑电气设计的主要内容。本章主要介绍电力系统和电力网的基本概念、低压配电方式、电力负荷计算、导线的选择、变压器容量的选择和无功功率补偿等内容。

## 3.1　电力系统和电力网

一切用电部门,如果没有自备发电机,差不多都是由电力系统供电的。由于发电厂往往距负荷中心较远,从发电厂到用户只有通过输电线路和变电所等中间环节,才能把电力输送给用户。同时,为了提高供电的可靠性和实现经济运行,常将许多发电厂和电力网连接在一起并联运行。由发电厂、电力网和用户组成的统一整体称为电力系统。

### 3.1.1　电力系统和电力网

电力系统由发电、输电和配电系统组成,图 3-1 为电力系统图。

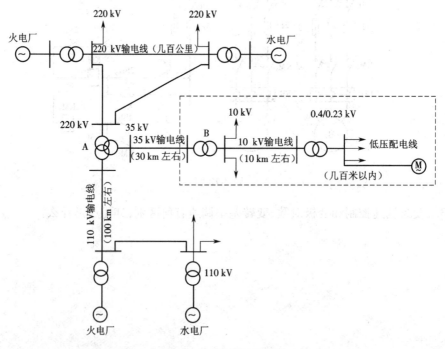

**图 3-1　电力系统示意图**

电力系统是把各类型发电厂、变电所和用户连接起来组成的一个发电、输电、变电、配电和用户的整体,主要目的是把发电厂的电力供给用户。因此电力系统又常称为输配电系统或供电系统。

　　输、配电线路和变电所是连接发电厂和用户的中间环节,是电力系统的一部分,称为电力网。电力网常分为输电网和配电网两大部分。由 35 kV 及以上的输电线路和与其连接的变电所组成的网络称为输电网。输电网的作用是将电力输送到各个地区或直接送给大型用户。因此输电网又称为区域电力网或地方电力网,是电力系统的主要网络。

　　在电力系统中,直接供电给用户的线路称为配电线路。如果是 380 V/220 V,则称为低压配电线路。把电压降为 380 V/220 V 的用户变压器称为用户配电变压器。如果用户是高压电气设备,这时的供电线路称为高压配电线路;连接用户配电变压器及其前级变电所的线路也称为高压配电线路。

　　以上所指的低压,是指 1 kV 以下的电压。1 kV 及以上的电压称为高压。一般还把 3 kV,6 kV,10 kV 等级的电压称为配电电压,把高压为这些等级的电压的降压变压器称为配电变压器;接在 35 kV 及其以上电压等级的变压器称为主变压器。因此配电网是由 10 kV 及以下的配电线路和配电变压器所组成的,它的作用是将电力分配到各类用户。

## 3.1.2　电力网的电压等级

　　电力网的电压等级比较多。从输电的角度看,电压越高则输送的距离越远,传输的容量也越大,电能的损耗就越小;但电压越高,要求绝缘水平也高,因而造价也越高。电压的等级也不宜太多,否则输变电容量重复太多,也不易实现电机、变压器及其他用电设备的生产标准化,电网的接线也比较复杂零乱。目前,我国电力网的电压等级主要有 0.22 kV,0.38 kV,3 kV,6 kV,10 kV,35 kV,110 kV,220 kV,330 kV 和 550 kV 共 10 级。

　　按照技术经济原则,根据我国国民经济的发展情况,国家对电压等级做了统一规定,称为额定电压等级。额定电压就是用电设备、发电机和变压器正常工作时具有最好技术经济指标的电压。显然,对用电设备来说,额定电压应和网络的电压一致。但是,在传输负荷电流的过程中,电力网的电压是要变化的。图 3-2 表示电力网中电压的变化情况。

　　发电机额定电压应高于电力网额定电压 5%,如图 3-2 上部所示发电机 F 额定电压为 400 V,高于电力网额定电压 380 V 的 5%。由于线路上有电压降,所以线路上各点的电压都略有不同,这称为电压偏移。同一电压线路一般允许的电压偏移是 ±5%,即整个线路允许有 10% 的电压偏差。这样,在线路电压降落 10%,即 $U_2 = 360$ 之后,仍保持线路的平均电压为额定值 380 V。

　　在图 3-2 中,变压器 $B_1$ 的一次线圈与发电机直接连接,其一次线圈的额定电压等于发电机的额定电压。这就是说,变压器 $B_1$ 的一次线圈电压高于同级线路的额定电压的 5%。变压器 $B_2$ 不与发电机相连,而是连接在线路上的,可把它看作线路的用电设备,因此一次线圈额定电压应与线路额定电压相同。

　　变压器二次线圈的额定电压也分上述两种情况,但首先要明确,变压器二次线圈的额定电压是指变压器一次线圈加上额定电压而二次侧开路的电压,即空载电压。在满载时二次线圈内有 5% 的电压降。于是对于变压器 $B_1$ 来说,二次线圈额定电压应高于电力网额定电压的 10%。变压器 $B_2$ 的二次线圈额定电压,如采用低压配电或直接供给用电设备,低压线不长、线路电压降不大,则只需高于电力网额定电压 5%,即仅考虑补偿变压器内部 5% 的阻抗压降。

## 3.1.3　用电负荷的分类

　　电力网上用电设备所消耗的功率称为用户的用电负荷或电力负荷。用户供电的可靠性等

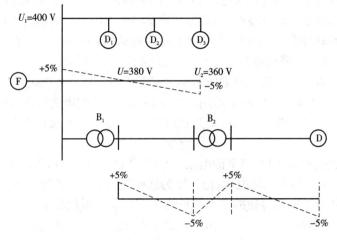

图 3-2　电压偏移示例

级是由用电负荷的性质决定的。《建筑电气设计技术规程》将用电负荷等级划分为三类,划分的标准如下。

**1. 一级负荷**

一级负荷的划定标准:(1)中断供电将造成人员伤亡;(2)中断供电将造成重大政治影响;(3)中断供电将造成重大经济损失;(4)中断供电将造成公共场所的秩序严重混乱。如主要交通枢纽、重要通讯设施、重要宾馆、监狱、重要医院、重要科研场所及实验室、电视电信中心等。对一级负荷,要采用两个独立的电源,一备一用,保证对一级负荷连续供电。

**2. 二级负荷**

二级负荷的划定标准:(1)中断供电将造成较大政治影响;(2)中断供电将造成较大经济损失;(3)中断供电将造成公共场所秩序混乱,如大型体育馆、大型影剧院等。对于二级负荷,要求采用双回路供电,即有两条线路供电,一备一用。在条件不允许采用双回路时,则允许采用 6 kV 以上专用架空线路供电。

**3. 三级负荷**

不属一级和二级负荷者都是三级负荷。一般民用建筑均属于三级负荷,但也应尽可能提高供电的可靠性。

# 3.2　变电所和配电所

## 3.2.1　变电所、配电所的分类

**1. 变、配电所的类型**

(1)变电所

①户外变电所　变压器安装于户外露天地面上,不需要建造房屋,所以通风良好,造价低,在建筑平面布置许可的条件下广泛采用。

②附设变电所　即变电所与建筑物共享一面墙或几面墙壁。此种变电所虽比户外变电所造价高,但供电可靠性好。

③独立变电所　变电所设置在离建筑物有一定距离的单独建筑物内。此种变电所造价较高,适用于对几个用户供电,但又不便于附设在某一个用户侧。

④变台　这是将容量较小的变压器安装在户外电杆上或者台墩上。

(2)配电所

①附设配电所　把配电所附设于某建筑物内,造价低,较多采用。

②独立配电所　配电所不受其他建筑物的影响,布置方便,便于进出线,但造价较高。

③配变电所　即带变电所的配电所,也分为附设式和独立式。

**2. 变配电所的位置确定**

在规划设计中,合理确定变、配电所的位置和数量需要掌握以下原则:(1)接近负荷中心,进出线方便;(2)尽量避免设在多尘和有腐蚀气体的场所;(3)避免设在有剧烈震动的场所和低洼积水地区;(4)尽可能结合土建工程规划设计,以减少建造投资和电能损耗,节约有色金属的消耗等。

## 3.2.2　变、配电所的电气接线图

### 1. 电气接线图的分类

电气接线图可分为主接线图和副接线图两种。电气主接线图又称一次接线图,是表示电能传送和分配路线的接线图。它是由各种主要电气设备:变压器、高压开关、高压熔断器、低压开关、互感器等电气设备,按一定顺序连接而成。一次接线图中的所有电气设备称为一次电气设备。

由于交流供电系统通常是三相对称的,故可用一根线来表示三相线路。用这种形式表示的接线图称为电气主接线单线接线图,简称电气主接线图。副接线图又称二次接线图,是表示测量、控制、信号显示、保护和自动调节一次设备运行的电路。与二次接线图相连的所有测量仪表、保护继电器等电气设备称为二次电气设备。二次接线与一次接线之间是由电压互感器和电流互感器相联系的。互感器的一次侧接于主电路(一次接线图);二次侧接于辅助电路(二次接线图)。互感器是一次设备。

电气主接线是研究的重点。电气主接线单线图应按国家标准规定的图形符号、文字绘制。为了阅读方便,常在图上标明主要电气设备的类型和技术参数。现将变电所主接线中常用图形符号列于表 3-1 中。

表 3-1　主要一次电气设备文字、图形符号

| 电器设备名称 | 文字符号 | 图形符号 | 电器设备名称 | 文字符号 | 图形符号 |
|---|---|---|---|---|---|
| 电力变压器 | T | | 母线及母线引出线 | B | |
| 断路器 | QF | | 电流互感器（单次级） | TA | |
| 负荷开关 | QL | | 电流互感器（双次级） | TA | |

表 3-1(续)

| 电器设备名称 | 文字符号 | 图形符号 | 电器设备名称 | 文字符号 | 图形符号 |
|---|---|---|---|---|---|
| 隔离开关 | QS | | 电压互感器<br>(单相式) | TV | |
| 熔断器 | FU | | 电压互感器<br>(三线圈) | TV | |
| 跌落式熔断器 | FD | | 避雷器 | F | |
| 自动空气断路器<br>(低压空气开关) | QA | | 电抗器 | L | |
| 刀开关 | QK | | 电容器 | C | |
| 刀熔开关 | QU | | 电缆及其终端头 | | |

**2. 电气主接线图的设计原则**

变、配电所的电气主接线直接影响变、配电所的技术经济性能和运行质量。民用建筑设施的变、配电所的电气主接线应满足下列要求：

(1)按照用电负荷的要求,保证供电可靠性；

(2)接线图力求简明,便于运行操作和迅速消除故障；

(3)应保证操作时的人身安全和在安全条件下进行维修工作；

(4)留有发展余地；

(5)节省建设投资。

在满足上述一般要求的前提下,还必须考虑以下几个问题。

(1)备用电源 需要双电源供电的一级负荷的变电所必须有两个独立电源。对二级负荷,在可能情况下,也应有低压备用电源。

(2)电源进线方式 进线可用架空线进线和电缆线进线。一般可采用架空导线,当环境要求较高时,应采用电缆进线。

(3)功率因数补偿 必须保证功率因数 $\cos\varphi$ 不低于 0.85,若达不到这个要求,则应在变电所内集中安装补偿电容器。

(4)电能计量方式 对容量在 560 kVA 以下的变压器,经电业部门同意,可在低压计量；对容量较大的变压器,原则上在高压计量。

**3. 变电所主接线图举例**

对于只有一台变压器且容量较小的变电所,即一台变压器带低压母线方式,主接线图一般都很简单,常见的是线路—变压器组单元接线。

根据变压器容量的不同,有以下三种组合类型(图 3-3)。

(1)变压器容量为 320 kVA 及以下,6 ~ 10 kV 高压侧可用隔离开关 QS 与高压熔断器 FU

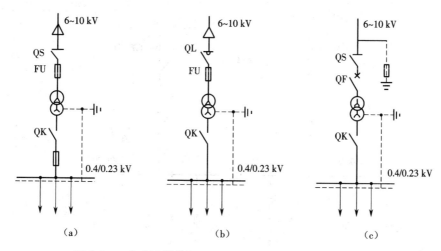

**图 3-3 一台变压器带低压母线的变电所主接线的三种类型**

(a) $S_b \leqslant 320$ kVA;(b) $S_b = 560 \sim 1\,000$ kVA;(c) $S_b > 1\,000$ kVA

组合,见图 3-3(a)。高压熔断器作变压器的短路保护,隔离开关可用来切断空载变压器。

(2)变压器容量为 560~1 000 kVA,或变压器须经常操作(每天一次以上),则应在高压侧装设负荷开关 QL 和高压熔断器 FU,见图 3-3(b)。在正常运行时操作高压负荷开关 QL 可带负荷切除和接通变压器的电源。

(3)变压器容量为 1 000 kVA 以上,在高压侧应设置高压断路器,见图 3-3(c)。高压断路器 QF 不仅能切断和接通正常负荷,而且能借继电保护装置的作用,在变压器发生短路故障时自动切除变压器。高压隔离开关 QS 可作为在高压断路器或变压器检修时隔离电源用。

上述一台变压器的主接线图接线简单,运行便利,投资少,但供电可靠性差。因为所有开关电器都只有一套,当高压侧和变压器低压侧引线上的任何一个一次组件发生故障或电源进线停电时,整个变电所都将停电。所以此种主接线只能用于三级负荷。如果在低压侧有备用电源,或低压侧母线(母线是起汇总和分配电能的作用)接有来自相邻变电所的联络线时,也可供给一级或二级负荷。

对一、二级负荷,为了提高供电可靠性,可采用双回路和两台变压器的主接线图,如图 3-4 所示。这种接线方式,当其中一路进线电源中断时,可通过低压母线联络开关将断电部分的负荷换接到另一路进线上去,以保证对其中的重要设备继续供电。

**4. 配电所主接线举例**

高压配电所的进出线数与供电可靠性、输送容量和电压等级有关。如果有一、二级负荷应采用双回路电源进线,主接线如图 3-5 所示。高压母线采用隔离开关分段,有较高的供电可靠性。此种情况下,不论哪一条供电线路发生故障,都可闭合母线联络开关,使两段母线均不致停电,保证了重要用户不中断供电。如果其中任一段母线发生故障或停电检修时,也只有一段母线上的用电设备断电。

## 3.2.3 变电所和配电所的主要电气设备

在 6~10 kV 的民用建筑供电系统中,常用的高压一次电气设备有高压熔断器、高压隔离开关、高压断路器、高压开关柜等。常用的低压一次电气设备有低压闸刀开关、低压负荷开关、

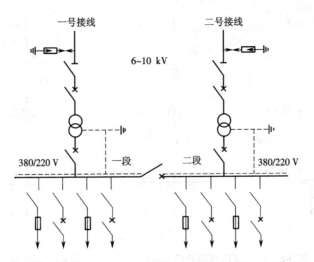

**图3-4    高压侧无母线并采用两台变压器的变电所主接线图**

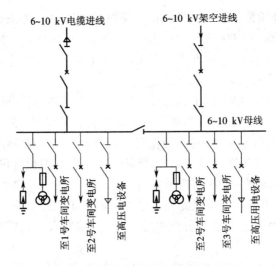

**图3-5    双回路供电的配电所主接线图**

低压自动开关、低压熔断器、低压配电屏等。互感器属高压一次设备。

**1. 高压一次设备**

（1）高压断路器

在6～10 kV高压熔断器中,户内广泛采用RN1,RN2型管式熔断器,户外则广泛采用RW4型跌落式熔断器。

RN1型户内高压管式熔器的外形如图3-6所示,熔管内部结构如图3-7所示。RN1型和RN2型的结构基本相同,都是户内用的。在其密封瓷管内,有并行的几根低熔点的工作熔体,熔体四周充满了石英砂。当短路电流或过负荷电流通过熔管时,熔体熔断,接着指示熔体熔断的指示器弹出。

RW4型户外高压跌落式熔断器的外形基本结构如图3-8所示。这种熔断器的熔管由酚醛纸管做成,里面密封着熔丝。正常运行时该熔断器串联在线路上,当线路发生故障时,故障

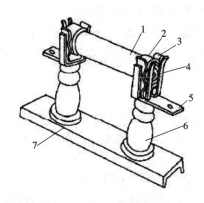

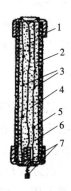

**图 3-6　RN1 型高压管式熔断器**

1—瓷熔管;2—金属管帽;3—弹性触座;4—熔断指示器;

5—接线端子;6—瓷绝缘子;7—底座

**图 3-7　RN1 型高压管式断路器的熔管剖面图**

1—管帽;2—瓷熔管;3—工作熔体;4—指示熔体;

5—锡球;6—石英砂填料;7—熔断指示器

电流使熔丝迅速熔断。熔丝熔断后,熔管下部触头因失去张力而下翻,在熔管自重作用下跌落,形成明显的断开间隙。这种熔断器适用于周围没有急剧震动的场所,既可作 6～10 kV 交流电力线路和电力变压器的短路保护,又可在一定条件下直接用绝缘钩棒操作熔管的开合,以断开或接通小容量的空载变压器、空载线路和小负荷电流。

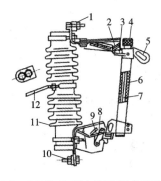

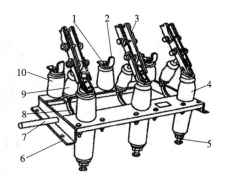

**图 3-8　RW4-10 型户外跌落式熔断器**

1—上接线端;2—上静触头;3—上动触头;4—管帽;

5—操作环;6—熔管;7—熔丝;8—下动触头;9—下静触头;

10—下接线端;11—绝缘瓷瓶;12—固定安装板

**图 3-9　GN8-10/600 型高压隔离开关**

1—上接线端子;2—静触头;3—刀闸;4—套管绝缘子;

5—下接线端;6—框架;7—转轴;8—拐臂;

9—升降绝缘子;10—支柱绝缘子

（2）高压隔离开关

按安装地点高压隔离开关分为户内式和户外式两大类。图 3-9 是 GN8-10/600 型户内高压隔离开关的外形,它的型号含义如下:

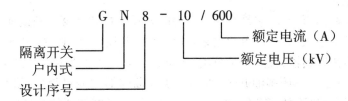

高压隔离开关的作用主要是隔断高压电源,并造成明显的断开点,以保证其他电气设备安

全进行检修。因为隔离开关没有专门的灭弧装置,所以不允许带负荷断开和合入,必须等高压断路器切断电路后才能。隔离开关闭合后高压断路器才能接通电路。但是激磁电流不超过2 A 的空载变压器、电容电流不超过 5 A 的空载线路及电压互感器和避雷器等,可以用高压隔离开关切断。

(3)高压负荷开关

高压负荷开关具有灭弧装置,专门用在高压装置中通断负荷电流。但是这种开关只考虑通断一定的负荷电流,所以它的断流能力不大,不能用它来切断短路电流。它必须和高压熔断器串联使用,短路电流靠熔断器切断。

高压负荷开关也分为户内式和户外式两大类。我国自行设计的 FN3-10RT 型户内压气式高压负荷开关如图 3-10 所示。从外形上看,它同一般户内式高压隔离开关很相似,断路时也具有明显的断开间隙,因此它也能起隔离电源的作用。但是负荷开关与隔离开关有原则区别,即隔离开关不能带负荷操作,而负荷开关是能带负荷操作的。它的型号含义如下:

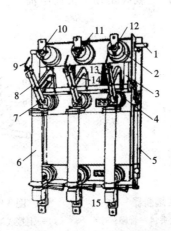

**图 3-10 FN3-10RT 型户内压气式高压负荷开关**

1—主轴;2—上绝缘子兼气缸;3—连杆;4—下绝缘子;5—框架;

6—高压熔断器;7—下触座;8—闸刀;9—弧动触头;10—灭弧喷嘴(内有弧静触头);

11—主静触头;12—上触座;13—断路弹簧;14—绝缘拉杆;15—热脱扣器

(4)高压断路器

高压断路器又叫高压开关,它具有相当完善的灭弧结构和足够的断流能力。它的作用是接通和切断高压负荷电流,并在严重的过载和短路时自动跳闸,切断过载电流和短路电流。

常用的有高压油断路器,按用油量分类,又可分为高压少油断路器(也叫高压少油开关)和高压多油断路器(也叫高压多油开关)两类。少油断路器的油量很少,只有几公斤,它的油只用来灭弧,不是用来绝缘的,所以外壳一般是带电的;多油断路器的油量较多,它的油除了用来灭弧外,还要用作相对地(外壳)、甚至相与相之间的绝缘,外壳是不带电的。一般 6 ~ 10 kV

的户内高压配电装置中都采用少油断路器。图 3-11 所示为 SN10-10 型高压少油断路器的外形结构。SN10-10/1000-500 型号的含义如下：

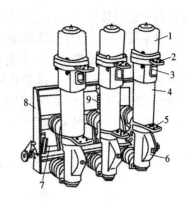

**图 3-11　SN10-10 型高压少油断路器**
1—上帽；2—上出线座；3—游标；4—绝缘筒；
5—下出线座；6—基座；7—主轴；8—框架

（5）高压开关柜

高压开关柜是一种柜式的成套配电设备，它按一定的接线方案将所需的一、二次设备（如开关设备、监察测量仪表、保护电器）及一些操作辅助设备组装成一个总体，在变、配电所中作为控制电力变压器和电力线路之用。这种成套配电设备结构紧凑、运行安全、安装和运输方便，同时具有体积小、性能好、节约钢材和缩小配电室空间等优点。图 3-12 为 JYN2-10 型移开式交流金属封闭开关设备，适用于 3 ~ 10 kV 系统中作为一般接受和分配电能并可对线路进行控制、保护、监测的户内式

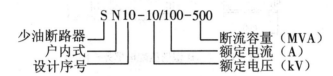

高压开关设备。由于采用手车式结构，不仅便于维修，并可大大缩短因断路器检修而造成的停电时间。

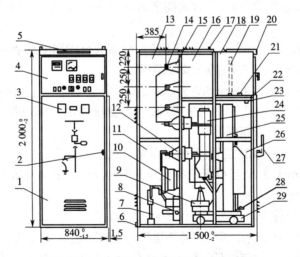

**图 3-12　JYN2-10 型高压开关柜外形图**

1—下车室门；2—门锁；3—观察窗；4—仪表板；5—用途标牌；6—接地母线；7—一次电缆；8—接地开关；
9—电压互感器；10—电流互感器；11—电缆室；12—一次触头隔离罩；13—母线室；14—一次母线；
15—支持瓷瓶；16—排气通道；17—吊环；18—继电仪表室；19—继电器屏（最多可装 18 个普通型中间继电器）；
20—小母线室；21—端子排；22—减震器；23—二次插头座；24—油断路器；25—断路器手车；26—手车室；
27—接地开关操作棒；28—脚踏锁定跳闸机构；29—手车推进机构扣攀

## 2. 低压一次设备

低压一次设备包括低压熔断器、刀开关、负荷开关和自动开关以及低压配电屏等。低压配

电屏是按一定的接线方案将低压开关电器组合起来的一种低压成套配电装置,用在500 V以下的供电系统中,作动力和照明配电之用。

低压配电屏按维护的方式分有单面维护式和双面维护式两种。单面维护式基本上靠墙安装(实际离墙0.5 m左右),维护检修一般都在前而。双面维护式是离墙安装,屏后留有维护通道,可在前后两面进行维修。国内生产的双面维护的低压配电屏主要系列型号有GGD(图3-13),GDL,GHL,JK,MNS,GCS等。

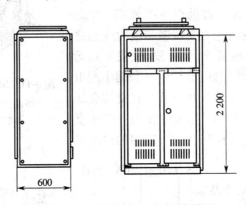

**图3-13　GGD型低压配电屏外形图**

### 3.2.4　变、配电所的布置、结构及对土建设计的要求

当变、配电所的位置确定下来后,就要随之确定变、配电所本身的布置方案。涉及土建方面的应满足以下要求:

(1)要考虑运行安全,变压器室的大门不应朝向露天仓库和堆放杂物的地方;

(2)在炎热地区,变压器室应避免日晒的阳光;

(3)变、配电所各室的大门都应朝外开,以便在紧急情况时室内人员可迅速外撤;

(4)变、配电所的方位应便于室内进出线,因为变压器的低压出线一般是采用矩形裸母线,所以变压器一般宜靠近低压配电室;

(5)为了节约占地面积和建筑费用,值班室可与低压配电室合并,但低压配电屏的正面或侧面离墙的距离不得小于3 m,当少量的高压开关柜与低压配电屏布置在同一室内时,两者之间的距离不得小于2 m;

(6)变、配电所的总体布置方案应该因地制宜、合理设计。

具有两台变压器的附设变电所和户外变电所与高压配电室合建的平面布置方案如图3-14所示,具有一台变压器且值班室与低压配电室共享的变电所平面布置方案如图3-15所示。

变电所的结构设计应整体考虑。下面只介绍6～10 kV供电系统中的变压器室、高压配电室及低压配电室的结构类型。

变压器室的结构类型决定于变压器类型、容量、安放方向、进出线方位和电气主接线方案等。为了保证安全经济运行,在设计变压器室时对土建方面有以下基本要求:

(1)一个变压器室内只允许安放一台三相油浸式变压器;

(2)变压器的外壳与变压器四壁的距离不应小于下列数值:

至侧壁和后壁净距　600～800 mm

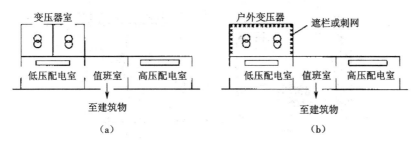

**图 3-14　两台变压器与高压配电室合建的平面布置方案**

（a）两台变压器的附设变电所；（b）两台变压器的户外变电所

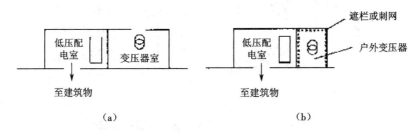

**图 3-15　只有一台变压器的变电所平面布置方案**

（a）一台变压器的附设变电所；（b）一台变压器的户外变电所

至大门净距　600～1 000 mm

（3）变压器室属一级耐火等级的建筑物，所以门窗材料应满足相应的防火要求；

（4）凡油量在 350 kg 以上的变压器，下面应有卵石集油坑及排油沟；

（5）变压器在室内安放的方向有宽面推进和窄面推进之分，所以变压器室的宽度应按推进面的外壳尺寸加上适当的裕度（一般不小于 0.5 m）设计（变压器室宽面推进和窄面推进两种类型的布置结构如图 3-16 所示）；

（6）变压器室不设采光窗，只设通风窗，进风窗和出风窗一般情况下采用金属百叶窗，并应有防止小动物进入的措施，出风窗上还应有防止雨水淋入的措施；

（7）变压器室的地坪分为抬高和不抬高两种，地坪抬高通风好，但造价高；

（8）设计变压器安放场地时，无论室内还是室外，都应考虑留有变压器吊芯检修的空间；

（9）在露天或半露天变电所的变压器四周，应设 1.7 m 以上高度的固定围栏，变压器外壳与围栏（或建筑物外墙）间的净距离不得小于 0.8 m，变压器底部离地面不得小于 0.3 m。相邻变压器外壳之间的净距不得小于 1.5 m。

高压配电室的结构类型主要决定于以下因素：高压开关柜的数量和类型，运行维护时的安全和方便，降低建筑造价和减小占地面积。因此对土建方面也有以下基本要求：

（1）高压配电室的房屋属于二级耐火等级建筑物，可采用木门或铁门，当配电室的长度超过 7 m 时，应在配电室的两端设门，其中一个门的尺寸应考虑开关柜进出；

（2）应有较好的通风和自然采光，在炎热和潮湿地区，应开设进、出风百叶窗，并在窗内侧加装 10 mm×10 mm 的金属网；

（3）在开关柜下设电缆沟，沟内不应渗透进水；

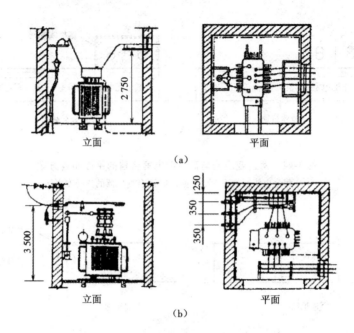

**图 3-16　两种类型的变压器室布置结构图**

（4）配电室的空间距离与高压开关柜的类型及进出线方式有关，与开关柜在室内的布置方式有关。

开关框在室内单列式布置如图 3-17 所示。其运行维护通道不小于 1.5 m。双列式布置如图 3-18 所示，维护通道不小于 2.0 m。无论是单列式还是双列式布置的开关室，高度都不应小于 3.5 m。

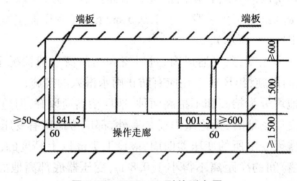

**图 3-17　JYN2-10 型单列布置**

对低压配电室，除了建筑物的具体尺寸不同外，其他结构尺寸的要求与高压配电室基本相同。

低压配电室的高度应与变压器室综合考虑，要便于变压器低压出线。当配电室与抬高地坪的变压器室相邻时，配电室高度不应小于 4 m；与不抬高地坪的变压器室相邻时，配电室高度不应小于 3.5 m。为了布线需要，低压配电屏下面也应设电缆沟。

低压配电室建筑的耐火等级不应低于三级。低压配电室中配电屏也分单列布置和双列布置。对于装有 GGD 等型低压配电屏的配电室，当配电屏单列布置时，维护通道不应小于

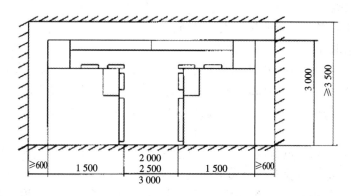

**图 3-18 JYN2-10 型双列布置**

1. 5 m;双列布置时,维护通道不应小于 2.0 m。为了维护方便,配电屏背面和侧面离墙不应小于 0. 8 m。图 3-19 所示为双面维护非靠墙式的 GGD 型低压配电屏单列布置结构图。

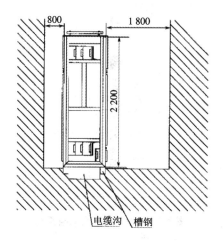

电缆沟 槽钢

**图 3-19 GGD 型低压配电屏单列布置结构图**

# 3.3 低压配电

本节主要介绍低压配电方式和用电负荷分组配电系统。低压配电方式是指低压干线的配电方式。低压配电干线一般是指从变电所低压配电屏分路开关至各大型用电设备或楼层配电盘的线路。用电负荷分组配电系统是指负荷分组组合系统。高层建筑由于负荷的种类较多,低压配电系统的组织是否得当,将直接影响大楼用电的可靠、安全和经济。

## 3.3.1 低压配电方式

低压配电方式可分为放射式、树干式和混合式三类。

放射式配电是一独立负荷或一集中负荷均由一单独的配电线路供电,它一般用在下列场所。

（1）供电可靠性高的场所；

（2）只有一个设备且设备容量较大的场所；

（3）设备比较集中、容量较大的地方。

例如电梯容量不大，亦宜采用一回路供一台电梯的接线方式，以保证供电可靠性。

对于大型消防泵、生活水泵和中央空调机组，一是供电可靠性要求高，二是单台机组容量较大，因此也应考虑放射式供电。对于楼层用电量较大的大厦，有的也采用一回路供一层楼的放射式供电方案。

树干式配电是一独立负荷或一集中负荷按它所处的位置依次连接到某一条配电干线上。树干式配电所需配电设备及有色金属消耗量较少，系统灵活性好，但干线故障时影响范围大，一般适用于用电设备比较均匀、容量不大、又无特殊要求的场合。图 3-20 和图 3-21 分别是放射式和树干式接线图。

国内外高层建筑低压配电方案基本上都采用放射式，楼层配电则为混合式。混合式即放射-树干的组合方式，如图 3-22 所示，有时也称混合式为分区树干式。

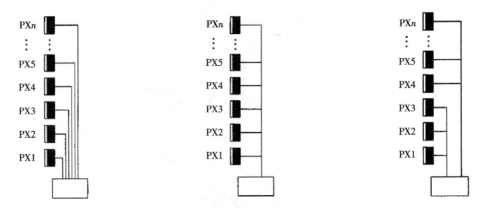

图 3-20　放射式低压配电系统　　　图 3-21　树干式低压配电系统　　　图 3-22　混合式低压配电系统

在高层住宅中，住户配电箱多采用单极塑料小型开关——一种自动开关组装的组合配电箱。对一般照明及小容量插座采用树干式接线，即住户配电箱中每一分路开关带几盏灯或几个小容量插座；而对电热水器、窗式空调器等大宗用电量的家电设备，则采用放射式供电。住户配电箱的典型接线见图 3-23 所示。一些综合楼也考虑这种配电方式。

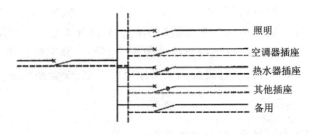

图 3-23　住户配电箱典型接线

### 3.3.2　用电负荷分组配电

高层建筑中的用电量大,用电负荷种类繁多,但并不是所有的用电负荷都必须在任何情况下保证供电,也就是说可以把用电负荷分成保证负荷和非保证负荷。保证负荷包括一级负荷和那些在非消防停电时仍要求保证或可能投入保证负荷母线的负荷,其余则为非保证负荷或一般负荷。

按照《高层建筑设计防火规范》的规定,属于一类建筑的消防控制室、消防水泵、消防电梯、防排烟设施、火灾自动报警、自动灭火装置、火灾事故照明、疏散指示标志和电动防火门窗、卷帘、阀门等消防用电设备为一级负荷。对于这些消防负荷应由两个回路供电,并在末级配电箱内实现自动切换。

用电负荷分组配电的常见方案:在市电停供时,供一般负荷的各分路开关均因失压而脱扣,这时备用发电机组应启动(一般在 10 ~ 15 s 内),以供保证负荷。为了避免火灾发生时切除一般负荷出现误操作,一级负荷可集中一段母线供电,这样做可提高供电可靠性。如果一级负荷母线与一般负荷母线之间加防火间隔,还可减小相互影响。

用电负荷分组配电方案常见有以下几种。

(1)负荷不分组方案　这种方案是负荷不按种类分组,备用电源接至同一母线上,非保证负荷采用失压脱扣方式甩掉。

(2)一级负荷单独分组方案　这种方案是将消防用电等一级负荷单独分出,并集中一段母线供电,备用柴油发电机组仅对此段母线提供备用电源,其余非一级负荷不采取失压脱扣方式。

(3)负荷按三种不同类型分组方案　这种方案是将负荷分组,按一级负荷、保证负荷及一般负荷三大类来组织母线,备用电源采用末端切换。

### 3.3.3　常用低压电器及其选择

建筑低压配电的任务是对各类用电设备供电。而低压电器主要对配电线路及用电设备进行控制和保护。

**1. 常用低压电器**

在民用建筑低压配电线路中,常用的低压电器主要有熔断器、自动开关以及漏电保护开关等。

(1)熔断器

熔断器分高压和低压两类,民用建筑中使用的主要是低压熔断器。低压熔断器是低压电路中用来保护电器设备和配电线路免受过载电流和短路电流损害的保护电器。

熔断器的保护作用是靠熔体完成的。熔体是由低熔点的铅锡合金或其他材料制成的,一定截面的熔体只能承受一定值的电流。当通过的电流超过此规定值时,熔体将熔断,从而起到保护作用。熔体熔断所需的时间与电流的大小有关。这种关系通常用安秒特性曲线表示。

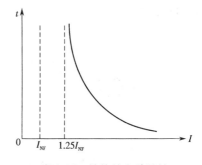

**图 3-24　熔体的安秒特性**

所谓安秒特性,就是指熔体熔化电流与熔化时间的关系,如图 3-24 所示。

　　从图中曲线可以看出,当通过熔体的电流越大时,熔断的时间越短。图中 $I_{NF}$ 为熔体的额定电流,当通过的电流为熔体的额定电流时,熔体是不会熔断的,即使通过的电流等于额定电流的 1.25 倍,熔体还可以长期运行;超过其额定电流的倍数越大,越容易熔断,由表 3-2 可具体说明。

表 3-2　通过熔断器熔体的电流与熔断时间

| 通过熔体的电流/A | $1.25I_{NF}$ | $1.6I_{NF}$ | $2I_{NF}$ | $2.5I_{NF}$ | $3I_{NF}$ | $4I_{NF}$ |
|---|---|---|---|---|---|---|
| 熔断时间 | ∞ | 60 min | 40 s | 8 s | 4.5 s | 2.5 s |

　　当负载发生故障时,有很大的短路电流通过熔断器,熔体很快熔断,迅速切除故障,从而有效地保护未发生故障的线路和设备。但是要明确,熔断器只能作短路保护,而不能准确地保护一般过负荷。常用的低压熔断器有插入式、螺旋式和管式等。低压熔断器型号的含义如下。

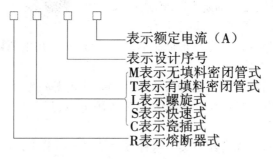

　　插入式熔断器有 RC1A 等系列。RC1A 为瓷插入式熔断器,主要用于交流 50 Hz、380 V(或 220 V)的低压电路末端和作为电气设备的短路保护,其结构如图 3-25 所示。螺旋式熔断器有 RL1 等系列,上要用于交流 50 Hz 或 60 Hz、额定电至 500 V、额定电流至 200 A 的电路中作为过载或短路保护,其结构如图 3-26 所示。在熔断管的上盖中有一"红点"指示器,当电路分断时指示器跳出。管式熔断器有 RM10 和 RT0 型两种。RM10 是新型的无填料密闭管式熔断器,主要用于额定电压交流 500 V 或直流 440 V 的电网中和成套配电设备,作为短路保护和连续过载保护,其结构如图 3-27 所示。RT0 型为有填料密闭管式熔断器,用于具有较大短路电流的电力网或配电装置,作为电缆、导线及电气设备的短路保护和电缆、导线的过载保护,其结构如图 3-28 所示。

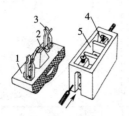

图 3-25　RC1A 型瓷插式熔断器

1—瓷盖;2—熔丝;3—动插头;
4—静触头;5—瓷座

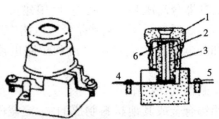

图 3-26　螺旋式熔断器

1—瓷帽;2—熔断管;3—熔丝;4—进线;
5—出线;6—红点指示

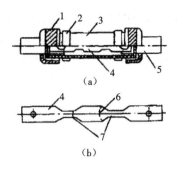

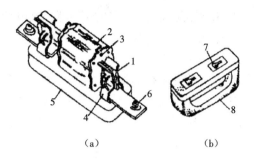

图 3-27　管式熔断器图

（a）熔管；（b）熔片

1—铜帽；2—管夹；3—纤维管；4—熔片（变截面）；
5—接触闸刀；6—过载熔断部位；7—短路熔断部位

图 3-28　RT0 型熔断器（有填料密闭管式熔断器）

（a）熔断器；（b）操作手柄

1—触片；2—瓷熔管；3—熔断指示；4—弹性触头；
5—底座；6—接线端；7—扣眼；8—操作手柄

（2）断路器

断路器是一种自动切断电路故障的电器,主要用于保护低压交直流电气设备,使它们免遭过电流、短路和欠电压长等不正常情况的危害。断路器具有良好的灭弧性能,它能带负荷通、断电路,所以也可用于电路的不频繁操作。断路器主要由触头系统、灭弧系统、脱扣器和操作机构等部分组成。它的操作机构比较复杂,主触头的通、断可以手动,也可以电动,故障时自动脱扣。

断路器的原理结构如图 3-29（a）所示,外形见图 3-29（b）。实际上它相当于刀开关、熔断器、热继电器和欠压继电器的组合。当过电流时,过电流脱扣 1 吸合动作;欠电压时失压脱扣器 2 释放动作;过载时热组件 3（热脱扣器）变形。三者都是通过脱扣板 4 动作引起主触头 6 动作而切断故障电路。过电流脱扣器主要作为线路的短路保护和严重的过载保护,有时也可同时作为线路的过载保护,通过调节弹簧的拉力改变过电流脱扣器动作的电流值。热脱扣器主要作为过载保护。为了满足保护动作的选择性,过电流脱扣器的保护方式有以下几种:过载和短路均瞬时动作;过载延时动作,而短路瞬时动作;过载和短路均延时动作。失压线圈脱扣器也有瞬时和延时动作两种方式。在具体应用中可根据不同要求选用。

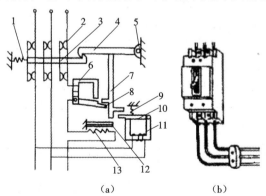

图 3-29　断路器的原理结构及外形

（a）结构示意图；（b）外形

1、9—弹簧；2—主触头；3—传动杆；4—锁扣；5—轴；6—电磁脱扣器；7—杠杆；8、10—衔铁；
11—欠压脱扣器；12—双金属片；13—发热元件

按用途断路器可分为配电用断路器、电动机保护用断路器、照明用断路器;按结构可分为塑料外壳式、框架式、快速式、限流式等。但基本类型主要有万能式和装置式两种系列。塑料外壳式断路器属于装置式,是民用建筑中常用的。它具有保护性能好、安全可靠等优点。框架式断路器是敞开装在框架上,因其保护方案和操作方式比较多,故有"万能式"之称。快速断路器主要用于半导体整流器等设备过载、短路等快速切断之用。限流式断路器是用于交流电网的快速动作的自动保护,以切断短路电流。断路器型号含义如下:

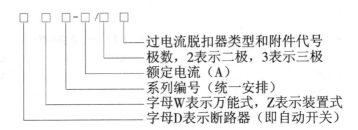

例如,DW15-630/3S 表示万能式断路器,系列为15,额定电流为630 A,3 S 表示三极瞬时脱扣。目前在民用建筑中常用的断路器的型号主要有 DW15,DW16,DW17,DZ20,DZ23,DZ47等系列。DZ23,DZ47 系列断路器除三极和二极外,还有单极式,并可以拼装成多极,用于集中进行分路控制。单极断路器适用于交流 50 Hz、电压至 220 V 及直流 220 V 的线路中,作为照明、电热线路和开关板控制电路的过载、短路保护以及线路切换开关之用。上述断路器主要技术资料见附录 3 中表 3-1 所示。

除上述介绍的断路器外,具有国际先进水平的 ABB 公司的 S 系列微型断路器、梅兰日兰公司的 C45N 系列断路器、奇胜小型断路器等产品在国内也已生产。这些断路器具有体积小、高分断、分弧距离小、可靠性高、机械寿命长、外形尺寸模块化、安装使用方便等优点,因此在建筑电气行业也得到广泛应用。

(3)漏电保护开关

漏电保护开关又称触电保安器,也是一种自动电器,广泛用于低压电力系统中,现要求民用建筑中必须使用。当在低压线路或电气设备上发生人身触电、漏电和单相接地故障时,漏电保护开关便快速自动切断电源,保护人身和电气设备的安全,避免事故扩大。

按照动作原理,漏电保护开关可分为电压型、电流型和脉冲型。按照结构,可分为电磁式和电子式。电压型和电流型这两种漏电保护开关均不具有区别漏电还是触电的能力,而脉冲型漏电保护开关,可以把人体触电时产生的电流突变量与缓慢变化的设备(线路)漏电电流区别开来,分别保护。电磁式漏电保护开关主要由检测组件、灵敏继电器组件、主电路开断执行组件以及试验电路等几部分构成。

下面先介绍漏电和触电的概念。所谓漏电,一般是指电网或电气设备对地的漏电。对交流电网而言,由于各相输电线对地都存在着分布电容 $C$ 和绝缘电阻 $R$,这两者合起来叫作每相输电线对地的绝缘阻抗 $Z$,流过这些阻抗的电流叫作电网对地漏电电流。而触电是指当人体不慎触及电网或电气设备的带电部位,此时流经人体的电流称为触电电流。

现以常用的电流型漏电保护开关为例,说明漏电保护开关的工作原理。电流型漏电保护开关有单相和三相之分。图 3-30 为单相电流型漏电保护开关原理结构图。其中 ZTA 为电流互感器,H 为执行组件(吸引线圈),$H_1$ 为执行组件的常开触点。在正常情况下,假设火线对地漏电流为零,则流过电流互感器 ZTA 中间的电流 $\dot{I}_1$ 与 $\dot{I}_2$ 大小相等,方向相反,因此在电流互感器铁芯中产生的合成磁通也等于零,故在互感器的次级 $L_2$ 中无信号输出。但当被保护的电路上发生触电、漏电或接地故障时,便有一个流经人体的触电电流或该相对地的漏电流流过电流互感器的一次侧,使得一次侧的 $\dot{I}_1$ 与 $\dot{I}_2$ 不再相等。因而在互感器铁芯内产生一个交变磁通,并在次级 $L_2$ 中产生感应电动势,有信号输出,送入放大器。经过放大电路的放大,当达到整定值后,执行组件 H 推动触点 $H_1$ 断开,一般在 0.1 秒内切断电源,从而起到触电或漏电保护的作用。

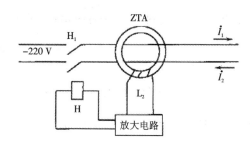

**图 3-30　单相电流型漏电保护开关的工作原理**

　　这种漏电保护开关在民用建筑中用得较多,广泛应用于中性点直接接地的低压电网线路中。单相的漏电保护开关可作为低压电网单相线路的总保护、末端保护、单机用电保护等。三相的漏电保护开关可作为低压电网三相线路的总保护。

　　漏电保护开关的保护方式一般分为低压电网的总保护和低压电网的分级保护两种。低压电网的总保护是指只对低压电网进行总的保护。一般选用电压型漏电保护开关作为配电变压器二次侧中性点不直接接地的低压电网的漏电总保护;选用电流型漏电保护开关作为配电变压器二次侧中性点直接接地的低压电网的漏电总保护。

　　低压电网的分级保护一般采用图 3-31 所示的三级保护方式。其目的是为了缩小停电范围。第一级保护是全网的总保护,安装在靠近配电变压器的室内配电屏上,作用是排除低压线路上单相接地短路事故,如架空线断落或用电设备导体碰壳引起的触电事故等。此第一级一般设低压电网总保护开关和主干线保护开关。设主干线保护开关的目的之一是为了缩小事故时的停电范围。第二级保护是支线保护,保护开关设在一个部门的进户线配电盘上,目的是防止用户发生触电伤亡事故。第三级保护是线路末端及单机的保护,如电热设备、风机、手持电动工具以及各居民户的单独保护等。

　　漏电保护开关的种类较多,型号也较多,常用的型号有 DZL18-20,DZ15LE,DZ12LE,DZL25 等。漏电保护开关有 4 极(用于三相四线制)、3 极(用于三相三线制)和 2 极(用于单相二线制)。DZ15LE 系列是纯电磁式快速电流型漏电保护开关,适用于交流 50 Hz、电压 380 V 的中性点接地的线路中,主要用作漏电保护,同时也可作为线路过载或短路保护。

　　多年来国内外使用漏电保护开关证明,电磁式漏电保护开关比电子式漏电保护开关的可靠性高。因为前者的动作特性不受电源电压波动、环境温度变化以及缺相等因素的影响,抗磁干扰性能良好,寿命也比电子式的长 3～4 倍。国外许多国家,特别是西欧各国,对于使用在配电线路终端的、以防止触电为主的漏电保护开关,严格规定采用电磁式,不允许采用电子式。我国在新的《民用建筑电气设计规范》中也已强调"宜采用电磁式漏电保护器",明确指出漏电

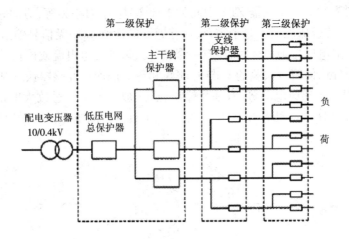

**图3-31  低压电网分级保护示意图**

保护装置的可靠性是第一位。这是关系到生命安全的大事,设计人员切不能因为省钱而采用可靠性较差的产品。

在民用建筑电气设计中,除了应注意选用可靠性较高的电磁式漏电保护开关外,还应正确测定或估算泄漏电流,以便确定漏电保护开关的动作电流值和灵敏度。为了能最大限度地保证供电的可靠性,要求漏电保护开关在首先保护人身安全的同时,尽量减小停电范围。因此应采用前述的分级保护方式。

近年来国内有些厂家也从国外引进先进技术,生产了新型漏电保护开关,如 FIN,FNP,FI/LS 漏电保护开关。这些产品使用了 20 世纪 80 年代国际先进技术,具有结构紧凑、合理、体积小、质量轻、性能稳定、可靠性高、使用安装方便(可采用导轨安装)等特点。这些产品都为电磁式电流动作型,内部采用了高可靠性的 PKA 脱扣器。这种脱扣器在漏电保护开关中主要起漏电脱扣作用。它的性能好坏直接影响开关的性能,是这种开关的关键性组件。该新型漏电保护开关主要用于交流 380 V/220 V 的线路中,额定电流有 16 A,25 A,40 A,63 A 等;额定漏电动作电流为 0.03 A,0.1 A,0.3 A,0.5 A;极数有 2 极和 4 极。

**2. 用电设备及配电线路的保护**

为了提高供电可靠性,要对用电设备及其相应的配电线路进行保护。在民用建筑用电设备中,有些用电设备(如电梯等)是各种电器的组合。由于结构复杂,它自身已设有保护装置,因此在工程设计时不再考虑设置单独的保护,而将配电线路的保护作为它们的后备保护;而有些电气设备(如照明电器、小风扇等)由于结构简单,一般无须设单独的电气保护装置,而把配电线路的保护作为它的保护。

(1)照明用电设备的保护

在民用建筑中,照明电器、风扇、小型排风机、小容量的空调器和电热水器等,一般均从照明支路取用电流,通常划归照明负荷用电设备范围,所以都可由照明支路的保护装置作为它们的保护。

照明支路的保护主要考虑对照明用电设备的短路保护。对于要求不高的场合,可采用熔断器保护;对于要求较高的场合,则采用带短路脱扣器的自动保护开关进行保护。这种保护装置同时可作为照明线路的短路保护和过负荷保护,一般只使用其中一种就可以。

（2）电力用电设备的保护

在民用建筑中,常把负载电流为 6 A 以上或容量在 1.2 kW 以上的较大容量用电设备划归电力用电设备。对于电力负荷,一般不允许从照明插座取用电源,需要单独从电力配电箱或照明配电箱中单独供电。除了本身单独设有保护装置的设备外,其余设备都在分路供电线路装设单独的保护装置。

对于电热电器类用电设备,一般只考虑短路保护。容量较大的电热电器,在单独分路装设短路保护装置时,可采用熔断器或断路器作为短路保护。

对于电动机类用电负荷,在需要单独分路装设保护装置时,除装设短路保护外,还需装设过载保护,可由熔断器和带过载保护的磁力启动器(由交流接触器和热继电器组成)进行保护,或由带短路和过载保护的断路器进行保护。

（3）低压配电线路的保护

对于低压配电线路,一般主要考虑短路和过载两项保护。但从发展情况来看,过电压保护也不能忽视。

①低压配电线路的短路保护

所有的低压配电线路都应装设短路保护,一般可采用熔断器或断路器保护。由于线路的导线截面是根据实际负荷选取的,因此在正常运行的情况下,负荷电流是不会超过导线的长期允许载流量的。但是为了避开线路短时间过负荷的影响(如大容量异步电动机启动等),同时又能可靠地保护线路,当采用熔断器作短路保护时,熔体的额定电流应小于或等于电缆或穿管绝缘导线允许载流量的 2.5 倍;对于明敷绝缘导线,由于绝缘等级偏低,绝缘容易老化等原因,熔体的额定电流应小于或等于导线允许载流量的 1.5 倍。当采用断路器作短路保护时,由于过电流脱扣器可延时并且可调,可以避开线路短路时过负荷电流。所以,过电流脱扣器额定电流一般应小于或等于绝缘导线或电缆的允许载流量的 1.1 倍。

短路保护还应考虑线路末端发生短路时保护装置动作的可靠性。当上述保护装置作为配电线路的短路保护时,要求在被保护线路的末端发生单相接地短路以及两相短路时,短路电流值应大于或等于熔断器熔体额定电流的 4 倍;如用断路器保护,应大于或等于断路器过电流脱扣器整定电流的 1.5 倍。

②低压配电线路的过负荷保护

a. 不论在何种房间内,由易燃外层无保护型电线(如 BX,BLX,BXS 型电线等)构成的明配电线路;

b. 所有照明配电线路(但对于无火灾危险及无爆炸危险的仓库中的照明线路,可不装设过负荷保护);

过负荷保护一般可由熔断器或断路器构成,熔断器熔体的额定电流或断路器过电流脱扣器的额定电流应小于或等于导线允许载流量的 0.8 倍。

③低压配电线路的过电压保护

对于民用建筑低压配电线路,一般只要求有短路和过载两种保护。但从发展情况来看,应考虑过电压保护。这是因为某些低压供电线路有时会意外地出现过电压,如高压架空线断落在低压线路上,三相四线制供电系统的零线断路引起中性点偏移,以及雷击低压线路等,可使接在该低压线路上的用电设备因电压过高而损坏。为了避免这种意外情况,应在低压配电线路上采取分级装设过压保护的措施,如在用户配电盘上装设带过压保护功能的漏电保护开关等。

④上下级保护电器之间的配合

在低压配电线路上,应注意上、下级保护电器之间的正确配合。这是因为当配电系统的某处发生故障时,为了防止事故扩大到非故障部分,要求电源侧、负载侧的保护电器之间具有选择性配合。配合情况如下:

a. 当上、下级均采用熔断器保护时,一般要求上一级熔断器熔体的额定电流比下一级熔体的额定电流大 2 ~ 3 级(此处的"级"系指同一系列熔断器本身的电流等级);

b. 当上、下级保护均采用断路器时,应使上一级断路器的额定电流大于下一级脱扣器的额定电流,一般大于或等于 1.2 倍;

c. 当电源侧采用断路器、负载侧采用熔断器时,应满足熔断器在考虑正误差后的熔断特性曲线在断路器的保护特性曲线之下;

d. 当电源侧采用熔断器、负载侧采用断路器时,应满足熔断器在考虑了负误差后的熔断特性曲线在断路器考虑了正误差后的保护特性曲线之上。

**3. 常用低压电器的选择**

**1. 熔断器的选择**

(1)照明负荷

当照明负荷采用熔断器保护时,先要求出该负荷的计算电流 $I_C$,一般取熔断器熔体的额定电流大于或等于负载回路的计算电流即可,即

$$I_{NF} \geq I_C \tag{3-1}$$

当采用高压汞灯和高压钠灯照明时应考虑启动影响,应取

$$I_{NF} \geq (1.1 \sim 1.7) I_C \tag{3-2}$$

式中　$I_{NF}$——熔体的额定电流,A;

　　　$I_C$——负载回路的计算电流,A。

(2)电热负荷

对于大容量的电热负荷需要单独装设短路保护时,所用熔断器熔体的额定电流应符合下式要求,即

$$I_{NF} \geq I_C \tag{3-3}$$

(3)电动机类用电负荷

对于容量较大的电动机类用电负荷需要单独装设保护装置时,可选用熔断器或断路器进行保护。当采用熔断器保护时,由于电动机的启动电流较大(异步电动机的启动电流一般为额定电流的 4 ~ 7 倍),所以不能按电动机的额定电流选择熔断器,否则将在电动机启动时就熔断。但如按启动电流来选择,则所选熔断器太大,往往起不到保护作用,以至熔断器后面的设备过热时还不熔断。因此对于电动机类负荷应按下述两种情况来选择熔断器。

①单台电动机

对于单台电动机回路,取

$$I_{NF} \geq K_F I_{ST} \tag{3-4}$$

式中　$I_{ST}$——被保护电动机的启动电流,A;

　　　$K_F$——电动机回路熔体选择计算系数,一般轻载启动时取 0.2 ~ 0.45,重载启动时取 0.3 ~ 0.6。

如果只知道电动机的额定电流,不知道启动电流,熔断器熔体的额定电流可取电动机额定

电流的 3 倍,这与上式所选结果基本一致。

②多台电动机

对于多台电动机(设有 $n$ 台),取

$$I_{NF} \geqslant K_F I_{ST(\max)} + I_{C(n-1)} \tag{3-5}$$

式中　$I_{C(n-1)}$——除了启动电流最大的一台电动机外的回路计算电流,A;

　　　　$I_{ST(\max)}$——回路中启动电流最大的一台电动机的启动电流,A;

　　　　$K_F$——电动机回路熔体选择计算系数,取决于电动机的启动状况和熔断器的熔断特性,数值的确定同式(3-4)。

由于多台电动机工作时一般错开启动时间,所以上述考虑的是最严重时的情况。

选择熔断器的注意事项如下:

a.应根据电路上、下级之间保护整定值的配合要求选择,以免发生越级熔断;

b.应根据被保护设备的重要性和保护动作的迅速性选择,如重要的设备可选快速型熔断器,以提高保护性能,一般设备可选用 RM 型熔断器;

c.应根据使用环境和安装方式来选择具体熔断器的型号;

d.在选择好导线和熔断器以后,还必须检查所选熔断器是否能够保护导线,以防熔断器不熔断的情况下导线长期过负荷而发热,如果导线截面过小,还必须加大导线截面。

在电工手册中可查到导线截面所允许的最大熔体电流值。熔断器的技术资料可查阅有关手册。表 3-3 列出常用的 RM10 系列熔断器的参数。

表 3-3　RM10 型熔断器规格

| 型　号 | 额定电压/V | 额定电流/A | 熔体的额定电流等级/A |
|---|---|---|---|
| RM10 – 15 | | 15 | 6,10,15 |
| RM10 – 60 | 交流 | 60 | 15,20,25,35,45,60 |
| RM10 – 100 | 220,380 或 500 | 100 | 60,80,100 |
| RM10 – 200 | 直流 | 200 | 100,125,160,200 |
| RM10 – 350 | 220,440 | 350 | 200,225,260,300,350 |
| RM10 – 600 | | 600 | 350,430,500,600 |

**例 3-1**　有一条从变电所引出的长 100 m 的干线,供电方式为树干式。干线上接有电压为 380 V 三相异步电动机共 22 台,其中 10 kW 电机 20 台,4.5 kW 电机 2 台,敷设地点的环境温度为 30 ℃。干线采用绝缘线明敷。设各台电机的需要系数 $K_x = 0.35$,平均功率因数 $\cos \varphi = 0.7$。选择保护干线的熔断器的额定电流(其中有一台 10 kW 的电动机,$I_N = 19.4$ A,$I_{ST}/I_N = 7.0$ 为最大)。

**解**　由于为多台电动机的回路,故按式(3-5)进行选择。

$$P_{\sum(22-1)} = 209 - 10 = 199 \text{ kW}$$

$$S_{C(22-1)} = 0.35 \times \frac{199}{0.7} = 99.5 \text{ kVA}$$

$$I_{C(22-1)} = \frac{99.5 \times 10^3}{\sqrt{3} \times 380} = 151.2 \text{ A}$$

其中最大的一台启动电流为

$$I_{ST(\max)} = 7I_N = 7 \times 19.4 = 135.8 \text{ A}$$

由于启动电流较大,取 0.45,故得熔断器熔体的额定电流为

$$I_{NF} = K_F I_{ST(\max)} + I_{C(22-1)}$$
$$= 0.45 \times 135.8 + 151.2 = 212.31 \text{ A}$$

选择 RM10-350 型,熔体额定电流为 225 A。

例 3-1 所选导线截面为 70 mm 的铝芯塑料线,允许载流量为 192 A。查电工手册可知,其允许的最大熔体电流为 225 A,而按短路保护要求所选熔体的额定电流 $I_{NF} = 225$ A,小于导线允许载流量(192 A)的 1.5 倍,故所选 225 A 的熔体是能够保护所选导线的。

**2. 断路器的选择**

(1)照明负荷

当照明支路负荷采用断路器作为控制和保护时,延时和瞬时过电流脱扣器的整定电流分别为

$$I_{xd1} \geq K_{K1} I_C \tag{3-6}$$

$$I_{xd3} \geq K_{K3} I_C \tag{3-7}$$

式中　$I_{xd1}$——断路器延时过电流脱扣器的动作整定电流,A;

　　　$I_{xd3}$——断路器瞬时过电流脱扣器的动作整定电流,A;

　　　$K_{K1}$——用于长延时过电流脱扣器的计算系数,见表 3-4;

　　　$K_{K3}$——用于瞬时过电流脱扣器的计算系数,见表 3-4;

　　　$I_C$——照明支路的计算电流。

表 3-4　计算系数 $K_{K1}$,$K_{K3}$ 值

| 计算系数 | 白炽灯、荧光灯、卤钨灯 | 高压汞灯 | 高压钠灯 |
|---|---|---|---|
| $K_{K1}$ | 1 | 1.1 | 1 |
| $K_{K3}$ | 6 | 6 | 6 |

(2)电热负荷

对于大容量的电热负荷,如用断路器作为控制和保护时,过电流脱扣器的整定电流应符合下式要求,即

$$I_{xd} \geq I_C \tag{3-8}$$

式中　$I_{dx}$——断路器过电流脱扣器的整定电流,A;

　　　$I_C$——电热负载回路计算电流,A。

(3)电动机类负荷

①单台电动机回路,自动开关的整定电流取

$$I_{xd1} \geq I_N \tag{3-9}$$

$$I_{xd3} \geq K_{C1} I_{ST} \tag{3-10}$$

②多台电动机回路的整定电流取

$$I_{xd1} \geq I_C \tag{3-11}$$

$$I_{xd3} \approx K_{C3}\left(I_{ST(\max)} + I_{C(n-1)}\right) \tag{3-12}$$

式中　$I_N$——电动机的额定电流,A;

　　　$I_{ST}$——电动机的启动电流,A;

　　　$I_{ST(\max)}$——启动电流最大的一台电动机的启动电流,A;

　　　$I_C$——多台电动机回路的计算电流,A;

　　　$K_{C1}$——单台电动机回路的计算系数,取 1.7~2;

　　　$K_{C3}$——多台电动机回路的计算系数,取 1.2;

　　　$I_{C(n-1)}$——除了启动电流最大的一台电动机以外的回路计算电流,A。

（4）配电线路中断路器的选择

配电线路中有时不仅有照明负荷,同时还有一般电力负荷,所以在选用断路器作为保护或控制时,应注意以下几点:

①延时过电流脱扣器的动作电流的整定值 $I_{xd1}$ 应为 0.8~1.1 倍的导线允许载流量;

②短延时动作电流整单定值 $I_{xd2} \geqslant 1.1(I_C + 1.35K_{ST}I_{N(\max)})$,$K_{ST}$ 为电动机的启动电流倍数,$I_{N(\max)}$ 为最大一台电动机的额定电流;

③短延时过电流脱扣器的动作时间,应根据保护装置动作的选择性整定,一般分为 0.1 s, 0.2 s,0.4 s 和 0.6 s 四种;

④无短延时的瞬时过电流脱扣器的动作电流单定值 $I_{xd3} \geqslant 1.1(I_C + K_1K_{NST}I_{N(\max)})$,$K_1$ 为电动机启动电流的冲击系数,一般取 $K_1 = 1.7~2$,$K_{NST}$ 为电动机的额定启动电流倍数,如有短延时,瞬时过电流脱扣器的动作电流整定值大于或等于 1.1 倍下一级开关进线端计算短路电流值。

（5）断路器选择的一般条件

断路器除按上述几项具体要求选择外,还应考虑以下的一般选择条件:

①断路器的额定电压大于、等于线路的额定电压;

②断路器的额定电流大于、等于线路的计算负荷电流;

③断路器脱扣器的整定电流大于、等于线路的计算负荷电流;

④断路器的极限通断能力大于、等于线路中最大短路电流;

⑤断路器欠电压脱扣器的额定电压应等于线路的额定电压。

此外还应注意,作为配电用的断路器,一般不应用作电动机的保护。这是因为两种断路器的保护动作时间是不一样的。对于电动机,宜选用电动机保护用断路器。关于断路器的详细选择要求和技术资料,可查阅有关手册。

例 3-2　图 3-32 配电系统的电气设备及线路参数见表 3-5,请选择各级断路器 $QA_1$,$QA_2$,$QA_3$,$QA_4$ 的参数及规格型号(图中 $I_{k1}$,$I_{k2}$,$I_{k3}$,$I_{k4}$ 分别为各级的短路电流)。

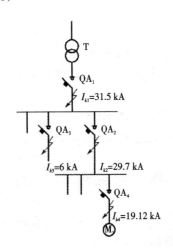

图 3-32　配电系统

表 3-5　　配电系统中各设备参数

| 符号 | 名　称 | 性能参数 |
|---|---|---|
| T | 变压器 | 1 000 kVA<br>6/0.4 kV<br>$I_N = 1\ 445$ A |
| M$_1$ | 电动机 1<br>（为轻载启动） | 100 kW<br>$I_N = 182.4$ A<br>启动电流倍数为 6.5 |
| QA$_1$ | 变压器侧断路器 | $I_{N1} = 1\ 145$ A |
| QA$_2$ | 配电支路断路器 | $I_{N2} = 600$ A |
| QA$_3$ | 一般照明支路断路器 | $I_{N3} = 60$ A |
| QA$_4$ | 电动机保护断路器 | $I_{N4} = 182.4$ A |

**解**　（1）先选择断路器 QA$_4$　由于它是保护电动机的,应选用电动机用保护开关。该电动机的额定电流为 182.4 A,应选用 200 A 断路器。由于为单台电动机回路,应取长延时动作整定电流为

$$I_{xd1} \geqslant I_N = I_{N4} = 182.4 \text{ A}$$

取 $I_{xd1} = 200$ A,即可满足要求。瞬时动作整定电流为

$$I_{xd3} \approx K_{C1}I_{ST} = 1.8 \times 6.5 \times 182.4 = 2134 \text{ A}(K_{C1} = 1.8)$$

短路电流 $I_{K4} = 19.12$ kA,应选用通断能力为 20 kA 的断路器。查附录 3 表 3-1 或手册可知,DW15-400 能满足要求,其脱扣器额定电流为 200 A。

（2）选择断路器 QA$_2$　由于它是保护配电支路的,需选用选择型配电断路器。线路额定电流为 600 A,短路电流 $I_{K2} = 29.7$ kA,查附录 3 表 3-1,应选用额定电流为 600 A、通断能力为 50 kA 的断路器 DZ20 型。短延时动作电流的整定值为

$$\begin{aligned} I_{xd2} &\geqslant 1.1(I_C + 1.35K_{ST}I_{N(\max)}) \\ &= 1.1(600 + 1.35 \times 6.5 \times 182.4) \\ &\approx 2420 \text{ A} \end{aligned}$$

可整定在 3 000 A。

据前述瞬时过电流脱扣器动作电流整定值 $I_{xd1} \geqslant 1.1I_{K2} = 1.1 \times 29.7 \approx 33$ kA,可整定在 33 kA。

（3）选择断路器 QA$_3$　QA$_3$ 为一般照明支路的保护开关,需选用选择型断路器,其长延时过电流脱扣器的整定电流值取

$$I_{xd1} \geqslant K_{K1}I_C = 1 \times 60 = 60 \text{ A}(查表 3-7,取 K_{K1} = 1)$$

瞬时过电流脱扣器的整定电流值取

$$I_{xd3} \geqslant K_{K3}I_C = 6 \times 60 = 360 \text{ A}(查表 3-7,取 K_{K3} = 6)$$

短路电流 $I_{K3} = 6$ kA,查附录 3 表 3-1,应选用通断能力为 12 kA,额定电流为 60 A 的 DZ20 型断路器。

（4）选择断路器 QA$_1$　QA$_1$ 为变压器主保护开关,变压器额定电流为 1 445 A,应选用

1 500 A 的选择型断路器,查附录 3 表 3-1,可选 DW15 型断路器,额定电流为 2 000 A。

### 3.3.4　常用配电箱及其选择

电力配电箱、照明配电箱、各种计量箱和控制箱在民用建筑中用量很大。它们是按照供电线路负荷的要求,将各种低压电器设备构成一个整体。它们属于小型成套电气设备,国内有许多厂家生产。电力配电箱过去也叫动力配电箱,但由于后一种名称不太确切,所以在新编制的各种国家标准或规范中已统一称为电力配电箱。按照结构,配电箱可分为板式、箱式和落地式。在工厂和大型公共民用建筑中,一般采用定型产品的配电箱;在一般民用建筑中以往常采用自制的木质或铁壳式配电箱;在住宅和小型建筑中,过去多采用自制的木质配电板(盘),现在已开始大量使用定型的铁制配电箱。配电箱还可分为户外式和户内式,在民用建筑中大量使用的是户内式。户内式配电箱有明装在墙壁上和暗装嵌入墙内两种,如图 3-33 所示。

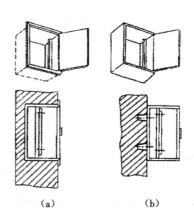

**图 3-33　配电箱安装示意图**
(a)暗装配电箱;(b)明装配电箱

各种配电箱内一般装有刀闸开关和熔断器,有的还有电度表等。控制单相电路的采用两极刀闸开关及单相电度表;控制三相线路的采用三极刀闸开关及三相电度表。按配电箱控制的用电设备和线路确定开关和熔断器等的容量和个数,然后依一定的次序均匀地排列在盘面上。目前国内生产的电力配电箱和照明配电箱还分为标准式和非标准式两种。

**1. 标准电力配电箱**

标准电力配电箱是按实际使用需要,根据国家有关标准和规范,进行统一设计的全国通用的定型产品。普遍采用的电力配电箱主要有 XL(F) – 14,XL(F) – 15,XL(R) – 20,XL – 21 等型号。型号含义为

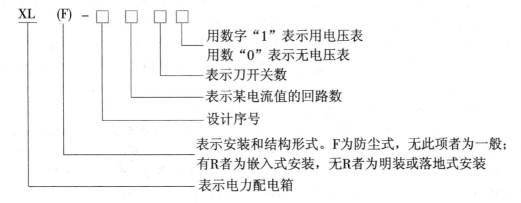

XL(F) – 14,XL(F) –15 型电力配电箱外形见图 3-34。这两种电力配电箱内部主要有刀开关(为箱外操作)、熔断器等。刀开关额定电流一般为 400 A,适用于交流 500 V 以下的三相系统应用。XL(R) – 20 型采取挂墙安装;XL – 21 型除装有断路器外,还装有接触器、磁力启动器、热继电器等,箱门上还可装操作按钮和指示灯。其一次线路方案灵活多样,采取落地式靠墙安装,适合于各种类型的低压用电设备的配电。

**2. 标准照明配电箱**

照明配电箱一般有挂墙式与嵌入式两种。图 3-35 为普通照明配电箱的外形。

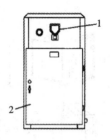

图 3-34　XL(F)-14,XL(F)-15 型电力配电箱外形　　　　　　图 3-35　普通照明配电箱外形
1—操作手柄;2—箱门　　　　　　　　　　　　　　　　　　1—开关手柄;2—箱门

标准照明配电箱也是按国家标准统一设计的全国通用的定型产品。通常采用的有 XM-4 和 XM(R)-7 等型号。型号含义为

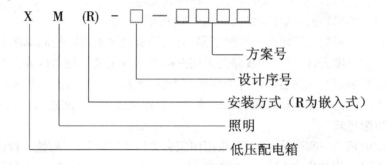

照明配电箱内主要装有控制各支路用的刀闸开关或断路器、熔断器,有的还装有电度表、漏电保护开关等。XM-4 型照明配电箱适用于交流 380 V 及以下的三相四线制系统中,用作非频繁操作的照明配电,具有过载和短路保护功能。XM(R)-7 型照明配电箱适用于一般工厂、机关、学校和医院,用来控制 380 V/220 V 及以下电压,具有接地中性线的交流照明回路。XM-7 型为挂墙式安装,XM(R)-7 型为嵌入式安装。XM-4 型和 XM(R)-7 型的技术参数可查阅有关手册。

**3. $X_R^X M23$、$X_R^X Z24$、$X_R^X C31$ 系列配电箱**

近年来,随着城乡建设的发展,特别是民用建筑的发展,对成套低压电气设备的需求量大大增加,对产品性能的要求也越来越高。小型断路器(如 DZ6,DZ12,DZ13,DZ15 等系列)相继出现,加速了产品结构、加工工艺以及功能等方面的改进。目前,各地生产的新型配电箱、插座箱和计量箱等低压成套电气设备品种繁多,但许多产品的箱体尺寸偏小,给安装配线和维修带来不便;嵌入式的箱体尺寸较宽,又影响土建结构的受力。通过实践,经过设计、施工、制造等方面的配合,现已生产出了 $X_R^X M23$ 系列配电箱、$X_R^X Z24$ 系列插座箱和 $X_R^X C31$ 系列计量箱,他们克服了上述缺点。

(1)$X_R^X M23$ 系列配电箱

$X_R^X M23$ 系列配电箱主要用于大厦、公寓、广场、车站、医院等现代化建筑物,对 380 V/220

V 50 Hz 电压等级的照明及小型电力电路进行控制和保护,具有过载和短路保护的功能。型号含义为

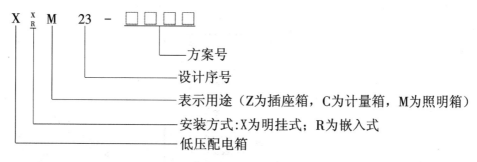

X$_R^X$M 系列配电箱有明挂式和嵌入式两种,箱内主要装有断路器、交流接触器、瓷插式熔断器、母线、接线端子等。箱体由薄钢板制成,箱体上下壁分布多个敲落孔,便于进出引线。嵌入式安装示意图见图 3-36。

（2）X$_R^X$Z24 系列插座箱

这类插座箱适用于交流 50 Hz、电压 500 V 以下的单相及三相电路中。它具有多个电源插座,广泛应用在学校、科研单位等各类试验室以及一般民用建筑中。插座箱也分为明挂式和嵌入式两种,箱体四周及底部均有敲落孔以供进出线用,箱内备有工作零线端子板及保护零(地)线端子板,外形示意图见图 3-37(a)。箱内主要装有断路器和插座,还可根据需要加装 LA 型控制按钮、XD 型信号灯等组件。一次线路系统见图 3-37(b)所示。图中 PE 为保护接地线。

（3）X$_R^X$C31 系列计量箱

这类计量箱适用于各种住宅、旅馆、车站、医院等处,用来计量频率为 50 Hz 的单相以及三相有功电度。箱内主要装有电度表、断路器或熔断器、电流互感器等。计量箱分为封闭挂式和嵌入安装式两

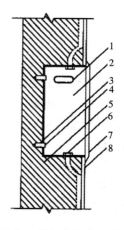

图 3-36　嵌入式安装示意图

1—侧敲落孔;2—箱体;
3—膨胀螺栓套;4—木螺丝;
5—墙体;6—穿线孔;
7—面板;8—粉刷层

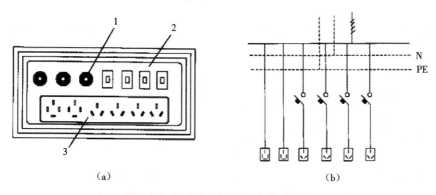

图 3-37　插座箱外形及一次线路系统

（a)外形图;(b)一次线路系统

1—按钮;2—单极断路器;3—插座

种。箱体由薄钢板焊制。上、下箱壁均有穿线孔,箱的下部设有接地端子板。箱体的表面布置如图3-38所示。

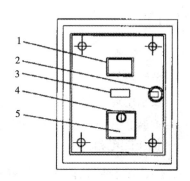

**图3-38 计量箱面板布置**
1—观察窗;2—碰簧锁;3—标签框;4—拨锁;5—自动开关门

**4.非标准配电箱**

所谓非标准配电箱,是指那些箱体尺寸和结构等均未按国家规定的通用标准进行统一设计的非定型产品。在这些配电箱中,有些是参照国家有关标准而设计的,但只在某一地区通用;有些是根据用户的某些要求进行非标准设计生产的。非标准配电箱大致可分为木制明装和暗装、铁制明装和暗装、铁木混合制作等种类。非标准配电箱的特点是设计人员可根据不同需要进行设计,可用木板、钢板、塑料板等材料制作。有些常用的非标准配电箱虽然是非标准的,但也有规定的型号。常用的型号及其含义为

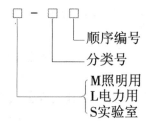

这些配电箱主要用于民用建筑和中小型企业厂房内部的380 V/220 V电力或照明配电。

**5.配电箱的选择**

(1)根据负荷性质和用途,确定是照明配电箱、电力配电、计量箱或是插座箱等;

(2)根据控制对象负荷电流的大小、电压等级以及保护要求,确定配电箱内主回路和各支路的开关电器、保护电器的容量和电压等级;

(3)应从使用环境和使用场合的要求出发选择配电箱的结构形式,例如确定选用明装式还是暗装式,以及外观颜色、防潮、防火等要求。

在选择各种配电箱时,一般应尽量注意选用通用的标准配电箱,以便于设计和施工。但当建筑设计需要时,也可根据设计要求向生产厂家订货,加工非标准配电箱。

# 3.4 三项负荷的计算

负荷计算的目的是为了正确地选择电气设备和电工材料,如进线开关容量和进户线截面的大小、电力变压器容量,同时也为能合理地进行无功功率补偿提供依据。在进行负荷计算时,要考虑环境及社会因素的影响,并应为将来的发展留有适当余量。

## 3.4.1 计算负荷

负荷曲线是表征用电负荷随时间变化的曲线。它绘在直角坐标上,纵坐标表示用电负荷(有功或无功),横坐标表示时间。负荷曲线分有功负荷曲线和无功负荷曲线两种。根据横坐标延续的时间,负荷曲线又可分为日负荷曲线和年负荷曲线。日负荷曲线表示 24 h 内负荷变动情况;年负荷曲线表示一年中负荷变动的情况。

图 3-39 是某大楼的日有功负荷曲线。图 3-39(a)是依点连成的曲线;图 3-39(b)是梯形曲线。为便于计算,负荷曲线多绘成梯形,横坐标一般按半小时分格。

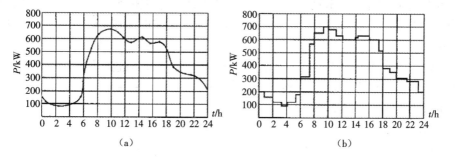

**图 3-39 日负荷曲线**
(a)逐点连线;(b)梯形曲线

在商业性高层建筑中,用电负荷的年负荷曲线和日负荷曲线都有较大起伏。一般情况下,电梯和照明的年负荷曲线起伏较小,但日负荷曲线起伏较大。空调用电的年负荷曲线则随着季节的更迭呈现相当明显的起伏。研究高层建筑的负荷特征,寻求负荷按时间分布的规律,对合理设计建筑物的供配电系统以及实现区域电力网的正确调度,对节约用电及降低设备成本,加强维护管理等,都有实际意义。

全年中负荷最大的工作班内(这工作班不是偶然出现的,而是在负荷最大的月份内至少出现 $2 \sim 3$ 次,消耗电能最多的半小时的平均功率,称为半小时最大负荷,记为 $P_{30}$)。一幢建筑物或一条供电线路负荷的大小不能简单地将所有用电设备的容量加起来,这是因为实际上并不是所有用电设备都同时运行,并且在运行中的用电设备又不是每台都达到了它的额定容量。为了比较真实地求得总负荷,通常以"计算负荷"来衡量。也就是说,计算负荷是比较接近实际的负荷,是作为供电设计计算的基本依据。这个计算负荷就是根据半小时的平均负荷所绘制的负荷曲线上的半小时最大负荷 $P_{30}$ 确定的,以后记为 $P_C$。

所谓计算负荷,就是按发热条件选择供电系统中的电力变压器、开关设备、导线、电缆截面而需要计算的负荷功率或负荷电流。按照计算负荷连续运行,设备的温度不会超过允许值。可以这样理解计算负荷的物理意义:设有一根电阻为 $R$ 的导体,在某一时间内通过一变动负荷时,最高温升达到 $\tau$ 值,如果这根导体在相同时间内通以另一不变负荷,最高温升也达到 $\tau$ 值,那么这个不变负荷就称为变动负荷的计算负荷,即计算负荷与实际变动负荷的最高温升是相等的。

为什么规定"半小时"的最大平均负荷呢? 因为一般中小截面导线的发热时间常数( $T$ )一般在 10 min 以上。实验证明,达到稳定温升的时间约为 $3T = 3 \times 10 = 30$ min,故只有持续时间在 30 min 以上的负荷值,才有可能构成导体的最高温升。

### 3.4.2　负荷计算——需要系数法

由于各种商业服务大楼的功能繁多,民用住宅也受居住对象、地理气候条件、居民生活习惯和收入等因素的影响,因而造成用电负荷不定的因素较多,负荷计算很难具有高的准确性。因此必须加强调查研究,认真分析负荷特性,采取适当的负荷计算方法。

负荷计算方法有需要系数法、二项式法和利用系数法。在工业企业中,这三种方法都是常用的。而民用建筑则常用需要系数法。采用需要系数法时,应首先确定用电设备组的设备容量。用电设备铭牌上标示的容量为额定容量。同类型的用电设备归为一组,即用电设备组。用电设备组的总容量并不一定是这些设备的额定容量直接相加,而是必须先把它们换算为同一工作制下的额定容量,才进行相加。经过换算至同一规定的工作制下的额定容量称为设备容量,记为 $P_X$ 。设备容量的计算方法如下:

(1)一般长期连续工作制和短时工作制的用电设备,设备容量就是铭牌容量;

(2)非连续工作制的用电设备,设备容量就是将设备在某一暂载率下的铭牌容量统一换算到一个标准暂载率的功率。

例如对电焊机,要换算到 $\varepsilon = 100\%$ ,其设备容量为

$$P_X = \sqrt{\frac{\varepsilon_N}{\varepsilon_{100}}} S_N \cos\varphi = \sqrt{\varepsilon_N} S_N \cos\varphi \tag{3-13}$$

式中　$S_N$——电焊机的铭牌容量;

　　　$\varepsilon_N$——与铭牌容量相对应的暂载率;

　　　$\varepsilon_{100}$——其值为 100% 暂载率(计算中用 1 );

　　　$\cos\varphi$——满负荷( $S_N$ )的功率因数。

对吊车电动机,换算到 $\varepsilon = 25\%$ 的设备容量为

$$P_X = \sqrt{\frac{\varepsilon_N}{\varepsilon_{25}}} P_N = 2\sqrt{\varepsilon_N} P_N \tag{3-14}$$

式中　$P_N$——吊车电动机的铭牌额定容量;

　　　$\varepsilon_N$——与铭牌容量对应的暂载率;

　　　$\varepsilon_{25}$——其值为 25% 的暂载率(计算中用 0.25 )。

下列用电设备在进行负荷计算时,不列入设备容量之内。

(1)备用生活水泵、备用电热水器、备用空调制冷设备及其他备用设备;

(2)消防水泵、专用消防电梯以及消防状态下才使用的送风机、排烟机等及在非正常状态下投入使用的用电设备;

(3)当夏季有吸收式制冷的空调系统而冬季利用锅炉取暖时,后者容量小于前者的锅炉设备。

需要系数值是在一定范围内按统计方法确定的。它的准确性对负荷计算有重要的意义。但是,由于许多因素的影响,需要系数表中给出的只能是推荐值。这就要求设计者根据设计经验和具体情况从中选取一个比较恰当的值。

例如一些高层建筑往往设置多部电梯,如北京饭店新楼共有 13 部,南京金陵饭店共有 12 部,广州白天鹅宾馆共有 10 部。电梯样本上给出的功率是额定载质量和额定速度时的值。实际上每部电梯不可能长期在额定值下工作,特别是多台电梯的情况。因此在计算电梯总负荷时,要考虑运行特点,需要系数应取较小值。高层建筑的水泵房内一般设置多台生活水泵,某些大楼内还设有排水泵、排污泵等。它们是根据大楼的中、上部水箱水位和集水井水位自动控制的,因此需要系数的取值应较工业水泵小。

一般来说,当用电设备组的设备台数多时选取较小值,否则选取较大值;设备使用率高时选取较大值,否则选取较小值。此外,在低压配电线路中不可避免地要接入各种单相用电设备。这些单相用电设备应尽可能均衡分配在三相中,使三相的负荷尽可能地平衡。

需要系数法的计算公式如下。

(1)用电设备组的有功、无功和视在计算负荷为

$$P_C = K_X P_X (\text{kW}) \tag{3-15}$$

$$Q_C = P_C \tan \varphi (\text{kvar}) \tag{3-16}$$

或

$$S_C = \sqrt{P_C^2 + Q_C^2} (\text{kVA}) \tag{3-17(a)}$$

$$S_C = \frac{P_C}{\cos \varphi} (\text{kVA}) \tag{3-17(b)}$$

(2)配电干线或变电所的有功、无功和视在计算负荷为

$$P_{\sum C} = K_{\sum P} \sum (K_X P_X)(\text{kW}) \tag{3-18}$$

$$Q_{\sum C} = K_{\sum Q} \sum (K_X P_X \tan \varphi)(\text{kvar}) \tag{3-19}$$

$$S_{\sum C} = \sqrt{P_{\sum C}^2 + Q_{\sum C}^2}(\text{kVA}) \tag{3-20}$$

式中    $P_X$——用电设备组的设备功率,kW;

     $K_X$——需要系数;

     $\cos \varphi, \tan \varphi$——用电设备组的功率因数及功率角的正切;

     $K_{\sum P}, K_{\sum Q}$——有功、无功同时系数,分别取 0.8~0.9 及 0.93~0.97。部分用电设备的需要系数和功率因数见表 3-6 和 3-7。

表 3-6   部分用电设的需要系数和功率因数

| 序号 | 用电设备名称 | 需要系数 | $\cos \varphi$ | $\tan \varphi$ |
|---|---|---|---|---|
| 1 | 大批生产及流水作业的热加工车间 | 0.3~0.4 | 0.65 | 1.17 |
| 2 | 大批生产及流水作业的冷加工车间 | 0.2~0.25 | 0.5 | 1.73 |
| 3 | 小批生产及单独生产的冷加工车间 | 0.16~0.2 | 0.5 | 1.73 |
| 4 | 生产用的通风机、水泵 | 0.75~0.85 | 0.8 | 0.75 |
| 5 | 卫生保健用的通风机 | 0.65 | 0.8 | 0.75 |
| 6 | 运输机、传送带 | 0.52~0.60 | 0.75 | 0.88 |

表 3-6(续)

| 序号 | 用电设备名称 | 需要系数 | cos φ | tan φ |
|---|---|---|---|---|
| 7 | 混凝土及砂浆搅拌机 | 0.65 ~ 0.70 | 0.65 | 1.17 |
| 8 | 破碎机、筛、泥泵、砾石洗涤机 | 0.7 | 0.7 | 1.02 |
| 9 | 起重机、掘土机、升降机 | 0.25 | 0.7 | 1.02 |
| 10 | 球磨机 | 0.7 | 0.7 | 1.02 |
| 11 | 电焊变压器 | 0.45 | 0.45 | 1.98 |
| 12 | 工业企业建筑室内照明 | 0.8 | 1 | 0 |
| 13 | 大面积住宅、办公室室内照明 | 0.45 ~ 0.70 | 1 | 0 |

表 3-7　照明用电设备需要系数表

| 建筑类别 | 需要系数 | 备　注 | 建筑类别 | 需要系数 | 备　注 |
|---|---|---|---|---|---|
| 住宅楼 | 0.4 ~ 0.6 | 单元式住宅,每户两室,6 ~ 8 个插座,户装电表 | 社会旅馆 | 0.7 ~ 0.8 | 标准客房,1 灯,2 ~ 3 个插座 |
| 单身宿舍 | 0.6 ~ 0.7 | 标准单间,1 ~ 2 灯,2 ~ 3 个插座 | 社会旅馆附对外餐厅 | 0.8 ~ 0.9 | 标准客房,1 灯,2 ~ 3 个插座 |
| 办公楼 | 0.7 ~ 0.8 | 标准单间,2 灯,2 ~ 3 个插座 | 旅游旅馆 | 0.35 ~ 0.45 | 标准客房,4 ~ 5 灯,4 ~ 6 个插座 |
| 科研楼 | 0.8 ~ 0.9 | 标准单间,2 灯,2 ~ 3 个插座 | 门诊楼 | 0.6 ~ 0.7 | |
| 教学楼 | 0.8 ~ 0.9 | 标准教室,6 ~ 8 灯,1 ~ 2 个插座 | 病房楼 | 0.5 ~ 0.6 | |
| 商店 | 0.85 ~ 0.95 | 有举办展销会的可能性 | 影院 | 0.7 ~ 0.8 | |
| 餐厅 | 0.8 ~ 0.9 | | 剧院 | 0.6 ~ 0.7 | |
| 体育馆 | 0.65 ~ 0.75 | | 汽车库、消防车库 | 0.8 ~ 0.9 | |
| 展览馆 | 0.7 ~ 0.8 | | 实验室、医务室、变电所 | 0.7 ~ 0.8 | |
| 设计室 | 0.9 ~ 0.95 | | 屋内配电装置,主控制楼 | 0.85 | |
| 食堂、礼堂 | 0.9 ~ 0.95 | | 锅炉房 | 0.9 | |
| 托儿所 | 0.55 ~ 0.65 | | 生产厂房(有天然采光) | 0.8 ~ 0.9 | |
| 浴室 | 0.8 ~ 0.9 | | 生产厂房(无天然采光) | 0.9 ~ 1 | |
| 图书馆阅览室 | 0.8 | | 地下室照明 | 0.9 ~ 0.95 | |
| 书库 | 0.3 | | 井下照明 | 1 | |
| 试验所 | 0.5,0.7 | 2 000 m² 及以下取 0.7,2 000 m² 以上取 0.5 | 小型生产建筑物、小型仓库 | 1 | |
| 屋外照明(无投光灯者) | 1 | | 由大跨度组成的生产厂房 | 0.95 | |

表 3-7（续）

| 建筑类别 | 需要系数 | 备　注 | 建筑类别 | 需要系数 | 备　注 |
|---|---|---|---|---|---|
| 屋外照明（有投光灯者） | 0.85 | | 工厂办公楼 | 0.9 | |
| 事故照明 | 1 | | 由多个小房间组成的生产厂房 | 0.85 | |
| 局部照明（检修用） | 0.7 | | 工厂的车间生活室、实验大楼、学校、医院、托儿所 | 0.8 | |
| 一般照明插座 | 0.2,0.4 | 5 000 m² 及以下取 0.4，5 000 m² 以上取 0.2 | 大型仓库、配电所、变电所等 | 0.6 | |
| 仓库 | 0.5~0.7 | | | | |

### 3.4.3　尖峰电流的计算

尖峰电流是持续 $1~2$ s 的短时最大负荷电流。为了计算电压波动、选择熔断器和断路器、整定继电保护装置以及检验电动机自启动条件等，必须计算尖峰电流。

**1. 单台用电设备**

单台用电设备的尖锋电流就是启动电流，按下式计算

$$I_{JF} = K_Q I_N \tag{3-21}$$

式中　$K_Q$——用电设备的启动电流倍数，它是启动电流与额定电流之比（鼠笼式异步电动机为 $6~7$；绕线式电动机为 $2~3$；直流电动机为 1.7；电焊变压器为 3）；

　　　$I_N$——用电设备的额定电流，可在产品样本中查到。

**2. 多台用电设备**

多台用电设备供电线路上尖峰电流的计算公式为

$$I_{JF} = K_\Sigma \sum_{i=1}^{n-1} I_{N,i} + I_{Q,\max} \tag{3-22}$$

式中　$I_{Q,\max}$——用电设备中启动电流与额定电流之差为最大的那台设备的启动电流；

　　　$\sum\limits_{i=1}^{n-1} I_{N,i}$——将启动电流与额定电流之差为最大的那台设备除外的其他 $(n-1)$ 台设备的额定电流之和；

　　　$K_\Sigma$——$n-1$ 台设备的同时系数，其值按台数多少而定，一般为 $0.7~1$。

或

$$I_{JF} = I_C + (I_Q - I_N)_{\max} \tag{3-23}$$

式中　$(I_Q - I_N)_{\max}$——用电设备中启动电流与额定电流之差为最大的那台设备的启动电流与额定电流之差；

　　　$I_C$——全部设备接入时线路的计算电流。

**例 3-3**　有一条 380 V 线路，供电给 4 台电动机，负荷资料如表 3-8。试计算该线路的尖峰电流。

表3-8 负荷资料

| 参 数 | 电 动 机 | | | |
|---|---|---|---|---|
| | 1M | 2M | 3M | 4M |
| 额定电流/A | 5.8 | 5 | 35.8 | 27.6 |
| 启动电流/A | 40.6 | 35 | 197 | 193.2 |

**解** 由上表可知,电动机4M的$(I_Q - I_N) = 193.2 - 27.6 = 165.6$ A 为最大,并取同时系数为0.9,则得该线路的尖峰电流为

$$I_{JF} = K_\Sigma \sum_{i=1}^{n-1} I_{N,i} + I_{Q,\max}$$
$$= 0.9 \times (5.8 + 5 + 35.8) + 193.2 = 235 \text{ A}$$

## 3.4.4 负荷分析计算法

民用建筑的电力负荷往往很复杂,如何比较合理地确定需要系数是一个重要问题。例如,照明负荷中有一般照明、局部照明、艺术照明、装饰照明、泛光照明及用电插座等,动力负荷中有给排水系统机泵、空调系统机泵、消防系统机泵以及各种专用用电设备。在配电系统中,这些负荷由于容量差别、分布区域、供电要求、工作状态以及电度计费等因素而有不同的组合,因此在负荷计算中如果笼统的采用需要系数法,不容易提供比较合理的数据。

负荷分析计算法主要是分析负荷的组成及运行状况:先以负荷工作性质和设备容量大小分组,每组再按备用因素、设备负载率、电机效率、运行时间求出各自的计算负荷;然后根据各组使用的情况得出几组计算数据,其中最大的一组即选作总的计算负荷。

现举例说明负荷分析计算法。设某照明系统有3条支路,支路中的负荷如下:
①支路

灯具9 kW
一般插座4 kW  }合计18 kW
窗式空调器2 ×2.5 kW

②支路

灯具37 kW
一般插座38 kW  }合计112.5 kW
窗式空调器15 ×2.5 kW

③支路

灯具34 kW
一般插座23.5 kW  }合计87.5 kW
窗式空调器12 ×2.5 kW

根据以上3条支路的负荷情况,干路的负荷容量如下:
干线

灯具80 kW
一般插座65.5 kW  }合计218 kW
窗式空调器72.5 kW

以下对各支路进行负荷计算。

①支路　首先确定用电设备的需要系数:灯具取 0.9;一般插座取 0.6;窗式空调器取 1。计算结果为

$$P'_C = 9 \times 0.9 + 4 \times 0.6 + 5 \times 1 = 15.5 \text{ kW}$$
$$K'_X = 15.5/18 = 0.86, \quad 取 K_X = 0.85$$
$$P_C = 18 \times 0.85 = 15.3 \text{ kW}$$

②支路　首先确定用电设备的需要系数。灯具取 0.8;一般插座取 0.3;窗式空调器取 0.8。计算结果为

$$P'_C = 37 \times 0.8 + 38 \times 0.3 + 37.5 \times 0.8 = 71 \text{ kW}$$
$$K'_X = 71/112.5 = 0.631, \quad 取 K_X = 0.65$$
$$P_C = 112.5 \times 0.65 = 73.2 \text{ kW}$$

③支路　首先确定用电设备的需要系数。灯具取 0.8;一般插座取 0.4;窗式空调器取 0.8。计算结果为

$$P'_C = 34 \times 0.8 + 23.5 \times 0.4 + 30 \times 0.8 = 60.6 \text{ kW}$$
$$K'_X = 60.6/87.5 = 0.693, \quad 取 K_X = 0.7$$
$$P_C = 87.5 \times 0.7 = 61.3 \text{ kW}$$

对于干线的需要系数亦采用类似的方法计算,即首先确定干线用电设备的需要系数:灯具取 0.8;一般插座取 0.3;窗式空调器取 0.75。计算结果为

$$P'_C = 80 \times 0.8 + 65.5 \times 0.3 + 72.5 \times 0.75 = 138.1 \text{ kW}$$
$$K'_X = 138.1/218 = 0.633, \quad 取 K_X = 0.65$$
$$P_C = 218 \times 0.65 = 141.7 \text{ kW}$$

由此可见,负荷计算分析法的特点是在需要系数法的基础上,根据各组(或各路)的用电设备使用情况,进一步确定比较合理的计算负荷。这种方法尤其适用于用电设备台数很少的场合。例如某路用电设备情况如下:

$$\left.\begin{array}{l}复印机 1 \times 6.4 \text{ kW} \\ 复印机 2 \times 3.5 \text{ kW} \\ 照排机 1 \times 0.6 \text{kW} \\ 固扳机 1 \times 2 \text{ kW} \\ 胶印机 1 \times 0.2 \text{ kW}\end{array}\right\} 合计 16.2 \text{ kW}$$

现取 6.4 kW,3.5 kW 复印机各一台,2 kW 固扳机 1 台为本路的估算计算负荷,即 $P'_C = 6.4 + 3.5 + 2 = 11.9$ kW, 估算需要系数为 $K'_X = 11.9/16.2 = 0.735$, 取 $K_X = 0.75$, 得 $P_C = 16.2 \times 0.75 = 12.2$ kW。

## 3.4.5　变压器容量选择

建筑物的计算负荷 $P_C$ 确定后,建筑物供电变压器的总装机容量

$$S = \frac{P_C}{\beta \cos \varphi_2} \tag{3-24}$$

式中　$P_C$——建筑物的计算有功负荷,kW;

　　　$\cos \varphi_2$——补偿后的平均功率因数;

$\beta$——变压器的负荷率。

因为 $\cos \varphi_2$ 必须大于 0.9，所以变压器容量主要决定于负荷率 $\beta$。表 3-9 给出国产变压器的最佳负荷率。由表可见，变压器运行效率的最高点一般在负荷率 60% 左右。日本的三菱产 $SF_6$ 变压器最佳负荷率 $\beta < 50\%$，富士牌环氧树脂变压器 $\beta > 60\%$。

表 3-9    国产 SCL 型电力变压器最佳负荷率

| 容量/kVA | 500 | 630 | 800 | 1 000 | 1 250 | 1 600 |
|---|---|---|---|---|---|---|
| 空载损耗/W | 1 850 | 2 100 | 2 400 | 2 800 | 3 350 | 3 950 |
| 负载损耗/W | 4 850 | 5 650 | 7 500 | 9 200 | 11 000 | 13 300 |
| 损失比 $\alpha$ | 2.62 | 2.69 | 3.13 | 3.20 | 3.28 | 3.37 |
| 最佳负荷率 $\beta$/% | 61.8 | 61.0 | 56.6 | 56.2 | 55.2 | 54.5 |

在实际运行中，建筑物的负荷曲线随时间而变化，即负荷率是时间的函数，因此从节能及提高经济效益的角度来看，应力求在一段时间内变压器的平均效率接近最佳效率才有实际意义。民用建筑的变压器在深夜至翌日清晨这段时间是轻载的，在一天中负荷会有变化。因此按式(3-24)计算变压器装机容量时，$\beta$ 值不应按变压器的最佳负荷率来选取，而应当略高于变压器的最佳负荷率。综合考虑各方面的因素，在单台变压器运行时，建议 $\beta$ 的取值范围以 70% ~ 80% 为宜。损失比(变压器负载损耗与空载损耗之比)大的变压器类型 $\beta$ 取低值；损失比小的变压器类型 $\beta$ 则取高值。

当采用两台变压器时，变压器的总装机容量不但与考虑节能时的负荷率有关，还与考虑供电级别所需的变压器备用率有关。例如考虑一台主变停供，另一台主变满载可以提供全部负荷，则两台变压器的总备用率为 100%。如果这时采用一用一备的运行方式，则每台变压器的负荷率 $\beta$ 为 50%。这说明变压器的负荷率和备用率是密切相关的。无论采用上述的哪一种方法，都将出现平均效率降低和损耗增大的情况，但可提高备用率。

如果两台相同的变压器的负荷率均取 75%，当一台变压器停运时，另一台变压器满载运行可提供整个负荷的 2/3，即备用率为 66.7%。这种做法对于大多数高层建筑来说是比较合适的，它既有足够的备用容量以保证大楼的大部分重要负荷，又有利于基建投资和运行损耗。

# 3.5    低压供配电线路导线的选择

## 3.5.1    导线选择的一般原则和要求

民用建筑供配电线路中的导线主要有电线和电缆。正确地选用电线和电缆，对于保证民用建筑供配电系统的安全、可靠、经济、合理运行有着十分重要的意义，此外节约有色金属也很重要，因此在选择电线和电缆时，应遵循以下一般原则和要求。

**1. 按使用环境及敷设方式选择**

在选择电线或电缆时，应根据具体的环境特征及线路的敷设方式确定选用何种型号的导线和电缆，推荐采用的电线和电缆型号见表 3-10。

**2. 按发热条件选择**

按允许的发热条件，每一种导线截面都对应一个允许的载流量。因此在选择导线截面时，必须使其允许载流量大于或等于线路的计算电流值。

**3. 按电压损失选择**

为了保证用电设备的正常运行,必须使设备接线端子处的电压在允许值范围之内。但由于线路上有电压损失,因此在选择电线或电缆时,要按电压损失选择电线或电缆的截面。

在具体选择电线或电缆截面时,按发热条件和按电压损失选择后常常用以相互校验。

**4. 按机械强度选择**

导线本身的质量以及风、雨、冰、雪使导线承受一定应力。如果导线过细,就容易折断,引起停电等事故,因此还要根据机械强度来选择,以满足不同用途时导线的最小截面要求,见表3-11 所示。

**表 3-10 根据环境和敷设方式选择电线和电缆**

| 环境特征 | 线路敷设方法 | 常用电线、电缆型号 | 导线名称 |
|---|---|---|---|
| 正常干燥环境 | 绝缘线瓷珠、瓷夹板或铝皮卡子明敷绝缘线、裸线瓷瓶明配 | BBLX,BLV,BLVV,BVV,BBLX,BLV, | BBLX:铝芯玻璃丝编织橡皮线<br><br>BLV:铝芯聚氯乙烯绝缘线<br><br>BLVV:铝芯塑料护套线<br><br>BVV:铜芯塑料护套线<br><br>LJ:裸铝绞线<br><br>LMY:硬铝裸导线<br><br>ZLL:油浸绝缘纸电缆<br><br>VLV:塑料绝缘铝芯电缆<br><br>YJLV:塑料绝缘(聚乙烯)铝芯电缆<br><br>ZLQ:油浸纸绝缘电缆<br><br>BV:铜芯塑料绝缘线<br><br>XLHF:橡皮绝缘电缆<br><br>其他型号的电线和电缆可查阅有关手册,此处略。 |
| | 绝缘线穿管明敷或暗敷 | LJ,LMY<br>BBLX,BLV,BVV | |
| | 电缆明敷或放在沟中 | ZLL,ZLL11,VLV,YJV,YJLV,XLV,ZLQ | |
| 潮湿和特别潮湿的环境 | 绝缘线瓷瓶明配(敷高>3.5 m) | BBLX,BLV,BVV | |
| | 绝缘线穿管明敷或暗敷 | BBLX,BLV,BVV | |
| | 电缆明敷 | ZLL11,VLV,YJV,XLV | |
| 多尘环境(不包括火灾及爆炸危险尘埃) | 绝缘线瓷珠、瓷瓶明配绝缘线穿钢管明敷或暗敷 | BBLX,BLV,BLVV,BVV,BBLX,BLV,BVV | |
| | 电缆明敷或放在沟中 | ZLL,ZLL11,VLV,YJV,XLV,ZLQ | |
| 有腐蚀性的环境 | 塑料线瓷珠、瓷瓶明配绝缘线穿塑料管明敷或暗敷 | BLV,BLVV,BVV | |
| | 电缆明敷 | BBLX,BLV,BV,BVV<br>VLV,YJV,ZLL11,XLV | |
| 有火灾危险的环境 | 绝缘线瓷瓶明线 | BBLX,BLV,BVV | |
| | 绝缘线穿钢管明敷或暗敷 | BBLX,BLV,BVV | |
| | 电缆明敷或放在沟中 | ZLL,ZLQ,VLV,YJV,XLV,XLHF | |
| 有爆炸危险的环境 | 绝缘线穿钢管明敷或暗敷 | BBX,BV,BVV | |
| | 电缆明敷 | $ZL_{120}$,$ZQ_{20}$,$VV_{20}$ | |

表 3-11 按机械强度确定的绝缘导线线芯最小截面

| 用　　途 | | 线芯的最小截面/mm² | | |
|---|---|---|---|---|
| | | 铜芯软线 | 铜线 | 铝线 |
| 照明用灯头引下线 | 民用建筑、屋内 | 0.4 | 0.5 | 1.5 |
| | 工业建筑、屋内 | 0.5 | 0.8 | 2.5 |
| | 屋外 | 1.0 | 1.0 | 2.5 |
| 移动式用电设备 | 生活用 | 0.2 | | |
| | 生产用 | 1.0 | | |
| 架设在绝缘支持件上的绝缘导线，其支持点的间距 | 1 m 以下，屋内 | | 1.0 | 1.5 |
| | 屋外 | | 1.5 | 2.5 |
| | 2 m 及以下，屋内 | | 1.0 | 2.5 |
| | 屋外 | | 1.5 | 2.5 |
| | 6 m 及以下 | | 2.5 | 4.0 |
| | 12 m 及以下 | | 2.5 | 6.0 |
| | 12～25 m | | 4.0 | 10 |
| 穿管敷设的绝缘导线 | | 1.0 | 1.0 | 2.5 |

在具体选择导线截面时,必须综合考虑电压损失、发热条件和机械强度等要求。

**5. 选择室内、外线路导线的基本原则**

从经济合理着想,室外线路的电线、电缆一般采用铝导线,架空线路采用裸铝绞线。当高压架空线路的挡距较长、杆位高差较大时,采用钢芯铝绞线。对于有盐雾或其他化学侵蚀气体的地区,采用防腐铝绞线或铜绞线。电缆线路一般采用铝芯电缆,在震动剧烈和有特殊要求的场所采用铜芯电缆。

由于经久耐用和安全的需要,室内配电线路在下述场合应采用铜芯导线:

(1)具有纪念性和历史性的建筑;

(2)重要的公共建筑和居住建筑;

(3)重要的资料室和库房(如档案室、书房等);

(4)影剧院等人员密集的场所;

(5)移动用或敷设在有剧烈震动的场所;

(6)特别潮湿和有严重腐蚀性的场所;

(7)有其他特殊要求的场所;

(8)一般建筑的暗敷或暗埋线;

(9)重要的操作回路及电流互感器二次回路。

除上述情况以外,一般都采用铝芯导线。

**6. 选用电缆原则**

当输、配电线路所经过的路径不宜敷设架空线路,或当导线交叉繁多、环境特别潮湿、具有腐蚀性和火灾爆炸等危险情况时,可考虑采用电缆线。其他情况下一般应尽量采用普通导线。

**7. 适当考虑发展需要**

由于社会不断进步和生活逐步现代化,因而用电量增加较快。在民用建筑电气设计时,对干线和某些场合的导线应考虑发展的需要,选择导线截面时应适当留有余地。

### 3.5.2　导线型号、截面的选择

在民用建筑中需要使用大量的电线和电缆,选择电线和电缆主要包括型号和截面两方面。

**1. 常用导线型号规格与敷设方式标准**

在民用建筑中,室内常用的导线主要为绝缘电线和绝缘电缆线;室外常用的是裸导线或绝缘电缆线。此处只介绍绝缘导线和电缆线。绝缘导线按所用绝缘材料的不同,分为塑料绝缘导线和橡皮绝缘导线;按线芯材料的不同分为铜芯导线和铝芯导线;按线芯的构造不同分为单芯和多芯导线。

(1)塑料绝缘电线

常用的聚氯乙烯绝缘电线是在线芯外包上聚氯乙烯绝缘层。其中铜芯电线的型号为 BV,铝芯的型号为 BLV。型号含义如下:

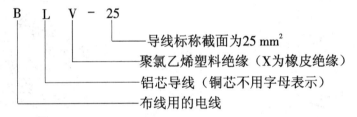

电线外形为圆形,截面在 10 mm² 以下时,还可制成两芯扁形电线。聚氯乙烯绝缘软线主要用作交流额定电压 250 V 以下的室内日用电器及照明灯具的连接导线,俗称灯头线,都是双芯的,型号为 RVB(平面塑料绝缘软线)和 RVS(绞塑料绝缘软线)。它取代了过去常用的 RX 和 RXS 型橡皮绝缘棉纱编织软线(俗称花线)。

除此以外,在民用建筑中还常用一种塑料绝缘线,叫作聚氯乙烯绝缘和护套电线。它是在聚氯乙烯绝缘外层上再加上一层聚氯乙烯护套构成的,线芯分为单芯、双芯和三芯。电线的型号为 BVV(铜芯)和 BLVV(铝芯)。这种电线可以直接安装在建筑物表面,它具有防潮性和一定的机械强度,广泛用于交流 500 V 及以下的电气设备和照明线路的明敷或暗敷。

日用电器除了使用以上两种软线外,目前正广泛使用一种叫丁腈聚氯乙烯复合物绝缘软线。它是塑料线的新品种,型号为 RFS(双绞复合物软线)和 RFB(平型复合物软线)。这种电线具有良好的绝缘性能,并具有耐热、耐寒、耐油、耐腐蚀、耐燃、不易老化等优点,在低温下仍然柔软,使用寿命长,远比其他型号的绝缘软线性能优良。

(2)橡皮绝缘电线

常用的橡皮绝缘电线的型号有 BX(BLX)和 BBX(BBLX)。BX(BLX)为铜(铝)芯棉纱编织橡皮绝缘线,BBX(BBLX)为铜(铝)玻璃丝编织橡皮绝缘线。这两种电线是目前仍在应用的旧品种。它们的基本结构是在芯线外包一层橡胶,然后用编织机编织一层棉纱或玻璃丝纤维,最后在编织层涂上蜡而成。由于这两种电线生产工艺复杂,成本较高,正逐渐被塑料绝缘

线所取代。

氯丁橡皮绝缘线是新产品，它是在天然橡胶和丁苯胶中加入氯丁胶，经过多道硫化工艺制成，外层不再加编织物。这种电线绝缘性能良好，耐光照、耐大气老化、耐油、不易发霉、在室外使用的寿命是棉纱编织橡皮线的三倍左右，适宜在室外推广敷设，主要型号有 BXF，BLXF。

(3)电缆线

电缆线的种类很多，按用途可分为电力电缆和控制电缆两大类；按绝缘材料可分为油浸纸绝缘电缆、橡皮绝缘电缆和塑料绝缘电缆三类。一般都由线芯、绝缘层和保护层三个主要部分组成。线芯分为单芯、双芯、三芯及多芯。图 3-40 是常用的塑料绝缘电力电缆的结构。

塑料绝缘电缆的主要型号有 VLV 和 VV 等。VLV 为铝芯聚氯乙烯绝缘和聚氯乙烯外护套电力电缆，可用于 1～10 kV 以下线路中，最小截面为 4 mm²，才可在室内明敷或在沟道内架设。VV 为铜芯聚氯乙烯塑料绝缘电缆。

橡皮绝缘电缆的主要型号有 XLV 和 XV。XLV 为铝芯橡皮绝缘和聚氯乙烯外护套电力电缆，可用于 0.5～0.6 kV 以下线路中，最小截面为 4 mm²，才可在室内明敷或放在沟中。其结构如图 3-41 所示。XV 为铜芯橡皮绝缘电缆。

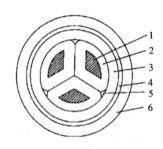

图 3-40　聚氯乙烯塑料电缆结构

1—导线；2—聚氯乙烯绝缘；3—聚氯乙烯内护套；
4—铠装层(铅或铝)；5—填料；6—聚氯乙烯外护套

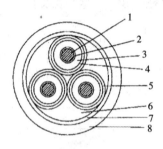

图 3-41　橡皮电缆结构

1—导线；2—导线屏蔽层；3—橡皮绝缘层；
4—半导体屏蔽层；5—铜带屏蔽层；
6—填料；7—橡皮布带层；8—聚氯乙烯外护套

油浸纸绝缘电力电缆主要有油浸纸绝缘铅包(铝包)电力电缆、油浸纸干绝缘电力电缆、不滴漏电力电缆等。主要型号有 ZQ(铜芯铅包)、ZLQ(铝芯铅包)、ZL(铜芯铅包)、ZLL(铝芯铝包)、ZQP(铜芯铅包)、ZLQD(铝芯铅包不滴漏)等系列。ZQ，ZLQ 等系列已开始限制使用，ZQP 等系列已开始淘汰。

以上所介绍的有关导线的详细技术资料，可在有关手册中查阅。

在供电系统图中，需要标明所选型号、根数和截面大小及线路敷设方式，如图 3-42 所示。图中导线型号、根数和截面大小及敷设方式的列写方法为

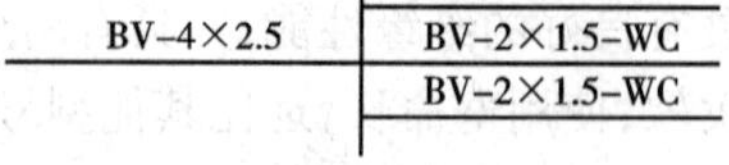

$$a - b \times c - d - e \quad \text{或} \quad a - b \times c/d - e$$

式中　$a$——导线型号；

　　　$b$——导线根数；

　　　$c$——导线截面；

　　　$d$——敷设方式及穿管管径；

| BV-4×2.5 | BV-2×1.5-WC |
| --- | --- |
| | BV-2×1.5-WC |
| | BV-2×1.5-WC |

图 3-42　供电系统导线标注示意图

　　e——线路敷设部位,见表3-12。

**2. 导线型号选择原则**

在民用建筑电气设计和施工过程中,电线和电缆型号的选择应遵循以下原则:

(1)贯彻"以铝代铜"的方针,在满足线路敷设要求的前提下,宜优先选用铝芯导线,但在一些特殊场合和配电装置中,必须选用铜芯导线;

(2)尽量选用塑料绝缘电线,这是由于塑料绝缘线的生产工艺简单、绝缘性能好、成本低,尤其在建筑物表面直接敷设时,应选用聚氯乙烯绝缘和护套电线;

(3)对于电缆线而言,一般也应考虑"以铝代铜""以铝包代铅包""以合成材料(如塑料)代替橡胶";

(4)注意选用新材料、新品种的电线和电缆,不选用被淘汰的和限制使用的电线和电缆。电线和电缆的具体型号应根据使用环境和敷设方式参考表3-12而定。

表3-12　导线敷设标注对照表

| 序号 | 导线敷设方式标注 名　称 | 旧代号 | 新代号 | 序号 | 导线敷设部位标注 名　称 | 旧代号 | 新代号 |
|---|---|---|---|---|---|---|---|
| 1 | 瓷瓶或瓷柱敷设 | CP | K | 14 | 沿钢索敷设 | S | SR |
| 2 | 塑料线槽敷设 | XC | PR | 15 | 沿屋架、跨屋架敷设 | LM | BE |
| 3 | 钢线槽敷设 | | SR | 16 | 沿柱、跨柱敷设 | ZM | CLE |
| 4 | 穿水、煤气管敷设 | | RC | 17 | 沿墙面敷设 | QM | WE |
| 5 | 穿焊接钢管敷设 | G | SC | 18 | 沿天棚、顶板面敷设 | PM | CE |
| 6 | 穿电线管敷设 | DG | TC | 19 | 能进入吊顶内敷设 | PNM | ACE |
| 7 | 穿聚氯乙烯硬质管敷设 | VG | PC | 20 | 暗敷设在梁内 | LA | BC |
| 8 | 穿聚氯乙烯半硬质管敷设 | RVG | FPC | 21 | 暗敷设在柱内 | ZA | CLC |
| 9 | 穿聚氯乙烯塑料波纹电线管敷设 | | KPC | 22 | 暗敷设在墙内 | QA | WC |
| 10 | 电缆桥架敷设 | | CT | 23 | 暗敷设在地面内 | DA | FC |
| 11 | 用瓷夹敷设 | CJ | PL | 24 | 暗敷设在顶板内 | PA | CC |
| 12 | 用塑料夹敷设 | VJ | PCL | 25 | 暗敷设在不能进入人的吊顶内 | PNA | ACC |
| 13 | 穿金属软管敷设 | SPG | CP | | | | |

**3. 导线截面的选择**

①有足够的机械强度,避免因刮风、结冰或施工等原因被拉断;

②长期通过负荷电流不应使导线过热,以避免损坏绝缘或造成短路、失火等事故;

③线路电压损失不能过大。对于电力线路,电压损失一般不能超过额定电压的10%,对于照明线路一般不能超过5%。

（1）选择方法

①对于距离 $L \leqslant 200$ m 的线路,一般先按发热条件的计算方法选择导线截面,然后用电压损失条件和机械强度进行校验(对于低压电力线路,因负荷电流较大,均可按此方法选择)。

②对于距离 $L > 200$ m 的较长供电线路,一般先按允许电压损失的计算方法选择截面,然后用发热条件和机械强度条件进行校验(对于低压照明线路,因电压水平要求较高,可按此方法选择)。

民用建筑主要是低压供配电线路供电,所以导线截面的选择计算方法主要采用发热条件计算法和电压损失计算法。

（2）依据发热条件选择导线截面

由于负荷电流通过导线时会发热,使导线温度升高,而过高的温度将加速绝缘老化,甚至损坏绝缘,引起火灾。裸导线温度过高时将使导线接头处加速氧化,接触电阻增大,引起接头处过热,造成断路事故,因此规定了不同材料和绝缘导线的允许载流量。在这个允许值范围内运行,导线温度不会超过允许值。按发热条件选择导线截面,就是要求计算电流不超过长期允许的电流,即

$$I_N \geqslant I_{\sum c} \tag{3-25}$$

式中 $I_N$——不同截面导线长期允许的额定电流,A;

$I_{\sum c}$——根据计算负荷求出的总计算电流,A。

总计算电流

$$I_{\sum c} = \frac{S_{\sum c}}{\sqrt{3}\, U_N} \times 10^3 \tag{3-26}$$

式中 $S_{\sum c}$——视在计算总负荷,kVA;

$I_{\sum c}$——根据计算负荷求出的总计算电流,A;

$U_N$——电网额定线电压,V。

由于允许载流量与环境温度有关,所以选择导线截面时要注意导线安装地点的环境温度。附录 2 中列出导线在不同敷设条件下的持续允许载流量,在选择导线时,通过导线的电流一般不允许超过这个规定值。

（3）依据允许电压损失选择导线截面

电流流过输电线时,由于线路中存在阻抗,必将产生电压损失。这里所讲的电压损失是指线路的始端电压与终端电压有效值的代数差,即 $\Delta U = U_1 - U_2$。由于用电设备的端电压偏移有一定的允许范围,所以要求线路的电压损失也有一定的允许值。如果线路电压损失超过了允许值,就将影响用电设备的正常运行。为了保证电压损失在允许值范围内,可以用增大导线截面解决。

由于电压等级的不同,电压损失的绝对值 $\Delta U$ 并不能确切地反映电压损失的程度。工程上通常用 $\Delta U$ 与额定电压 $U_N$ 的百分比来表示电压损失的程度,即

$$\Delta U\% = \frac{U_1 - U_2}{U_N} \times 100\% \tag{3-27}$$

在设计时,常常用给定电压损失的允许值选择导线的截面。电压损失是由电阻和电抗两部分引起。对于低压线路而言,由于输电线的线间距离很近,电压又低,导线截面较小,线路的电阻值比电抗值要大很多,所以可忽略电抗的作用,因此功率因数近似为 1。故在计算电压损

失时,只需要考虑线路的电阻和输送的功率。这样电压损失 $\Delta U$ 仅与有功负荷 $P$ 及线路的长度 $L$ 成正比,与导线截面 $S$ 成反比。由此得到计算电压损失的公式为

$$\Delta U\% = \frac{PL}{CS} \times 100\% \tag{3-28}$$

线路上允许的电压损失一般小于 5%。在知道了电压损失 $\Delta U\%$ 后,就可算出相应的导线截面

$$S = \frac{PL}{100C\Delta U\%} = \frac{M}{100C\Delta U\%} \tag{3-29}$$

式中　$S$——导线截面积,$mm^2$;

　　　$P$——负荷的功率(单相或三相),kW;

　　　$L$——线路长度(指单程距离),m;

　　　$\Delta U\%$——允许电压损失;

　　　$M$——负荷距,kW·m;

　　　$C$——由线路的相数、额定电压及导体材料的电阻率决定的常数,称为电压损失计算常数,见表 3-13。

表 3-13 　电压损失计算常数 $C$ 的取值

| 系统类型 | $C$ 的表达式 | 额定电压/V | $C$ 值 | |
|---|---|---|---|---|
| | | | 铜线 | 铝线 |
| 三相四线制 | $\dfrac{U_N^2}{\rho \times 100}$ | 380/220 | 77 | 46.3 |
| 单相交流或直流 | $\dfrac{U_N^2}{2\rho \times 100}$ | 220 | 12.8 | 7.75 |
| | | 110 | 3.2 | 1.9 |
| | | 36 | 0.34 | 0.21 |
| | | 24 | 0.153 | 0.092 |
| | | 12 | 0.038 | 0.023 |

注:表中 $\rho$ 为导线电阻率。

式(3-28)和式(3-29)是在忽略了线路的电抗(认为功率因数为 1)的情况下推导出来的,所以严格地讲,式(3-29)仅适用于功率因数为 1 的情况。在低压线路中,对于非感性负载线路,如白炽灯照明线路,可近似认为功率因数等于 1,可按式(3-29)进行选择;而对感性负载线路,如电动机等电力线路,则需要进行修正,修正计算公式为

$$S = B\frac{PL}{C\Delta U\%} = B\frac{M}{C\Delta U\%} \tag{3-30}$$

式中 $B$ 为校正系数,参见表 3-14。

表 3-14　感性负载线路电压损失校正系数 B 取值

| 导线截面 /mm² | 负荷功率因数 | | | | | | | | | | | | | | |
|---|---|---|---|---|---|---|---|---|---|---|---|---|---|---|---|
| | 铜或铝导线明敷 | | | | | 电缆明敷或埋地,导线穿管 | | | | | 裸铜线架设 | | | 裸铝线架设 | | |
| | 0.9 | 0.85 | 0.8 | 0.75 | 0.7 | 0.9 | 0.85 | 0.8 | 0.75 | 0.7 | 0.9 | 0.8 | 0.7 | 0.9 | 0.8 | 0.7 |
| 6 | | | | | | | | | | | | 1.10 | 1.12 | | | |
| 10 | | | | | | | | | | | 1.10 | 1.14 | 1.20 | | | |
| 16 | 1.10 | 1.12 | 1.14 | 1.16 | 1.19 | | | | | | 1.13 | 1.21 | 1.28 | 1.10 | 1.14 | 1.19 |
| 25 | 1.13 | 1.17 | 1.20 | 1.25 | 1.28 | | | | | | 1.21 | 1.32 | 1.44 | 1.13 | 1.20 | 1.28 |
| 35 | 1.19 | 1.25 | 1.30 | 1.35 | 1.40 | | | | | | 1.27 | 1.43 | 1.58 | 1.18 | 1.28 | 1.38 |
| 50 | 1.27 | 1.35 | 1.42 | 1.50 | 1.58 | 1.10 | 1.11 | 1.13 | 1.15 | 1.17 | 1.37 | 1.57 | 1.78 | 1.25 | 1.38 | 1.53 |
| 70 | 1.35 | 1.45 | 1.54 | 1.64 | 1.74 | 1.11 | 1.15 | 1.17 | 1.20 | 1.24 | 1.48 | 1.76 | 2.00 | 1.34 | 1.52 | 1.70 |
| 95 | 1.50 | 1.65 | 1.80 | 1.95 | 2.00 | 1.15 | 1.20 | 1.24 | 1.28 | 1.32 | | | | 1.44 | 1.70 | 1.90 |
| 120 | 1.60 | 1.80 | 2.00 | 2.10 | 2.30 | 1.19 | 1.25 | 1.30 | 1.35 | 1.40 | | | | 1.53 | 1.82 | 2.10 |
| 150 | 1.75 | 2.00 | 2.20 | 2.40 | 2.60 | 1.24 | 1.30 | 1.37 | 1.44 | 1.50 | | | | | | |

(4)零线截面选择

在三相四线制供电线路中,零线截面可根据流过的最大电流值按发热条件进行选择。依据运行经验,也可按不小于相线截面的 1/2 选择,但必须保证零线截面不得小于按机械强度要求的最小允许值。对于可能发生逐相切断电源的三相线路,零线截面应与相线截面相等。单相线路的零线截面应与相线相同。两相带零线的线路可以近似认为流过零线的电流等于相线电流,因此零线截面也与相线相同。

在选择导线截面时,除了考虑主要因素外,为了同时满足前述几方面的要求,必须以计算所求得的几个截面中的最大者为准,最后从电线产品目录中选用稍大于所求得的线芯截面即可。

**例 3-4**　有一条从变电所引出的长 100 m 的干线,供电方式为树干式。干线上接有电压为 380 V 三相异步电动机共 22 台,其中 10 kW 电机 20 台,4.5 kW 电机 2 台,敷设地点的环境温度为 30 ℃。干线采用绝缘线明敷。设备台电机的需要系数 $K_X = 0.35$,平均功率因数 $\cos \varphi = 0.7$。试选择该干线的截面。

**解**　负荷性质属低压用电且负荷量较大,线路不长只有 100 m,故可先按发热条件选择干线截面。

用电设备总容量为

$$P_{\sum} = 10 \times 20 + 4.5 \times 2 = 209 \text{ kW}$$

视在计算总负荷

$$S_{\sum c} = K_X \frac{P_{\sum}}{\cos \varphi} = 0.35 \times \frac{209}{0.7} = 104.5 \text{ kVA}$$

总计算负荷电流为

$$I_{\sum c} = \frac{S_{\sum c}}{\sqrt{3} U_N} \times 10^3 = \frac{104.5}{\sqrt{3} \times 380} \times 10^3 = 159 \text{ A}$$

所选导线截面的允许载流量 $I_N$ 应满足

$$I_N \geqslant I_{\sum c} = 159 \text{ A}$$

查附录 2,选择截面为 70 mm² 的铝芯塑料线,其允许载流量为 192 A > 159 A,满足要求。
按电压损失校验,有功计算总负荷为

$$P_{\sum c} = K_x P_{\sum} = 0.35 \times 209 = 73.15 \text{ kW}$$

负荷矩

$$M = PL = P_{\sum c} L = 73.15 \times 100 = 7\,315 \text{ kW} \cdot \text{m}$$

查表 3-13 和表 3-14,采用铝线时,$C = 46.3, B = 1.74$,故

$$\Delta U\% = B \frac{M}{CS} = 1.74 \times \frac{7315}{46.3 \times 70} = 3.93\%$$

可见所选导线亦能满足电压损失的要求,根据表 3-11 规定亦能满足机械强度的要求。

**例 3-5**　距离变电所 400 m 远的某教学大楼照明负荷共计 36 kW,用 380 V/220 V 三相四线制供电。要求干线的电压损失不能超过 5%,明敷,敷设地点的环境温度 30 ℃;试选择干线的导线截面。($K_x$ 取 0.7,$\cos \varphi$ 取 1)

**解**　因线路 400 m 较长且为照明负荷,故先按电压损失选择导线截面。

总负荷为

$$P_{\sum c} = K_x P_{\sum} = 0.7 \times 36 = 25.2 \text{ kW}$$

负荷矩为

$$P_{\sum c} L = 25.2 \times 400 = 10080 \text{ kW} \cdot \text{m}$$

查表 3-13 采用铝线,取 $C = 46.3$,所以

$$S = \frac{M}{100 C \Delta U\%} = \frac{10080}{100 \times 46.3 \times 5} = 43.5 \text{ mm}^2$$

查附录 2,选用截面为 50 mm² 的铝芯塑料线,其载流量为 154 A。

用发热条件校验

$$S_{\sum c} = K_x \frac{P_{\sum}}{\cos \varphi} = 0.7 \times \frac{36}{1} = 25.2 \text{ kVA}$$

$$I_{\sum c} = \frac{S_{\sum c}}{\sqrt{3} U_N} \times 10^3 = \frac{25.2 \times 10^3}{\sqrt{3} \times 380} = 38.3 \text{ A}$$

可见,所选导线的截面既满足了电压损失的要求,又满足了按发热条件选择(允许载流量)的要求,根据表 3-11 规定亦能满足机械强度的要求。

# 习　题

3-1　什么叫电力系统和电力网,它们的作用是什么?

3-2　我国规定的电能质量的两个重要参数频率和电压的允许偏移各是多少,电压偏移超过允许范围对用电有何影响?

3-3　什么叫负荷,电力负荷如何根据用电性质进行分级,不同等级的负荷对供电要求有

何不同？

3-4　什么情况下采用户外变电所，什么情况下采用户内变电所，两者的优缺点是什么？

3-5　变电所有哪几种基本接线形式？请画图说明，并比较其优缺点。

3-6　为什么高压隔离开关不能带负荷通断电路？

3-7　什么叫"计算负荷"，确定计算负荷的目的何在？

3-8　在确定多组用电设备总的视在计算负荷时，是否可以直接将各组视在计算负荷相加得到？请说明理由。

3-9　什么叫"尖峰负荷"？确定尖峰负荷的目的是什么？如何计算多台设备的尖峰电流？

3-10　某实验室有 220 V 的单相加热器 5 台，其中 3 台各 1 kW，2 台各 3 kW。试合理分配各单相加热器于 380 V/220 V 的线路上，并计算 $P_C$，$Q_C$，$S_C$，$I_C$。

3-11　某大楼采用三相四线制 380 V/220 V 供电，楼内装有单相用电设备：电阻炉 4 台各 2 kW，干燥器 5 台各 3 kW，照明用电共 5 kW。试将各类单相用电设备合理分配在三相四线制线路上，并确定大楼的计算负荷是多少？

3-12　有一条线路供电给 5 台电动机，负荷明细见下表 1。求该线路的计算电流和尖峰电流（提示：计算电流在此可近似地用 $I_C = K_\Sigma \sum I_N$，$K_\Sigma$ 可根据台数多少选取，这里可假定为 0.9）。

表 1　负 荷 明 细

| 参　数 | 电　动　机 | | | | |
|---|---|---|---|---|---|
| | 1M | 2M | 3M | 4M | 5M |
| 额定电流/A | 10.2 | 32.4 | 30 | 6.1 | 20 |
| 启动电流/A | 66.3 | 227 | 165 | 34 | 140 |

3-13　导线选择的一般原则和要求是什么，主要方法有哪些？

3-14　为什么低压电力线一般先按发热条件选择截面，再按电压损失条件和机械强度校验？为什么低压照明线路一般先按电压损失选择截面，再按发热条件和机械强度校验？

3-15　有一条三相四线制 380 V/220 V 低压线路，长度 200 m，计算负荷为 100 kW，功率因数 $\cos\varphi = 0.9$，线路采用铝芯橡皮线穿钢管暗敷。已知敷设地点环境温度为 30 ℃，试按发热条件选择导线截面。

3-16　有一条 220 V 的单相照明线路，采用绝缘导线架空敷设，线路长度 400 m，负荷均匀分布在其中的 300 m 上，如图所示即 3 W/m。全线路截面大小一致，允许电压损失为 3%，环境温度为 30 ℃。试选择导线截面。提示：将均匀分布负荷集中在分布线段中点处，然后按电压损失条件进行计算。

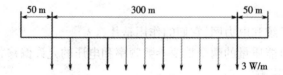

3-17　某住宅区按灯泡统计的照明负荷为 27 kW,电压 220 V,由 300 m 处的变压器供电,要求电压损失不超过 5%。试选择导线截面及熔丝规格。

3-18　某工厂电力设备总容量为 25 kW,平均效率为 0.78,平均功率因数为 0.8。厂房内部照明设备容量为 2.5 kW,室外照明为 300 W(白炽灯)。今拟采用 380 V/220 V 三相四线制供电,由配电变压器至工厂的送电线路长 320 m。试问:应选择何种截面的 BLX 型导线? (全部电力设备的需要系数 $K_x$ 为 0.6,照明设备的需要系数为 1,允许电压损失为 5%)。

# 第4章 电气照明技术

电气照明是现代人工照明极其重要的手段,是现代建筑中不可缺少的部分。本章主要介绍电气照明的基本概念、民用建筑的照明种类和照度标准、光源和灯具的选择及布置、民用建筑常用照明技术措施和设计要求、照度的一般计算方法和电气照明设计的一般过程等。

## 4.1 照明技术的基本概念

为了做好民用建筑的电气照明设计,首先必须熟悉照明技术的一些基本概念。

### 4.1.1 光的概念

光是能量的一种形式。它可以通过辐射从一个物体传播到另一个物体。光的本质是一种电磁波,它在电磁波极其宽广的波长范围内仅占极小一部分。通常把紫外线、可见光和红外线统称为光。而人眼所能感觉到的光,也仅是其中很小的一部分。不同波长的光在人眼中产生不同的颜色。可见光谱由红、橙、黄、绿、青、蓝、紫等几种颜色的光混合而成。

### 4.1.2 光量及其单位

**1. 光通量**

按人眼对光的感觉量为基准来衡量光源在单位时间内向周围空间辐射并引起光感的能量大小,称为光通量。

光通量用符号 $\Phi$ 表示,单位为 lm(流明)。光通量的关系式为

$$\Phi_\lambda = 680\ V(\lambda)P_\lambda \tag{4-1}$$

式中  $\Phi_\lambda$——波长为 $\lambda$ 的光通量,lm;

$V(\lambda)$——波长为 $\lambda$ 的光谱光效率函数;

$P_\lambda$——波长为 $\lambda$ 的光辐射功率,W。

单一波长的光称为单色光。当光源含有多种波长的光时称为多色光。多色光源的光通量为各单色光的总和,即

$$\begin{aligned}\Phi_\lambda &= \Phi_{\lambda 1} + \Phi_{\lambda 2} + \Phi_{\lambda 3} + \cdots\\&= 680 \sum V(\lambda)P_\lambda\end{aligned} \tag{4-2}$$

**2. 发光强度(光强)**

光源在某一个特定方向上的单位立体角内(单位球面度内)所发出的光通量,称为光源在该方向上的发光强度。发光强度的单位是坎德拉(cd),是国际单位制的基本单位(旧称"烛光",俗称"支光")。

$$1\ \mathrm{cd} = 1\ \mathrm{lm}/1\ \mathrm{sr}(球面度)$$

它是用来反映发光强弱程度的一个物理量,用符号 $I_\alpha$ 表示,即

$$I_\alpha = \mathrm{d}\Phi/\mathrm{d}\omega \tag{4-3}$$

式中  $I_\alpha$——某一特定方向角度上的发光强度(下标 $\alpha$ 表示某一特定方向角度数),cd;

　　　$\mathrm{d}\Phi$——在立体角元内传播的光通量,lm;

　　　$\mathrm{d}\omega$——给定方向的立体角元,sr(球面度)。

向各方向发射光通量为均匀的发光体,在各个方向上的发光强度是相等的。此时,式(4-3)可写作 $I = \Phi/\omega$,如发光圆球 $I = \Phi/4\pi$、发光圆盘 $I = \Phi/\pi^2$、发光圆柱体 $I = \Phi/2\pi$ 等。实际上,发光强度就是向一定方向辐射的光通量的角密度。

**3. 照度**

能否看清一个物体,是与这个物体所得到的光通量有关的。为了研究物体被照明的程度,工程上常用照度这个物理量。通常把物体表面所得到的光通量与这个物体表面积的比值叫作照度,用 $E$ 表示,即

$$E = \Phi/S \tag{4-4}$$

式中  $\Phi$——光通量,lm;

　　　$S$——面积,$\mathrm{m}^2$。

照在 $1\ \mathrm{m}^2$ 面积上的光通量为 $1\ \mathrm{lm}$ 时的照度为 $1\ \mathrm{lx}$,即 $1\ \mathrm{lx} = 1\ \mathrm{lm/m}^2$。

为了对照度有一个基本概念,下面列举几种常见的照度情况:

(1)在 40 W 白炽灯下 1 m 远处的照度约为 30 lx,加搪瓷伞形白色罩后增加为 73 lx;

(2)满月晴空的月光下为 0.2 lx;

(3)晴朗的白天室内为 100~500 lx;

(4)多云白天的室外为 1 000~10 000 lx,阳光直射的室外为 100 000 lx。

照度为 1 lx,仅能辨别物体的轮廓;照度为 5~10 lx,看一般书籍比较困难。阅览室和办公室的照度一般要求不低于 50 lx。

**4. 亮度**

亮度是直接对人眼引起感觉的光量之一。对在同一个照度下并排放着的白色和黑色物体,人眼看起来有不同的视觉效果,总觉得白色物体要亮得多,这是由于物体表面反光程度不同造成的。亮度与被视物的发光或反光面积以及反光程度有关。通常把被视物表面在某一视线方向或给定方向的单位投影面上所发出或反射的发光强度,称为该物体表面在该方向的亮度,用符号 $L_\alpha$ 表示,即

$$L_\alpha = I_\alpha/S_\alpha \tag{4-5}$$

式中  $L_\alpha$——表示某方向上的亮度,$\mathrm{cd/m}^2$;

　　　$S_\alpha$——被视物沿某一视线方向或给定方向的投影发光或反光面积,$\mathrm{m}^2$;

　　　$I_\alpha$——在某一视线方向或给定方向的发光强度,cd。

亮度的单位为 $\mathrm{cd/m}^2$(旧标准曾用尼脱(符号为 nt)或熙提(符号为 sb),单位关系为 $1\ \mathrm{cd/m}^2 = 1\ \mathrm{nt} = 10^{-4}\ \mathrm{sb}$)。

通常 40 W 荧光灯的表面亮度约为 $7\ 000\ \mathrm{cd/m}^2$;无云的晴空约为 $5\ 000\ \mathrm{cd/m}^2$。一般当亮度超过 $16\ 000\ \mathrm{cd/m}^2$ 时,人眼就难以忍受了。

综上所述,常用的光量有四种,即光通量、发光强度、照度和亮度,如表 4-1 所示。

**表 4-1　光量及其公式**

| 光量名称 | 公　式 |
|---|---|
| 光通量 $\Phi(\mathrm{lm})$ | $\Phi_\lambda = 680\ V(\lambda)P_\lambda$ |
| 发光强度 $I_\alpha(\mathrm{cd})$ | $I_\alpha = \mathrm{d}\Phi/\mathrm{d}\omega$ |
| 照度 $E(\mathrm{lx})$ | $E = \Phi/S$ |
| 亮度 $L_\alpha(\mathrm{cd/m^2})$ | $L_\alpha = I_\alpha/S_\alpha$ |

### 4.1.3　光源的色温与显色性

**1. 色温**

光源的发光颜色是与温度有关的。当温度不同时,光源发出光的颜色是不同的,如白炽灯,当灯丝温度低时,发出的光以红光为主;当温度高时,灯丝发白,发出的光由红变白。所谓色温,是指光源发射光的颜色与黑体(能吸收全部光辐射而不反射、不透光的理想物体)在某一温度下辐射的光色相同时的温度,称为该光源的色温,用绝对温标 $K$ 表示。

**2. 显色性**

当某种光源的光照射到物体上时,该物体的色彩与阳光照射时的色彩是不完全一样的,有一定的失真度。所谓光源的显色性,就是指不同光谱的光源分别照射在同一颜色的物体上时,所呈现出不同颜色的特性。通常用显色指数表示光源的显色性。

### 4.1.4　光源的色调

用不同颜色的光照在同一物体上,对人们视觉产生的效果是不同的。红、橙、黄、棕色光给人以温暖的感觉,称为暖色光;蓝、青、绿、紫色光给人以寒冷的感觉,称为冷色光。光源的这种视觉颜色特性称为色调。光源发出光的颜色直接影响人的情趣,并影响人们的工作效率和精神状态等。

### 4.1.5　炫光

炫光是照明质量的重要特征,它对视觉有极不利的影响,所以现代照明对限制炫光很重视。所谓炫光是指由于亮度分布或亮度范围不合适,或在短时间内相继出现的亮度相差过大的光时,造成观看物体时感觉的不舒适。在视野内不仅同时出现大的亮度差异能引起炫光,而且相继出现的大亮度差异也能引起炫光,甚至亮度数值过大也会引起炫光。炫光分直射炫光和反射炫光两种。直射炫光是在观察方向上或附近存在亮的发光体所引起的炫光;反射炫光是在观察方向上或附近由亮的发光体的镜面反射所引起的炫光。

### 4.1.6　照明的稳定性

照明的稳定性是照明质量的又一标准。如果照度不断发生变化,特别是波动频繁且幅度相当大,势必使眼睛不能适应,引起视觉疲劳、视力下降。不断变化的照明在心理上吸引和影响人的注意力,对正常生产是有害的,所以会导致工作效率下降,甚至会造成事故。

引起照明不稳定的因素:

①电源波动与供电质量有关,因此电气照明规定电源的电压波动值不超过 ±5%;

②光源摆动会引起照度变化,这不仅会造成工作面亮度的变化,而且会产生影子的运动,影响视觉;

③气体放电光源的闪烁,在电光源中,通常存在着光通量随交流电源变化的闪烁,即所谓的频闪效应。

### 4.1.7　照度定律

**1. 照度第一定律**

光源越强,被照表面显得越亮,即被照表面的照度越大。对同一光源,被照表面距离光源越近,被照表面照度越大。根据照度定义,可以推导出亮度与光源的光强度以及距离的关系。

在点光源垂直照明的情况下,被照表面上的照度与光源的光强度成正比,与被照表面距光源距离的平方成反比。

这叫照度第一定律,平常也叫作照度的平方反比率。

照度第一定律只适用于点光源。实际上,照明所用光源都不是点光源,但当距离大于光源线度 10 倍时,便可将光源视为点光源。

**2. 照度第二定律**

照度与被照表面的倾斜角的余弦成正比,这叫作照度第二定律,又称为照度的余弦定律;也可以表述成:在光线斜照的情况下,被照表面的照度与入射角的余弦成正比。

## 4.2　电气照明种类和照度标准

在设计民用建筑时,首先必须考虑照明种类和照度标准。

### 4.2.1　照明的种类

民用建筑中的照明种类按用途主要分为正常照明、应急照明、值班照明、警卫照明、障碍照明等。

**1. 正常照明**

在正常情况下,要求能顺利地完成工作、保证交通安全和能看清周围的物体而设置的照明,称为正常照明。正常照明有四种方式,即一般照明、分区一般照明、局部照明和混合照明。

（1）一般照明

为照亮整个场地而设置的均匀照明称为一般照明。对于工作位置密度很大而照明方向无特殊要求的场所,或生产技术条件不适合装设局部照明或采用混合照明不合理的场地,可单独设一般照明。在照度较高时,采用一般照明需要较高的功率,对节能不利,一般常用于办公室、学校教室、商店、机场和车站、港口的旅客休息室及层高较低(4.5 m 以下)的工厂车间等。

（2）分区一般照明

对于某一特定区域,不同的地段进行不同的工作,因而要求的照度不同时,可设计成分区一般照明。此种情况下选用照度标准应贯彻"该高则高,该低则低"的原则,可有效地节约能源。例如,在工厂车间中,工作区与通道区可设计成照度不同的分区一般照明。

（3）局部照明

对于特定视觉工作使用的、为照亮某个局部而设置的照明称为局部照明。局部照明只能照射有限面积且需较高的照度和要求有照射方向。在有些情况下,工作地点受遮挡以及工作区及其附件产生光幕反射时,也宜采用局部照明。对于为防止工频的气体放电灯产生的频闪效应,宜采用配电子镇流器的气体放电灯或采用低功率的白炽灯。在工作场所内不应只设局部照明,这是因为工作地点很亮,而周围环境很暗,使人眼不适应产生视觉疲劳,进而可造成事故。

（4）混合照明

对于部分作业面要求照度高但作业面密度不大的场所,若只装设一般照明,会大大增加照明用电,因而在技术经济上是不合理的。采用混合照明方式,通过增加照射距离较近的局部照明来提高作业照度,可使用较小的功率取得较高的照度,不但节约电能,而且也节约电费开支。混合照明常用于工业车间中,如机加工车间,车间上方有一般照明,形成均匀的一般照明亮度,而在工作的车床上安装局部照明灯,既可产生较高的照度,又节约电能便属于此例。

所有居住的房间和供工作、运输、人行的走道以及室外庭院和场所等,皆应设置正常照明。它既可单独使用,也可与应急照明、值班照明同时使用,但控制线路必须分开。

**2. 应急照明**

应急照明是正常电源失效启用的照明。应急照明可分为如下三种:备用照明、安全照明和疏散照明。

（1）备用照明

备用照明是当正常照明因故障熄灭后,可能会造成爆炸、火灾和人身伤亡等严重事故的场所,或停止工作造成很大影响或经济损失的场所而设的继续工作用或暂时继续进行正常活动照明,或在发生火灾时为了保证消防能正常进行而设置的照明。

（2）安全照明

安全照明是在正常照明因故障熄灭后,确保处于潜在危险状况下的人员安全而设置的照明,如在使用圆盘锯的场所等。

（3）疏散照明

疏散照明是在正常照明故障熄灭后,为了避免发生事故需要对人员进行安全疏散时,在出口设置的指示出口及方向的疏散标志灯和照亮疏散通道而设置的照明,目的是确保在安全出口处能有效辨认通道和使人员行进时能看清道路。一般在大型建筑和工业建筑中设置。

**3. 值班照明**

值班照明是在非工作时间值班人员用的照明,如在非三班制生产的重要车间、非营业时间的大型商店的营业厅、仓库等通常设置值班照明。它对照度要求不高,可能是正常工作照明中能单独控制的部分,也可能是应急照明。它对电源无特殊要求。

**4. 警卫照明**

警卫照明是在夜间为保卫人员、财产、建筑物、材料和设备,在重要的厂区、库区和重要的建筑物周围等,根据警戒范围需要设置的照明。

**5. 障碍照明**

障碍照明是为保障航行安全在建筑物、构筑物上设置的照明。例如高楼、烟囱、水塔等对飞机的航行安全可能构成威胁,应按民航部门的规定,装设障碍标志灯作为指示照明。

船舶在夜间航行时,航道两侧或中间的建筑物、构筑物或其他障碍物可能危及航行安全,应按交通部门规定在建筑物、构筑物或障碍物上装设障碍标志灯作为指示照明。

**6. 彩灯和装饰照明**

根据建筑规划、市容美化以及节日装饰或室内装饰的需要而设置的照明叫彩灯照明和装饰照明。

## 4.2.2　照度标准

照度标准是关于照明数量和质量的规定,最主要和最基本的是指照明的数量,即工作面上的照度,因此在照明标准中主要规定工作面上的照度。对其他的质量特征,有些只有定量的规定,有些则只有定性的要求。国家根据有关规定和实际情况制定了各种工作场所的平均照度值,称为该工作场所的照度标准。

照度标准是根据视觉工作的等级规定必要的平均照度。选择或制定照度标准的方法有多种:①主观法,这是根据主观的判断选择照度;②间接法,主要是根据视觉功能的变化来选择照度,例如根据可见度或其他视觉功能的变化来选择照度;③直接法,主要是根据劳动生产率及单位产品成本选择照度。制定照度标准,还必须考虑国家当前电力生产和设备生产的状况以及电力消费政策等因素。

我国照明的照度通常按 0.5 lx,1 lx,3 lx,5 lx,10 lx,15 lx,20 lx,30 lx,50 lx,75 lx,100 lx,150 lx,200 lx,300 lx,500 lx,750 lx,1 000 lx,1 500 lx,3 000 lx,5 000 lx 分级。

我国的照度标准基本是采用间接法制定的,即从保证一定的视觉功能选择最低照度值。制定时除了依据视觉功能的实验资料外,还进行了大量的调查、实测和咨询,并且结合了我国当前的电力生产水平和消费水平。表 4-2 提供了常见建筑的照度值。

**表 4-2　常用民用建筑的照度标准( lx)**

| 房间或场所 | | | 参考平面及高度 | 照度标准值/lx | 显色指数(Ra) |
|---|---|---|---|---|---|
| | 卫生间 | | 0.75 m 水平面 | 100 | 80 |
| | 餐　厅 | | 0.75 m 餐桌面 | 150 | 80 |
| 居住建筑 | 卧　室 | 一般活动 | 0.75 m 水平面 | 75 | 80 |
| | | 书写阅读 | | 150 | 80 |
| | 起居室 | 一般活动 | 0.75 m 水平面 | 100 | 80 |
| | | 书写阅读 | | 300 | 80 |
| | 厨　房 | 一般活动 | 0.75 m 水平面 | 100 | 80 |
| | | 操作台 | 台　面 | 150 | 80 |

表 4-2（续一）

| 房间或场所 | | 参考平面及高度 | 照度标准值/lx | 显色指数（Ra） |
|---|---|---|---|---|
| 办公建筑 | 普通办公室 | 0.75 m 水平面 | 300 | 80 |
| | 高档办公室 | 0.75 m 水平面 | 500 | 80 |
| | 会议室 | 0.75 m 水平面 | 300 | 80 |
| | 接待室、前台 | 0.75 m 水平面 | 200 | 80 |
| | 营业厅 | 0.75 m 水平面 | 300 | 80 |
| | 设计室 | 实际工作面 | 500 | 80 |
| | 文件整理、复印、发行室 | 0.75 m 水平面 | 300 | 80 |
| | 资料、档案室 | 0.75 m 水平面 | 200 | 80 |
| 图书馆建筑 | 一般阅览室 | 0.75 m 水平面 | 300 | 80 |
| | 国家、省市及其他重要图书馆的阅览室 | 0.75 m 水平面 | 500 | 80 |
| | 老年阅览室 | 0.75 m 水平面 | 500 | 80 |
| | 珍善本、舆图阅览室 | 0.75 m 水平面 | 500 | 80 |
| | 陈列室、目录厅（室）、出纳厅 | 0.75 m 水平面 | 300 | 80 |
| | 书库 | 0.25 m 垂直面 | 50 | 80 |
| | 工作间 | 0.75 m 水平面 | 300 | 80 |
| 学校建筑 | 教室 | 课桌面 | 300 | 80 |
| | 实验室 | 实验桌面 | 300 | 80 |
| | 美术教室 | 桌面 | 500 | 80 |
| | 多媒体教室 | 0.75 m 水平面 | 300 | 80 |
| | 教师黑板 | 黑板面 | 500 | 80 |
| 医疗建筑 | 治疗室 | 0.75 m 水平面 | 300 | 80 |
| | 化验室 | 0.75 m 水平面 | 500 | 80 |
| | 手术室 | 0.75 m 水平面 | 750 | 90 |
| | 诊室 | 0.75 m 水平面 | 300 | 80 |
| | 候诊室、挂号厅 | 0.75 m 水平面 | 200 | 80 |
| | 病房 | 地面 | 100 | 80 |
| | 护士站 | 0.75 m 水平面 | 300 | 80 |
| | 药房 | 0.75 m 水平面 | 500 | 80 |
| | 重症监护室 | 0.75 m 水平面 | 300 | 80 |

表 4-2(续二)

| | 房间或场所 | | 参考平面及高度 | 照度标准值/lx | 显色指数(Ra) |
|---|---|---|---|---|---|
| 商业建筑 | 一般商店营业厅 | | 0.75 m 水平面 | 300 | 80 |
| | 高档商店营业厅 | | 0.75 m 水平面 | 500 | 80 |
| | 一般超市营业厅 | | 0.75 m 水平面 | 300 | 80 |
| | 高档超市营业厅 | | 0.75 m 水平面 | 500 | 80 |
| | 收款台 | | 台 面 | 500 | 80 |
| 旅馆建筑 | 客 房 | 一般活动区 | 0.75 m 水平面 | 75 | 80 |
| | | 床 头 | 0.75 m 水平面 | 150 | 80 |
| | | 写字台 | 0.75 m 水平面 | 300 | 80 |
| | | 卫生间 | 0.75 m 水平面 | 150 | 80 |
| | 中餐厅 | | 0.75 m 水平面 | 200 | 80 |
| | 西餐厅、酒吧间、咖啡厅 | | 0.75 m 水平面 | 150 | 80 |
| | 多功能厅 | | 0.75 m 水平面 | 300 | 80 |
| | 门厅、总服务台 | | 地 面 | 300 | 80 |
| | 休息厅 | | 地 面 | 200 | 80 |
| | 客房层走廊 | | 地 面 | 50 | 80 |
| | 厨 房 | | 台 面 | 500 | 80 |
| | 洗衣房 | | 0.75 m 水平面 | 200 | 80 |
| 观演建筑 | 门 厅 | | 地 面 | 200 | 80 |
| | 观众厅 | 影 院 | 0.75 m 水平面 | 100 | 80 |
| | | 剧场、音乐厅 | 0.75 m 水平面 | 150 | 80 |
| | 观众休息厅 | 影 院 | 地 面 | 150 | 80 |
| | | 剧场、音乐厅 | 地 面 | 200 | 80 |
| | 排演厅 | | 地 面 | 300 | 80 |
| | 化妆室 | 一般活动区 | 0.75 m 水平面 | 150 | 80 |
| | | 化妆台 | 1.1 m 高处垂直面 | 500 | 80 |

表 4-2(续三)

| 房间或场所 | | | 参考平面及高度 | 照度标准值/lx | 显色指数(Ra) |
|---|---|---|---|---|---|
| 公共场所 | 门　厅 | 普　通 | 地　面 | 100 | 60 |
| | | 高　档 | 地　面 | 200 | 80 |
| | 走廊、流动区域 | 普　通 | 地　面 | 50 | 60 |
| | | 高　档 | 地　面 | 100 | 80 |
| | 楼梯、平台 | 普　通 | 地　面 | 30 | 60 |
| | | 高　档 | 地　面 | 75 | 80 |
| | | 自动扶梯 | 地　面 | 150 | 60 |
| | 厕所、盥洗室、浴室 | 普　通 | 地　面 | 75 | 60 |
| | | 高　档 | 地　面 | 150 | 80 |
| | 电梯前厅 | 普　通 | 地　面 | 75 | 60 |
| | | 高　档 | 地　面 | 150 | 80 |
| | | 休息室 | 地　面 | 100 | 80 |
| | | 储藏室、仓库 | 地　面 | 100 | 60 |
| | 车　库 | 停车间 | 地　面 | 30 | 60 |
| | | 检修间 | 地　面 | 200 | 60 |

### 4.2.3　设计照度标准应注意的问题

第一,符合下列条件之一及以上时,作业面或参考平面的照度可按照度标准值分级提高一级。

①视觉要求高的精细作业场所,眼睛至识别对象的距离大于 500 mm 时;

②连续长时间紧张地视觉作业,对视觉器官有不良影响时;

③识别移动对象,要求识别时间短促而辨认困难时;

④视觉作业对操作安全有重要影响时;

⑤识别对象亮度对比小于 0.3 时;

⑥作业精度要求较高且产生差错会造成很大损失时;

⑦视觉能力低于正常能力时;

⑧建筑等级和功能要求高时。

第二,符合下列条件之一及以上时,作业面或参考平面的照度,可按照度标准值分级降低一级。

①进行很短时间的作业时;

②作业精度或速度无关紧要时;

③建筑等级和功能要求低时。

第三,作业面邻近周围的照度可低于作业面照度,但不宜低于表 4-3 的数值。

表 4-3　作业面邻近周围照度

| 作业面照度/lx | 作业面邻近周围照度/lx |
|---|---|
| ≥750 | 500 |
| 500 | 300 |
| 300 | 200 |
| ≤200 | 与作业面照度相同 |

注:邻近周围指作业面外 0.5 m 范围之内。

第四,在一般情况下,设计照度值与照度标准值相比较,可有 ±10% 的偏差。

第五,应急照明的照度标准值规定

①备用照明的照度值除另有规定外,不低于该场所一般照明照度值的 10%;

②安全照明的照度值不低于该场所一般照明照度值的 5%;

③疏散通道疏散照明的照度值不低于 0.5 lx。

# 4.3　电光源和灯具的选择、布置、安装及照明节能

## 4.3.1　电光源的选择

选择电光源首先要满足照明设施的使用要求,如所要求的照度、显色性、色温、启动、再启动时间等,然后再考虑使用环境的要求,如使用场所的温度、是否采用空调、供电电压波动情况等,最后根据所选用光源一次性投资费用以及运行费用,经综合技术经济分析比较后,确定选用何种光源最佳。

**1. 光源选择原则**

光源选择的总原则是选用高光效、寿命长、显色性好的光源,虽价格较高,一次性投资大,但使用数量减少,运行维护费用降低,在技术经济上还是合理的。部分光源的光效、显色指数、色温和平均寿命等技术指标见表4-4。

表 4-4　部分电光源的技术指标

| 光源种类 | 额定功率范围<br>/W | 光　效<br>/(lm/W) | 显色指数<br>(Ra) | 色　温<br>/K | 平均寿命<br>/h |
|---|---|---|---|---|---|
| 普通照明用白炽灯 | 10 ~ 1 500 | 7.3 ~ 25 | 95 ~ 99 | 2 400 ~ 2 900 | 1 000 ~ 2 000 |
| 卤钨灯 | 60 ~ 5 000 | 14 ~ 30 | 95 ~ 99 | 2 800 ~ 3 300 | 1 500 ~ 2 000 |
| 普通直管形荧光灯 | 4 ~ 200 | 60 ~ 70 | 60 ~ 72 | 全系列 | 6 000 ~ 8 000 |
| 三基色荧光灯 | 28 ~ 32 | 93 ~ 104 | 80 ~ 98 | 全系列 | 12 000 ~ 15 000 |
| 紧凑型荧光灯 | 5 ~ 55 | 44 ~ 87 | 80 ~ 85 | 全系列 | 5 000 ~ 8 000 |
| 荧光高压汞灯 | 50 ~ 1 000 | 32 ~ 55 | 35 ~ 40 | 3 300 ~ 4 300 | 5 000 ~ 10 000 |
| 金属卤化物灯 | 35 ~ 3 500 | 52 ~ 130 | 65 ~ 90 | 3 000/4 500/5 600 | 5 000 ~ 10 000 |

表 4-4（续）

| 光源种类 | 额定功率范围/W | 光效/（lm/W） | 显色指数（Ra） | 色温/K | 平均寿命/h |
|---|---|---|---|---|---|
| 高压钠灯 | 35 ~ 1 000 | 64 ~ 140 | 23/60/85 | 1 950/2 200/2 500 | 12 000 ~ 24 000 |
| 高频无极灯 | 55 ~ 85 | 55 ~ 70 | 85 | 3 000 ~ 4 000 | 40 000 ~ 80 000 |

由表 4-4 可知,高压钠灯光效较高,主要用于道路照明,其次是金属卤化物灯,室内外均可应用。一般低功率用于室内层高不太大的房间,而大功率应用于体育场馆以及建筑夜景照明等。荧光灯光效和金属卤化物灯光效大体水平相同,在荧光灯中尤以稀土三基色荧光灯光效最高,高压汞灯光效较低,而卤钨灯和白炽灯光效最低。

细管径( ≤26 mm)直管型三基色 T8 和 T5 荧光灯的光效高( 比 T12 粗管径荧光灯光效高60% ~80% )、寿命长( 1 200 h 以上)、显色性好( Ra >180),适用于高度较低(4 ~4.5 m)的房间,如办公室、教室、会议室以及仪表、电子等生产车间。

细管径荧光灯取代粗管径荧光灯的效果如表 4-5 所示。

表 4-5　　细管径荧光灯取代粗管径荧光灯的效果

| 灯管径 | 镇流器种类 | 功率/W | 光通量/lm | 系统光效/（lm/W） | 替换方式 | 节电率或电费节省/% |
|---|---|---|---|---|---|---|
| T12(38 mm) | 电感式 | 40(10) | 2 850 | 57 | — | — |
| T8(26 mm)三基色 | 电感式 | 36(9) | 3 350 | 74.4 | T12→T8 | 25.4 |
| T8(26 mm)三基色 | 电子式 | 32(4) | 3 200 | 88.9 | T12→T8 | 35.9 |
| T5(16 mm) | 电子式 | 28(4) | 2 660 | 83.1 | T12→T5 | 31.4 |

注:括弧内为镇流器功耗。

商店营业厅宜用细管径( ≤26 mm)直管型荧光灯取代粗管径( >26 mm)荧光灯和普通卤粉荧光灯,光效可提高 10% 以上。以紧凑型荧光灯取代普通用白炽灯光效可提高 4 ~6 倍;而采用更细管径的 T5 灯( 管径 16 mm)比三基色 T8 荧光灯可提高 10% 的光效(在环境温度为35 ℃时),也可采用 35 W,70 W 等小功率金属卤化物灯。

自镇流紧凑型荧光灯取代白炽灯的效果如表 4-6 所示。

高度大于 4.5 m 的高大工业厂房应采用金属卤化物灯或高压钠灯。金属卤化物灯具有光效高( >80 lm/W)、寿命长(大功率最高可达 10 000 h)、显色性较好( >60)等优点,因而具有广阔的应用前景。而高压钠灯光效在照明光源中为最高,一般可达 120 lm/W,寿命可达12 000 h 以上,价格较低,但显色性差,约为 21 ~25(高显色钠灯除外,但光效较低),可用于辨色要求不高的场所,如锻工车间、炼铁车间、材料库、成品库等。

表 4-6　自镇流紧凑型荧光灯取代白炽灯的效果

| 普通照明白炽灯/W | 由自镇流紧凑型荧光灯取代/W | 节电效果/W<br>（节电率%） | 电费节省/% |
|---|---|---|---|
| 100 | 25 | 75(75) | 75 |
| 60 | 16 | 44(73) | 73 |
| 40 | 10 | 30(75) | 75 |

在高强度气体放电(HID)灯中，荧光高压汞灯光效较低，约为 32 ~ 55 lm/W，寿命不是太长，最高可达 10 000 h，显色指数也不高，为 35 ~ 40，为节约电能，故不宜采用。自镇流高压汞灯光效更低，约为 12 ~ 25 lm/W，寿命最高为 3 000 h，故更不应采用。

荧光高压汞灯由高压钠灯和金属卤化物灯取代的效果如表 4-7 所示。

表 4-7　荧光高压汞灯由高压钠灯和金属卤化物灯取代的效果

| 编号 | 灯　种 | 功率/W | 光通量/lm | 光效/(lm/W) | 寿命/h | 显色指数(Ra) | 替换方式 | 节电率或电费节省/% |
|---|---|---|---|---|---|---|---|---|
| No – 1 | 荧光高压汞灯 | 400 | 22 000 | 55 | 15 000 | 35 | — | — |
| No – 2 | 中显色性高压钠灯 | 250 | 22 000 | 88 | 24 000 | 65 | No – 1→<br>No – 2 | 37.5 |
| No – 3 | 金属卤化物灯 | 250 | 20 000 | 80 | 20 000 | 65 | No – 1→<br>No – 3 | 37.5 |
| No – 4 | 金属卤化物灯 | 400 | 35 000 | 87.5 | 20 000 | 65 | No – 1→<br>No – 4 | 0 |

白炽灯虽具有瞬时启动、安装和维护方便、光色好和价格低廉等优点，但光效低，平均只有 9 ~ 15 lm/W，而且寿命短，一般只有 1 000 h，一般情况不应采用普通照明用白炽灯。如果在特殊情况下需采用白炽灯时，为节约电能，只采用 100 W 以下的白炽灯。

**2. 可采用白炽灯的场所**

①需要瞬时启动和连续调光的场所，当这些场所采用其他光源瞬时启动和连续调光较困难且成本较高时可采用白炽灯；

②防止电磁干扰要求严格的场所，因为采用气体放电灯会产生高次谐波，造成电磁干扰；

③开关灯频繁的场所，因为气体放电灯开关频繁时会缩短灯的寿命，每开关一次，可缩短寿命 2 ~ 3 h；

④照度要求不高、点灯时间短的场所，因为在这种场所使用白炽灯也不会消耗大量电能；

⑤对装饰有特殊要求的场所，如使用紧凑性荧光灯不合适时也可采用白炽灯。

**3. 应急照明用光源**

应急照明用电光源要求瞬时点燃且很快达到标准流明值，所以常采用白炽灯、卤钨灯、荧光灯。它们在正常照明因故断电后迅速启动点燃，且可在几秒内达到标准流明值。疏散标志灯可采用发光二极管(LED)，而采用高强气体放电灯达不到上述要求。

**4. 光源的显色指数**

应根据照明房间或场所对识别颜色要求和场所特点选用相应的显色指数光源。显色要求高的场所,如博物馆、彩色印刷车间的显色指数(Ra)不应低于90;在长期有人工作的房间或场所,显色指数(Ra)不应小于80;对于6 m以上工业厂房的显色要求低或无要求的场所,可采用显色指数(Ra)小于80的光源。

**5. 光源的色调要求**

在选择照明光源时,应考虑被照对象和场所对光源的色调要求。因为光源的色调直接影响人们的情趣,所以在民用建筑中色调也较为重要。对要求较高的照明,如高级宾馆、饭店、展览馆等场所,可以从下述所举照明效果选择光源的色调:

①暖色光能使人感到距离近些,而冷色光使人感到距离较远;

②暖色光里的明色有柔软感,而冷色光里的明色有光滑感;

③暖色调的物体看起来大些、重些和坚固些,而冷色调的看起来轻一些;

④在狭窄的空间宜用冷色光里的明色,以形成宽敞明亮的感觉;

⑤一般红色、橙色有使人兴奋的作用,而紫色有使人抑制心情的作用。

部分光源的适用场所如表4-8所示。

表4-8　部分光源的适用场所

| 光源名称 | 适　用　场　所 | 举　　例 |
|---|---|---|
| 白炽灯 | 1. 要求照度不很高的场所<br>2. 局部照明、事故照明<br>3. 要求频闪效应小或开关频繁的地方<br>4. 避免气体放电灯对无线电或测试设备干扰的场所<br>5. 需要调光的场所 | 高度较低的房间、仓库、办公室、礼堂、宿舍、次要道路、图书馆等 |
| 卤钨灯 | 1. 照度要求较高,显色性要好,且无震动的场所<br>2. 要求频闪效应小的场所<br>3. 需要调光的场所 | 礼堂、体育馆等 |
| 荧光灯 | 1. 悬挂高度较低,又需要较高照度的场所<br>2. 需要正确识别色彩的场所 | 设计室、阅览室、办公室、医务室、旅馆、饭店、住宅等 |
| 荧光高压汞灯 | 照度要求高,但对光色无特殊要求的场所 | 道路照明、广场照明 |
| 管形氙灯 | 要求照明条件较好的大面积场所或短时需要强光照明的地方,一般悬挂高度在20 m以上 | 露天作业场、广场照明 |
| 金属卤化物灯 | 房子高大,要求照度较高、光色较好的场所 | 体育馆、礼堂等 |
| 高压钠灯 | 1. 要求照度高,但对光色较好的场所<br>2. 多烟尘的场所 | 道路照明、露天场地等 |

## 4.3.2　灯具的选择

**1. 灯具的作用和分类**

灯具是指能透光、分配和改变光源光分布的器具,它包括除光源外所有用于固定和保护光源所需的全部零部件以及与电源连接所需的线路附件。灯具的作用主要是将光源的光通量进行合理分配、避免由光源引起的炫光以及固定光源和保护光源,还起着装饰和美化环境的作用。

根据光通量在空间上、下半球的分布情况,灯具主要分为直射型灯具、半直射型灯具、漫射型灯具、半反射型灯具、反射型灯具等。直射型灯具又可分为广照型、均匀配光型、配照型、深照型和特深照型五种。上述各型灯具的光通量分配比例及示意图见表4-9。

表4-9　按光通量在空间上、下半球分配比例分类

| 灯具类别 | | 直　接 | 半直接 | 漫射(直接—间接) | 半直接 | 间　接 |
|---|---|---|---|---|---|---|
| 光强分布 | | | | | | |
| 光通分配 /% | 上 | 0 ~ 10 | 10 ~ 40 | 40 ~ 60 | 60 ~ 90 | 90 ~ 100 |
| | 下 | 100 ~ 90 | 90 ~ 60 | 60 ~ 40 | 40 ~ 10 | 10 ~ 0 |

**2. 灯具**

灯具应根据使用环境、房间用途、光强分布、限制炫光等要求选择。在满足上述技术条件下,应选用效率高、维护检修方便的灯具。

(1)按使用环境选择灯具

对于民用建筑,选择灯具应注意:在正常环境中,宜选用开启式灯具;在潮湿房间内,宜选用具有防水灯头的灯具;在特别潮湿的房间内,应选用防水、防尘密闭式灯具,或在隔壁不潮湿的地方通过玻璃窗向潮湿房间照明;在有腐蚀性气体和有蒸汽的场所、有易燃易爆气体的场所,宜选用耐腐蚀的密闭式灯具和防爆型灯具等。总之,对于不同的环境,应注意选用具有相应防护措施的灯具,以保护光源,并保证光源的正常长期使用。

(2)按光强分布特性选择灯具

所谓光强分布特性是指照明光源在空间各个方向上的光强分布情况的特性,通常用光强分布曲线(也称配光曲线)表示。按此要求选择灯具时应遵守:灯具安装高度在 6 m 及以下时,宜采用宽配光特性的探照型灯具;安装高度在 6 ~ 15 m 时,宜采用集中配光的直射型灯具,如窄配光深照型灯具;安装高度在 15 ~ 30 m 时,宜采用高纯铝探照灯或其他高光强灯具;当灯具上方有需要观察的对象时,宜采用上半球有光通量分布的漫射型灯具(如用乳白玻璃圆球罩灯)。对于室外大面积工作场所,宜采用投光灯或其他高光强灯具。民用建筑常用灯具的外形如图4-1所示。

## 4.3.3　灯具的布置和安装

应从满足工作场所照度均匀、亮度的合理分布以及限制炫光等考虑灯具的布置方式和安装高度。照度的均匀性是指工作面或工作场所的照度均匀分布特性,它用工作面上的最低照度与平均照度之比来表示,一般不小于0.7。照度均匀度不佳易造成人眼适应困难和视觉疲劳。亮度的合理分布是使照明环境舒适的重要标志。为了满足上述要求必须进行灯具的合理布置和安装。

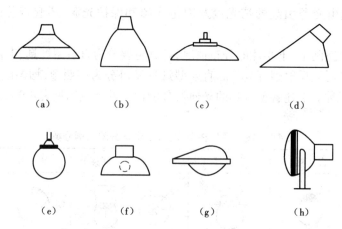

**图 4-1　常用照明灯具简图**

(a)配照型;(b)深照型;(c)广照型;(d)斜照型;

(e)均照型;(f)荧光灯罩;(g)路灯;(h)投光灯

**1. 灯具的布置**

灯具的布置方式分为均匀布置和选择布置两种。均匀布置是指灯具间的距离按一定规律进行均匀布置的方式,如正方形、矩形、菱形等,可使整个工作面上获得较均匀的照度。均匀布置方式适用于室内灯具的布置,如教室、实验室、会议室等。选择布置是指满足局部要求的一种灯具布置方式,适用于采用均匀布置达不到所要求的照度分布的场所中。

灯具在均匀布置时,灯具间距离 $L$ 与灯具在工作面上的悬挂高度(也称计算高度)$h$ 之比 $(L/h)$,称为距高比。当灯具按矩形或菱形均匀布置时,灯具间距离按 $L = \sqrt{L_1 L_2}$ 确定。$L_2$ 和 $L_1$ 分别为矩形的行和列间距离或菱形的两对对角线间距离。

灯具的布置还有室内和室外的区别。室内灯具的布置如上所述可采用均匀布置和选择布置两种方式。室外灯具的布置可采用集中布置、分散布置、集中与分散相结合等布置方式,常用灯杆、灯柱、灯塔或利用附近的高建筑物装设照明灯具。道路照明应与环境绿化、美化统一规划,并在此基础上设置灯杆或灯柱;对于一般道路可采用单侧布置,但主要干道可采用双侧布置。灯杆的间距一般为 25 ~ 50 m。

**2. 灯具与建筑艺术的配合**

在民用建筑中,除了合理选择和布置光源及灯具外,还要从建筑艺术角度考虑,采取一些必要的措施发挥照明的作用,以突出建筑的艺术效果。常常利用各种灯具与建筑艺术手段的配合,构成各种形式的照明方式,如发光顶棚、光带、光梁、光檐、光柱等方式。它们就是利用建筑艺术手段,将光源隐蔽起来,构成间接型灯具,这样可增加光源面积,增强光的扩散性,使室内炫光、阴影得以完全消除,使得光线均匀柔和,衬托出环境气氛,形成舒适的照明环境。此外还采用艺术壁灯、花吊灯等技术手段。民用建筑中采用艺术手段的照明方式如图 4-2 所示。

### 4.3.4　照明节能

在照明设计和选择光源、灯具时,还应根据视觉工作的要求,综合考虑照明技术特性和长期运行的经济效益。照明节能对于提高民用建筑的经济效益有着重要的意义,常用的节能措施有下述几种。

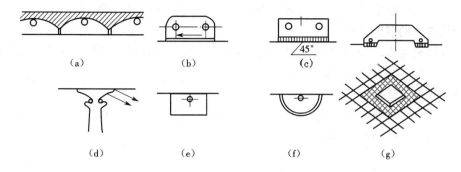

**图 4-2　民用建筑常用照明方式示意图**

(a)单元式发光顶棚;(b)拱形光带;(c)格片式光带;
(d)光柱;(e)单灯光梁;(f)圆弧光梁;(g)藻井式光檐

### 1. 采用高效光源

高大房间和室外场地的一般照明宜采用高压钠灯(或高显色性高压钠灯)、金属卤化物灯等高效放电灯。较低房间的一般照明,宜采用荧光灯、小功率低压钠灯。在开关频繁或特殊需要时(如展览馆、影剧院、高级饭店等场所)方可使用 LED 灯。为了节约电能,要不断注意采用新型的节能电光源。在国内已有不少地方开始大量使用新近出现的高效节能荧光灯。它的显色性、照度、光效(单位电功率下的发光效果)等技术参数均优于普通荧光灯,而能耗则远远低于同照度的普通荧光灯,所以是一种有发展前途的电光源,应该大力推广使用。常用光源的光效见表4-10 所示。

**表 4-10　常用光源的光效**

| 光　源 | 光效/(lm/W) | 光　源 | 光效/(lm/W) |
|---|---|---|---|
| 白炽灯 | 6 ~ 18 | 金属卤化物灯 | |
| 卤钨灯 | 21 ~ 22 | 钠 - 铊 - 铟灯 | 75 ~ 80 |
| 荧光灯 | 65 ~ 78 | 镝灯 | 80 |
| 高压汞灯 | 40 ~ 60 | 卤化物灯 | 50 ~ 60 |
| 氙灯 | 22 ~ 50 | 高压钠灯 | 118 |

### 2. 采用高效灯具

在选择灯具时,一般不宜采用效率低于 70% 的灯具。使用荧光灯照明时,宜选用高效荧光灯具及能耗低的镇流器和选用老化速度较慢的材料制成的灯具,如玻璃灯具等。

### 3. 选用合理的照度方案

在设计时应注意选用合理的设计方案,严格控制照明用电指标;注意人工照明与自然采光的关系,根据建筑物房间的自然采光,合理配备人工照明。建筑物房间的自然采光,主要与建筑物的朝向、地理位置、季节等有关,要优选光通利用系数较高的照明设计方案。当然也不允许采取降低照度来节能。

### 4. 采用合理的建筑艺术照明设计

建筑艺术照明设计是必要的,但也应讲究实效,避免片面追求形式,严格限制霓虹灯和节日装饰照明灯的设置范围。在安装彩灯照明时,应力求艺术效果和节能的统一。

### 5. 装设必要的节能装置

对于气体放电光源,可采取装设补偿电容的措施提高功率因数。当技术经济条件可能时,可采用调光开关或光电自动控制装置等节能措施。

### 6. 照明功率密度值(LPD)计算

在设计时应根据照明标准规定的照度值确定场所的照明功率密度值。计算值应小于照明标准的现行值,力争达到目标值,如表4-11至表4-13所示。

表4-11　居住建筑每户照明功率密度值

| 房间或场所 | 照明功率密度/(W/m²) | | 对应照度值/lx |
| --- | --- | --- | --- |
| | 现行值 | 目标值 | |
| 起居室 | | | 100 |
| 卧室 | | | 75 |
| 餐厅 | ≤6.0 | ≤5.0 | 150 |
| 厨房 | | | 100 |
| 卫生间 | | | 100 |

表4-12　办公建筑照明功率密度值

| 房间或场所 | 照明功率密度/(W/m²) | | 对应照度值/lx |
| --- | --- | --- | --- |
| | 现行值 | 目标值 | |
| 普通办公室 | ≤9.0 | ≤8.0 | 300 |
| 高档办公室、设计室 | ≤15.0 | ≤13.5 | 500 |
| 会议室 | ≤9.0 | ≤8.0 | 300 |
| 服务大厅 | ≤11.0 | ≤10.0 | 300 |

表4-13　学校建筑照明功率密度值

| 房间或场所 | 照明功率密度/(W/m²) | | 对应照度值/lx |
| --- | --- | --- | --- |
| | 现行值 | 目标值 | |
| 教室、阅览室 | ≤9.0 | ≤8.0 | 300 |
| 实验室 | ≤9.0 | ≤8.0 | 300 |
| 美术教室 | ≤15.0 | ≤13.5 | 500 |
| 多媒体教室 | ≤9.0 | ≤8.0 | 300 |

当房屋或场所的照度值高于或低于本表规定的对应照度值时,照明功率密度(LPD)值应按比例折减或提高。

## 4.4　照度计算

照度计算是民用建筑电气设计过程中必不可少的重要环节。照度计算的任务是,根据需要的照度值及其他已知条件(如照明装置类型及布置、房间各个面的反射条件及照明灯具污染等情况)确定光源的容量或数量;或是在照明装置的类型、布置及光源的容量都已确定的情况下计算某点的照度值。

照度计算的基本方法有两种,即逐点照度计算法和平均照度计算法。逐点照度计算法是根据每个电光源向被照点发射光通量的直射分量来计算被照点照度的计算方法;平均照度计算法是按房间被照面所得到的光通量除以被照面积而得出平均照度的计算方法,也称光通量法,在实际运用时这种方法又常分为光通利用系数法(简称利用系数法)和单位容量法。

### 4.4.1　逐点照度计算法

逐点照度计算法是照度计算的最基本方法,常用它验算工作点的照度。它的特点是准确度高,可以计算出任何点上的照度。这种计算方法适用于局部照明、采用反射光灯具的照明、特殊倾斜面上的照明和其他需要准确计算照度的场合。

**1. 计算步骤**

①分别计算各灯具对计算点产生的照度直射分量;

②求出计算点的照度总和,再除以照度补偿系数;

③求出计算点的实际照度,一般不必准确计算出计算点的反射量。

**2. 计算公式**

在实际计算中,为了简化,可查常用的空间等照度曲线,见有关手册或图表。通常按计算点对应各个灯具的距离比查出各个灯具对该计算点的照度,并求综合 $\sum e$,然后按下述公式计算出实际水平照度,即

$$E_h = \frac{\Phi \sum eK}{1000} \tag{4-6}$$

式中　$E_h$——被照面指定点上的照度,lx;

　　　$\Phi$——每个灯具内光源的总光通量,lm;

　　　$K$——照度维护系数,见表 4-14;

　　　$\sum e$——各个灯具对计算点产生的照度直射分量或相对照度的总和,lx($\sum e = e_1 + e_2 + e_3 + \cdots e_n$)。

表 4-14　照度维护系数

| 环境污染特征 | | 房间或场所举例 | 灯具最少擦拭次数（次/年） | 维护系数 |
|---|---|---|---|---|
| 室　内 | 清洁 | 卧室、办公室、餐厅、阅览室、教室、病房、客房、仪器仪表装配间、电子元器件装配间、检验室等 | 2 | 0.80 |
| | 一般 | 商店营业厅、候车室、影剧院、机械加工车间、机械装配车间、体育馆等 | 2 | 0.70 |
| | 污染严重 | 厨房、锻工车间、铸工车间、水泥车间等 | 3 | 0.60 |
| 室　外 | | 雨篷、站台 | 2 | 0.65 |

## 4.4.2　光通利用系数法

光通利用系数法是根据房屋的空间系数等因素,利用多次相互反射的理论,求得灯具的利用系数,计算出要达到平均照度值所需要的灯具数的计算方法。这种计算方法需要大量的反映各种不同情况的系数图表,因此比较复杂。

光通利用系数法适用于均匀布置灯具的一般照明。此法可进行平均照度的计算和确定照明灯具的数量以及光源的功率等。下面介绍一种较为简便的方法,即利用查表和公式计算的综合方法。

**1. 计算步骤**

①按照所布置的灯具计算房间的空间系数 $K_{RC}$（$K_{RC}$ 由房间的形状决定）；

②确定光通利用系数 $K_u$；

③确定最小照度系数 $Z$ 和照度维护系数 $k$；

④按规定的最小照度计算每盏灯具或光源应具有的光通量 $\Phi$,或由布灯方案确定 $\Phi$,并求出房间内光源的总光通量 $\sum \Phi$；

⑤由 $\sum \Phi$ 和 $\Phi$ 确定房间内的灯具数 $N$,或由布灯方案确定 $N$,由 $\Phi$ 确定每盏灯具的光源功率。

**2. 计算方法**

（1）确定室空间系数 KRC

按受照情况不同,一个房间可分为三个空间,如图 4-3 所示。最上面为顶棚空间,中间为室空间,最下面的为地面空间。三个空间分别用三个室形系数表示,即顶棚空间系数 $K_{CC}$、室空间系数 $K_{RC}$、地面空间系数 $K_{FC}$。对于装设吸顶式或嵌入式灯具的房间,则无顶棚空间;如工作面为地面时,则无地面空间。三个空间系数较常用的是室空间系数 $K_{RC}$,它的值

$$K_{RC} = 5h(a+b)/ab \tag{4-7}$$

式中　$a$——房间的长度,m；

　　　$b$——房间的宽度,m；

　　　$h$——室空间高度,即计算高度,m。

（2）确定光通利用系数 $K_u$

光通利用系数是表示照明光源的光通利用程度的参数,用经过灯具照射和墙、顶棚等反射

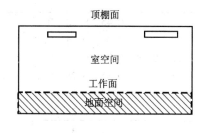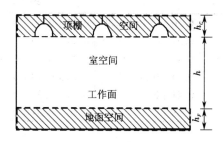

**图 4-3　室内三个空间的划分**

(a)灯具的吸顶安装;(b)灯具悬吊安装

到计算工作面的总光通量与房间内所有光源发出的总光通之比表示,即

$$K_u = \frac{\Phi_j}{N\Phi} \tag{4-8}$$

式中　$\Phi_j$——投射到计算工作面上的总光通量,lm;

　　　$\Phi$——每只灯具内光源的总光通,lm;

　　　$N$——照明灯具数,可由布灯方案确定或由计算确定。

　　利用系数 $K_u$ 与灯具的效率、配光特性(即灯具的光强分布特性)、灯具的悬挂高度、房间内各面的反射系数等有关。利用式(4-8)一般很难求得光通利用系数 $K_u$。通常可利用房间的室形系数和反射系数,从照明设计手册或图表上的灯具利用系数表中用插值法查取某种类型灯具的利用系数 $K_u$(具体插值法见后面例题 4-1)。部分灯具的利用系数见表 4-15。

**表 4-15　部分灯具的利用系数表($P_d = 20\%$)**

| $P_t\%$ | 70 | | | | 50 | | | | 30 | | | | 0 |
|---|---|---|---|---|---|---|---|---|---|---|---|---|---|
| $P_q\%$ | 70 | 50 | 30 | 10 | 70 | 50 | 30 | 10 | 70 | 50 | 30 | 10 | 0 |
| $K_{RC}$ | 简式荧光灯 YG2 - 1,$\eta = 88\%$,1 ×40 W,2 400 lm | | | | | | | | | | | | |
| 1 | 0.93 | 0.89 | 0.86 | 0.83 | 0.89 | 0.85 | 0.83 | 0.80 | 0.85 | 0.82 | 0.80 | 0.78 | 0.73 |
| 2 | 0.85 | 0.79 | 0.73 | 0.69 | 0.81 | 0.75 | 0.71 | 0.67 | 0.77 | 0.73 | 0.69 | 0.65 | 0.62 |
| 3 | 0.78 | 0.70 | 0.63 | 0.58 | 0.74 | 0.67 | 0.61 | 0.57 | 0.70 | 0.65 | 0.60 | 0.65 | 0.53 |
| 4 | 0.71 | 0.61 | 0.54 | 0.49 | 0.67 | 0.59 | 0.53 | 0.48 | 0.64 | 0.57 | 0.52 | 0.47 | 0.45 |
| 5 | 0.65 | 0.55 | 0.47 | 0.42 | 0.62 | 0.53 | 0.46 | 0.41 | 0.59 | 0.51 | 0.45 | 0.41 | 0.39 |
| 6 | 0.60 | 0.49 | 0.42 | 0.36 | 0.57 | 0.48 | 0.51 | 0.36 | 0.54 | 0.46 | 0.40 | 0.36 | 0.34 |
| 7 | 0.55 | 0.44 | 0.37 | 0.32 | 0.52 | 0.43 | 0.36 | 0.31 | 0.50 | 0.42 | 0.36 | 0.31 | 0.29 |
| 8 | 0.51 | 0.40 | 0.33 | 0.27 | 0.48 | 0.39 | 0.32 | 0.27 | 0.46 | 0.37 | 0.32 | 0.27 | 0.25 |
| 9 | 0.47 | 0.36 | 0.29 | 0.24 | 0.45 | 0.35 | 0.29 | 0.24 | 0.43 | 0.34 | 0.28 | 0.24 | 0.22 |
| 10 | 0.33 | 0.32 | 0.25 | 0.20 | 0.41 | 0.31 | 0.24 | 0.20 | 0.39 | 0.30 | 0.24 | 0.20 | 0.18 |
| $K_{RC}$ | 吸顶荧光灯 YG6 - 2,$\eta = 86\%$,2 ×40 W,2 ×2 400 lm | | | | | | | | | | | | |
| 1 | 0.82 | 0.78 | 0.74 | 0.70 | 0.73 | 0.70 | 0.67 | 0.64 | 0.65 | 0.68 | 0.60 | 0.58 | 0.49 |
| 2 | 0.74 | 0.67 | 0.62 | 0.57 | 0.66 | 0.61 | 0.56 | 0.52 | 0.59 | 0.54 | 0.51 | 0.48 | 0.40 |
| 3 | 0.68 | 0.59 | 0.53 | 0.47 | 0.60 | 0.53 | 0.48 | 0.44 | 0.53 | 0.48 | 0.44 | 0.40 | 0.34 |
| 4 | 0.62 | 0.52 | 0.45 | 0.40 | 0.55 | 0.47 | 0.41 | 0.37 | 0.49 | 0.43 | 0.38 | 0.34 | 0.28 |

表 4-15（续）

| 5 | 0.56 | 0.46 | 0.39 | 0.34 | 0.50 | 0.42 | 0.36 | 0.31 | 0.45 | 0.38 | 0.33 | 0.29 | 0.24 |
| 6 | 0.52 | 0.42 | 0.35 | 0.29 | 0.46 | 0.38 | 0.32 | 0.27 | 0.41 | 0.34 | 0.29 | 0.25 | 0.21 |
| 7 | 0.48 | 0.37 | 0.30 | 0.25 | 0.43 | 0.34 | 0.28 | 0.24 | 0.38 | 0.31 | 0.26 | 0.22 | 0.18 |
| 8 | 0.44 | 0.34 | 0.27 | 0.22 | 0.40 | 0.31 | 0.25 | 0.21 | 0.35 | 0.28 | 0.23 | 0.19 | 0.16 |
| 9 | 0.41 | 0.31 | 0.24 | 0.19 | 0.37 | 0.28 | 0.22 | 0.18 | 0.33 | 0.26 | 0.21 | 0.17 | 0.14 |
| 10 | 0.38 | 0.27 | 0.21 | 0.16 | 0.34 | 0.25 | 0.19 | 0.15 | 0.30 | 0.22 | 0.18 | 0.14 | 0.11 |

房间的反射系数是指墙面反射系数 $P_q$、顶棚反射系数 $P_t$、地面反射系数 $P_d$。这些反射系数与使用的建筑材料性质和颜色有关。墙面和顶棚的反射系数的参考值见表 4-16。此表已考虑了窗面对墙面反射系数的影响。

表 4-16　墙壁和顶棚反射系数参考值

| 反 射 面 情 况 | 反射系数% |
|---|---|
| 刷白的墙壁、顶棚,窗子装有白色窗帘 | 70 |
| 刷白的墙壁,但窗子未挂窗帘;刷白的顶棚,但房间潮湿,虽未刷白,但墙壁、顶棚是干净光亮的 | 50 |
| 有窗子的水泥墙、水泥顶棚;或木墙壁、木顶棚;糊有浅色纸的墙壁、顶棚 | 30 |
| 有大量深灰色灰尘的墙壁和顶棚,无窗帘遮蔽的玻璃窗;未粉刷的砖墙;糊有深色纸的墙壁、顶棚 | 10 |

（3）平均照度的计算

当已知房间面积或被照工作面的面积、计算高度、灯具类型及光源的光通量时,室内地面或工作面的平均照度

$$E_{av} = \frac{N\Phi K_u k}{S} \tag{4-9}$$

式中　$S$——房间的面积或被照水平工作面的面积,$m^2$;

　　　$K$——照度维护系数,查表 4-14,实际上 $k = E/E_{av}$,$E$ 为实际设计照度。

（4）最小照度的计算

当照度标准为最低照度值时(一般手册上的照度标准大多为最低照度值),必须将平均照度值 $E_{av}$ 换算为最低照度值 $E_{min}$。两者的关系用最小照度系数 $Z$ 表示,$Z = E_{av}/E_{min}$。由 $Z$ 和 $E_{av}$ 即可求得最低照度 $E_{min}$,即

$$E_{min} = \frac{E_{av}}{Z} = \frac{N\Phi K_u k}{SZ} \tag{4-10}$$

式中　$E_{min}$——标准照度的最低值或工作面上的最低照度值,lx;

　　　$Z$——最小照度系数,可查表 4-17。

**表 4-17　部分灯具的最小照度系数 Z 值表**

| 灯具名称 | 灯具型号 | 光源种类及容量/W | 距高比/(L:h) | | | | (L:h)/Z的最大允许值 |
|---|---|---|---|---|---|---|---|
| | | | 0.6 | 0.8 | 1.0 | 1.2 | |
| | | | Z 值 | | | | |
| 配照型灯具 | GC1 - $\frac{A}{B}$ - 1 | B150 | 1.30 | 1.32 | 1.33 | | 1.25/1.33 |
| | | G125 | | 1.34 | 1.33 | 1.32 | 1.41/1.29 |
| 广照型灯具 | GC3 - $\frac{A}{B}$ - 2 | G125 | 1.28 | 1.30 | | | 0.98/1.32 |
| | | B200,150 | 1.30 | 1.33 | | | 1.02/1.33 |
| 深照型灯具 | GC5 - $\frac{A}{B}$ - 3 | B300 | | 1.34 | 1.33 | 1.30 | 1.40/1.29 |
| | | G250 | | 1.35 | 1.34 | 1.32 | 1.45/1.32 |
| | GC5 - $\frac{A}{B}$ - 4 | B300,500 | | 1.33 | 1.34 | 1.32 | 1.40/1.31 |
| | | G400 | 1.29 | 1.34 | 1.35 | | 1.23/1.32 |
| 简式荧光灯具 | YG1 - 1 | 1 ×40 | 1.34 | 1.34 | 1.31 | | 1.22/1.29 |
| | YG2 - 1 | | | 1.35 | 1.33 | 1.28 | 1.28/1.28 |
| | YG2 - 2 | 2 ×40 | | 1.35 | 1.33 | 1.29 | 1.28/1.29 |
| 吸顶荧光灯具 | YG6 - 2 | 2 ×40 | 1.34 | 1.36 | 1.33 | | 1.22/1.29 |
| | YG6 - 2 | 3 ×40 | | 1.35 | 1.32 | 1.30 | 1.26/1.30 |
| 嵌入式荧光灯具 | YG15 - 2 | 2 ×40 | 1.34 | 1.34 | 1.31 | 1.30 | |
| | YG15 - 3 | 3 ×40 | 1.37 | 1.33 | | | 1.05/1.30 |
| 房间较矮<br>反射条件较好 | 灯排数≤3 | | 1.15 ~ 1.2 | | | | |
| | 灯排数 > 3 | | 1.10 | | | | |

（5）计算每只灯具内光源的总光通量 $\Phi$ 和房间内光源的总光通量 $\sum \Phi$

当照明装置的 $K_u$,$Z$ 等已知时,由式(4-11)即可求得 $\Phi$ 和 $\sum \Phi$,即

$$\Phi = E_{\min}SZ/K_uNk \qquad (4-11)$$

$$\sum \Phi = N\Phi = E_{av}S_k/K_u = E_{\min}ZS/K_uk \qquad (4-12)$$

当已知每只灯具内光源的总光通量 $\Phi$,由式(4-12)即可求得房间内的灯具数,即

$$N = \sum \Phi/\Phi \qquad (4-13)$$

式中　$\Phi$——每只灯具内光源的总光通量,lm;

　　$\sum \Phi$—房间内所有灯具中光源的总光通量,lm。

由以上所介绍的方法和公式,即可对房间内的平均照度进行计算,确定平均照度;或者根据照度标准的规定,计算房间内应安装的灯具数或光源。

## 4.4.3　单位容量法

单位容量法是从利用系数法演变而来的,是在各种光通利用系数和光的损失等因素相对

固定的条件下,得出的平均照度的简化计算方法。一般在知道房间的被照面积后,就可根据推荐的单位面积安装功率计算房间的总的电光源功率。这是一种常用的方法,它适用于设计方案或初步设计的近似计算和一般照明计算。这种方法对估算照明负载或进行简单的照度计算是很适用的,具体方法如下。

**1. 计算步骤**

①根据民用建筑不同房间和场所对照明设计的要求,首先选择照明光源和灯具;

②根据所要达到的照明要求,查相应灯具的单位面积安装容量表;

③将查到值按公式计算灯具数量,据此布置一般的照明灯具,确定布灯方案。

**2. 计算公式**

总安装容量(不包括镇流器损耗)

$$\sum P = wS \tag{4-14}$$

$$N = \frac{\sum P}{P} \tag{4-15}$$

式中　$S$——房间面积,一般指建筑面积,$m^2$;

　　　$w$——在某最低照度值的单位面积安装容量(功率),$W/m^2$(查表4-18);

　　　$P$——套灯具的安装容量(功率),$W$(不包括镇流器的功率损耗);

　　　$N$——在规定照度下的灯具数。

**表4-18　荧光灯均匀照明近似单位容量值**

| 计算高度 $h$ /m | $S/m^2$ 单位容量/($W/m^2$) $E/lx$ | 30 W,40 W 带罩 | | | | | | 30 W,40 W 带罩 | | | | | |
|---|---|---|---|---|---|---|---|---|---|---|---|---|---|
| | | 30 | 50 | 75 | 100 | 150 | 200 | 30 | 50 | 75 | 100 | 150 | 200 |
| 2～3 | 10～15 | 2.5 | 4.2 | 6.2 | 8.3 | 12.5 | 16.7 | 2.8 | 4.7 | 7.1 | 9.5 | 14.3 | 19.0 |
| | 15～25 | 2.1 | 3.6 | 5.4 | 7.2 | 10.9 | 14.5 | 2.5 | 4.2 | 6.3 | 8.3 | 12.5 | 16.7 |
| | 25～50 | 1.8 | 3.1 | 4.8 | 6.4 | 9.5 | 12.7 | 2.1 | 3.5 | 5.4 | 7.2 | 10.9 | 14.5 |
| | 50～150 | 1.7 | 2.8 | 4.3 | 5.7 | 8.6 | 11.5 | 1.9 | 3.1 | 4.7 | 6.3 | 9.5 | 12.7 |
| | 150～300 | 1.6 | 2.6 | 3.9 | 5.2 | 7.8 | 10.4 | 1.7 | 2.9 | 4.3 | 5.7 | 8.6 | 11.5 |
| | >300 | 1.5 | 2.4 | 3.2 | 4.9 | 7.3 | 9.7 | 1.6 | 2.8 | 4.2 | 5.6 | 8.4 | 11.2 |
| 3～4 | 10～15 | 3.7 | 6.2 | 9.3 | 12.3 | 18.5 | 24.7 | 4.3 | 7.1 | 10.6 | 14.2 | 21.2 | 28.2 |
| | 15～20 | 3.0 | 5.0 | 7.5 | 10.0 | 15.0 | 20.0 | 3.4 | 5.7 | 8.6 | 11.5 | 17.1 | 22.9 |
| | 20～30 | 2.5 | 4.2 | 6.3 | 8.3 | 12.5 | 16.7 | 2.8 | 4.7 | 7.1 | 9.5 | 14.3 | 19.0 |
| | 30～50 | 2.1 | 3.6 | 5.4 | 7.2 | 10.9 | 14.5 | 2.5 | 4.2 | 6.3 | 8.3 | 12.5 | 16.7 |
| | 50～120 | 1.8 | 3.1 | 4.7 | 6.4 | 9.5 | 12.7 | 2.1 | 3.5 | 5.4 | 7.2 | 10.9 | 14.5 |
| | 120～300 | 1.7 | 2.8 | 4.3 | 5.7 | 8.6 | 11.5 | 1.9 | 3.1 | 4.7 | 6.3 | 9.5 | 12.7 |
| | >300 | 1.6 | 2.7 | 3.9 | 5.3 | 7.8 | 10.5 | 1.7 | 2.9 | 4.3 | 5.7 | 8.6 | 11.5 |

表 4-18（续）

| 计算高度 h /m | $S/m^2$ 单位容量$/(W/m^2)$ $E/lx$ | 30 W,40 W 带罩 | | | | | | 30 W,40 W 带罩 | | | | | |
|---|---|---|---|---|---|---|---|---|---|---|---|---|---|
| | | 30 | 50 | 75 | 100 | 150 | 200 | 30 | 50 | 75 | 100 | 150 | 200 |
| 4～6 | 10～17 | 5.5 | 9.2 | 13.4 | 18.3 | 27.5 | 36.6 | 6.3 | 10.5 | 15.7 | 20.9 | 31.4 | 41.9 |
| | 17～25 | 4.0 | 6.7 | 9.9 | 13.3 | 19.9 | 26.5 | 4.6 | 7.6 | 11.4 | 15.2 | 22.9 | 30.4 |
| | 25～35 | 3.3 | 5.5 | 8.2 | 11.0 | 16.5 | 22 | 3.8 | 6.4 | 9.5 | 12.7 | 19.0 | 25.4 |
| | 35～50 | 2.6 | 4.5 | 6.6 | 8.8 | 13.3 | 17.7 | 3.1 | 5.1 | 7.6 | 10.1 | 15.2 | 20.2 |
| | 50～80 | 2.3 | 3.9 | 5.7 | 7.7 | 11.5 | 15.5 | 2.6 | 4.4 | 6.6 | 8.8 | 13.3 | 17.7 |
| | 80～150 | 2.0 | 3.4 | 5.1 | 6.9 | 10.1 | 13.5 | 2.3 | 3.9 | 5.7 | 7.7 | 11.5 | 15.5 |
| | 150～400 | 1.8 | 3.0 | 4.4 | 6.0 | 9 | 11.9 | 2.0 | 3.4 | 5.1 | 6.9 | 10.1 | 13.5 |
| | >400 | 1.6 | 2.7 | 4.0 | 5.4 | 8 | 11.0 | 1.8 | 3.4 | 4.5 | 6.0 | 9.0 | 12.0 |

若房间的照度标准为推荐的平均照度值 $E_{av}$ 时，$\sum P$ 应由下式确定，即

$$\sum P = \frac{w}{Z}S \qquad (4\text{-}16)$$

此时，即可按平均照度值查 $w$ 值表，然后按上式计算 $\sum P$ 的值；或换算成最低照度查 $w$ 值表，按式（4-14）计算 $\sum P$。计算时一般不考虑补偿系数，只有在污染严重的环境和室外照明，才适当计及补偿系数。当房间长度 $a > 25b$（$b$ 为房间宽度）时，按 $2.5b^2$ 的房间面积查表，计算时仍以房间实际面积进行。这样可适当增加单位面积容量值，可满足狭长房间的照度要求。

除上述介绍的三种照度计算方法外，在工程上还常利用灯具计算图表计算照度，称为概算曲线法，是工程上常用的方法。它利用各种灯具的概算曲线和图表，直接查得灯具数量和进行照度计算。它是运用利用系数法和逐点法进行简化计算的工程实际使用方法之一。限于篇幅，此处不多介绍，详见有关照明手册和工程设计手册。上述几种计算方法都只能做到基本准确。一般计算结果与实际值的误差在 $\pm 10\%$ 范围内是允许的。

**例 4-1** 某实验室面积为 $(12 \times 5)m$，桌面高 0.8 m，灯具吊高 3.8 m，吸顶安装。拟采用 YG6 − 2 型双管 $2 \times 40$ W 吸顶式荧光灯照明，灯具效率为 86%。假定墙面反射系数 $P_q$ 为 0.6，顶棚反射系数 $P_t$ 为 0.7。试计算桌面最低照度，并确定房间内的灯具数。

**解** （1）采用光通利用系数法计算

据题意知 $h = 3.8 - 0.8 = 3$ m，$S = 12 \times 5 = 60$ m²。查表 4-2，实验室平均照度值为 300 lx。

①确定室形系数

$$K_{RC} = \frac{5h(a+b)}{ab} = \frac{5 \times 3 \times (12+5)}{12 \times 5} \approx 4.25$$

②根据已知的 $P_t = 0.7 = 70\%$，$P_q = 0.6 = 60\%$ 和求得的 $K_{RC} = 4.25$，查表 4-8 的 YG6 − 2 型荧光灯的利用系数，采用插值法查取 $K_u$，步骤为按 $K_{RC} = 4.25$，$P_t = 0.7 = 70\%$，$P_q = 0.6 =$

60%，查表 4-8，先取 $K_{RC}=4$ 和 $K_{RC}=5$，$P_t=70\%$，$P_q=50\%$ 和 $P_q=70\%$ 时的 $K_u$ 值，见表（a）；然后在 $K_{RC}=4$ 和 $K_{RC}=5$ 之间插入 $K_{RC}=4.25$，得表（b）；再在表（b）中 $P_q=70\%$ 和 $P_q=50\%$ 之间插入 $P_q=60\%$，得表（c），从而得到所要求的光通利用系数 $K_u=0.555$。

求取 $K_u$ 的计算过程举例如下。

如当 $K_{RC}=4.25$，$P_t=70\%$ 时有

$$K_u=0.62-\frac{0.62-0.56}{5-4}\times(4.25-4)=0.605$$

当 $K_{RC}=4.25$，$P_t=60\%$ 时有

表（a）

| $P_t$ | | 70 | |
|---|---|---|---|
| $P_q$ | | 70 | 50 |
| | | $K_u$ | |
| $K_{RC}$ | 4 | 0.62 | 0.52 |
| | 5 | 0.56 | 0.46 |

表（b）

| $P_t$ | | 70 | |
|---|---|---|---|
| $P_q$ | | 70 | 50 |
| | | $K_u$ | |
| $K_{RC}$ | 4.25 | 0.605 | 0.505 |

表（c）

| $P_t$ | | 70 |
|---|---|---|
| $P_q$ | | 60 |
| | | $K_u$ |
| $K_{RC}$ | 4.25 | 0.555 |

$$K_u=0.605-\frac{0.605-0.505}{70-50}\times(70-60)=0.555$$

③查表 4-10，取距高比 $L/h=1.22$，得 $Z=1.29$，则桌面最低照度

$$E_{\min}=\frac{E_{av}}{Z}=\frac{300}{1.29}=232.6\ \text{lx}$$

④查表 4-14 得照度维护系数 $k=0.8$，则

$$\sum\varPhi=\frac{E_{av}S}{K_uk}=\frac{300\times60}{0.555\times0.8}=40541\ \text{lx}$$

由表 4-15 知 $\varPhi=2\times2400=4800\ \text{lm}$，故房间内的灯具数

$$N=\frac{\sum\varPhi}{\varPhi}=\frac{40541}{4800}\approx8.4\ \text{套}$$

可按 8 套或 9 套布置，如按 9 套布置时验算平均照度为

$$E_{av}=\frac{N\varPhi K_uk}{S}=\frac{9\times4800\times0.555\times0.8}{60}=319.7\ \text{lx}$$

稍大于平均照度推荐值，可以满足使用要求。但新照明标准规定：实验室在 300 lx 时，LPD（功率密度）$=11\ \text{W/m}^2$，$Ra>80$。

普通粉粗管荧光灯含镇流器的总安装功率为

$$(40 + 8) \times 9 \times 2 = 864 \text{ W}$$

故 LPD 值为 $\dfrac{864}{60} = 14.4 \text{ W/m}^2$

折算到 300 lx 的 LPD 值为 135 W/m², 大于 11 W/m², 不符合现行规范。

可见, 普通粉粗管荧光灯(T12)在新标准要求下存在两个问题: 一是 LPD 值高, 二是 Ra 值小, 故应采用新型光源 T8 三基色粉荧光灯(36 W)Ra > 80, 色温 4 000 K, 光通量 3 250 lm。

重新计算

$$\varPhi = 2 \times 3250 = 6500 \text{ lm}$$

$$N = \frac{\sum \varPhi}{\varPhi} = \frac{42162.2}{6500} = 6.5$$

现选 6 盏

$$E_{av} = \frac{N\varPhi K_u k}{S} = \frac{6 \times 6500 \times 0.555 \times 0.8}{60} = 288.6 \text{ lx}$$

在照度误差允许范围之内。

含电感镇流器的总的安装功率为

$$(36 + 8) \times 6 \times 2 = 528 \text{ W}$$

LPD 值为 $\dfrac{528}{60} = 8.8 \text{ W/m}^2$

折算到 300 lx 的 LPD 值为 9.15 W/m² 小于 11 W/m², 故选用 T8 型 6 盏灯具是合理的。

**例 4-2** 某普通卧室的建筑面积为 3.3 × 4.2 m², 拟采用 YG1 - 1 简式荧光灯照明。参考平面高 0.8 m, 灯具吊高 3.1 m, 试计算需要安装灯具的数量。

**解** 采用单位容量法计算。据题意知 $h = 3.1 - 0.8 = 2.3$ m, $S = 3.3 \times 4.2 = 13.86$ m², 查表 4-2 取平均照度为 75 lx。由表 4-18 得单位面积安装功率为 $w = 6.2$ W/m², 查表 4-17 得 $Z = 1.29 (L/h = 1.22)$。则

$$\sum P = \frac{wS}{Z} = \frac{6.2 \times 13.86}{1.29} = 66.6 \text{ W}$$

每套灯具内安装 40 W 荧光灯一只, 即 $P = 40$ W, 所以

$$N = \frac{\sum P}{P} = \frac{66.6}{40} \approx 1.7 \text{ 套}$$

LPD 值为 $\dfrac{2 \times 48}{13.86} = 6.9 \text{ W/m}^2$, 卧室 LPD 现行值为 7 W/m², 故应安装 40 W 荧光灯 2 套。

从上两例中可看出, 当需要进行照度计算和验算时, 利用光通利用系数法较方便。当需要确定灯具数时, 宜用单位容量法。

# 4.5 建筑照明供配电系统

## 4.5.1 照明供电和设计的一般要求

### 1. 电压要求

照明灯具端电压的允许偏移不得高于额定电压的5%, 亦不宜低于额定电压的下列数值:

（1）对视觉要求较高的室内照明为 2.5%；

（2）一般工作场所的室内照明、室外照明为 5%，但极少数远离变电所的场所，允许降低到 10%；

（3）事故照明、道路照明、警卫照明及电压 12～36 V 的照明，允许降为 10%。

**2. 其他要求**

（1）正常照明一般可与其他电力负荷共用变压器供电，但不宜与较大冲击性电力负荷共用变压器；

（2）当电压偏移或波动不能保证照明质量或光源寿命时，在技术经济合理的条件下，应采用有载自动调压电力变压器、调压器或照明专用变压器供电；

（3）在无具体设备连接的情况下，民用建筑中的每个插座可按 100 W 计算；

（4）照明系统中的每一单相负荷回路的电流不宜超过 16 A，灯具为单独回路时数量不宜超过 25 个，但花灯、彩灯、LED 灯、大面积照明等回路除外；

（5）民用建筑与工业建筑一样应尽量采用制造厂的定型配电箱和其他配电设备；

（6）在办公楼等类似的建筑物内，不论线路为明敷或暗敷，均宜采用嵌入式配电箱，配电箱及电度表箱宜用铁制品或非燃性的塑料等制品，箱内应备有保护接零（地）端子；

（7）对于气体放电灯宜采用分相接入法，以降低频闪效应的影响；

（8）照明用电按一幢建筑物或一个建筑单元设电度表计量，一般将表装在配电箱内；

（9）凡与电度表直接连接的线路，宜采用铜芯绝缘线；

（10）住宅的用户电度表箱，应分层集中设置在楼梯间内；

（11）插座不宜和照明接在同一分支回路。

## 4.5.2　照明的供配电方式及控制方式

**1. 照明电源一般由动力变压器提供**

为避免动力负荷造成的电压波动和偏移的影响，动力线路和照明线路应分开独立供电。在照明负荷较大、技术经济比较合理时，可采用照明专用变压器供电。照明线路的供电一般采用单相交流 220 V 二线制。当负荷电流超过 30 A 时，宜采用三相四线制供电，并应注意三相负荷平衡（最大相或最小相在三相平均值 ±15% 范围内）。照明的控制方式及开关的安装位置主要是在安全的前提下根据便于使用、管理和维修的原则确定。照明配电装置应靠近供电负荷中心，略偏向电源侧。一般宜用二级控制方式。各独立工作地段或场所的室外照明，由于用途和使用时间不同，应采用就地单独控制的供电方式。除了每个回路应有保护设施外，每个照明装置还应设单独的熔断器保护。

**2. 照明配电系统**

照明配电系统是进行电能的分配和控制的，一般由进户线（馈电线）、干线、分支线组成。进户线是将电能从变电所送到总照明配电箱线路；干线是将电能从总配电箱送到各个分配电箱的线路；分支线是将电能从各个分配电箱送到各个照明用电设备的线路。

照明配电系统根据不同的情况，可有多种形式，最常用的有放射式、树干式、链式、混合式等。

照明线路根据建筑物的结构不同，一般总配电箱内设总开关，总开关后面还可设若干个分总开关，保护控制干线。分配箱引出的电气线路最好为 3,6,9,12 个支路，即是 3 的倍数，以便使三相电力负荷平衡,如图 4-4 所示。每个支路都要有开关控制和保护。每一支路供电范围不应超过 25 m,电流不应超过 16 A,所带灯数量不应超过 25 个,但花灯、大面积照明等回路除外。

**图 4-4  照明线路构成形式**

### 3. 高层建筑供配电

(1)电气竖井

高层建筑的配电干线以垂直敷设为主,因层数多、供电距离长、负荷大,为了减少线路电压损失及电能损耗,干线截面都比较大,因此一般不能暗敷在墙壁内,而是敷设在专用的电缆井内,并利用电缆井作为各层的配电小间,如图 4-5、图 4-6 所示。层间配电箱也设于此处。

**图 4-5  电气竖井示意图**

1—配电小间;2—电梯间

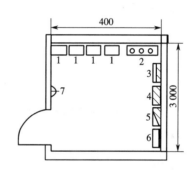

**图 4-6  配电小间布置示意图**

1—母线槽;2—电缆桥架;3—动力配电箱;4—照明配电箱;
5—应急照明配电箱;6—空调配电箱;7—电源插座

电气竖井内的强电与弱电应分开布置。若条件不允许,也可以强电与弱电分侧布置。

电气竖井的平面位置应设在负荷中心,尽量利用建筑平面中的暗房间,远离有火灾危险和潮湿的场所。

配电小间的层高与建筑物的层高一致,但地坪应高于小间外地坪 3~5 cm。从电缆竖井到各层的用户配电箱或用电设备,采用绝缘导线穿金属保护管理入混凝土地坪或墙内的敷设方式,也可采用穿 PVC 阻燃管暗敷设的方式。电气竖井应与其他管道如排烟管道、垃圾通道等竖向井道分开单独设置,避免相互影响。

(2)综合配电柜

在电气竖井敷设的干线,除动力干线、照明干线,还有电话、控制信号、火灾自动报警、共用天线等多种线路。为了节约空间、简化设计、便于施工和维护管理,可将干线、电缆及各种电气管线一并装于综合配电柜内。

综合配电柜一般用钢板隔成强电与弱电两部分。在强电间隔中安装动力、照明干线和自动开关、接触器;弱电间隔中安装电话、控制、报警、共用天线、电脑等用的电缆等。

(3)楼层间的配电方式

①照明与插座分开配电  将楼层各房间的照明与插座分别分成若干条支路,再接到配电

箱内。其优点是照明和插座互不干扰,照明回路发生事故时,房间中还有插座回路可以利用。

②树干式配电方式　由于高层民用建筑各层照明和用电设备的用电负荷平均,设计中采用树干式供电方案比较合理。这种配电方式的优点是发生故障时各房间之间互不影响,如图4-7所示。其中,图4-7(c)表示的供电方案供电可靠性很高,在民用建筑中被广泛应用。

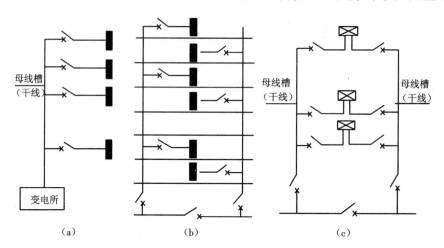

**图4-7　高层建筑树干式供配电方案**
(a)树干式配电方案;(b)(c)双干线配电方案

楼顶电梯回路不能同楼层用电回路共用,应有变电所低压配电屏单独供电。消防电梯、排烟、送风设备属于重要的用电设备,应由两个回路供电。

### 4.5.3　照明负荷计算

**1. 支线和干线负荷的计算**

对于一般工程,可采用单位面积耗电量法估算。这就是依据工程设计的建筑名称,查有关手册选取照明装置单位面积的耗电量,再乘以该建筑物的面积,即可得到该建筑物的照明供电负荷估算值。对于需进行准确计算的建筑物,可采用下述公式按支线和干线进行计算。

照明分支线路的计算负荷为

$$P_C = \sum P(1 + K_a) \tag{4-17}$$

照明主干线的计算负荷为

$$P_C = K_x \sum P(1 + K_a) \tag{4-18}$$

照明负荷分布不均匀时的计算负荷为

$$P_C = 3K_x \sum P_m (1 + K_a) \tag{4-19}$$

照明变压器低压侧的计算负荷为

$$S_C = K_t \left( K_x \sum P \cdot \frac{1 + K_a}{\cos \varphi} \right) \tag{4-20}$$

式中　$\sum P$——正常照明或事故照明的光源总安装容量之和,kW;

　　　$K_a$——镇流器及其附件的损耗系数,白炽灯和卤钨灯 $K_a = 0$,高压汞灯 $K_a = 0.08$,荧光灯及其他气体放电灯 $K_a = 0.2$;

$\sum P_m$——最大一相照明光源容量之和，kW；

$K_x$——照明设备需要系数，见表3-10；

$K_t$—照明负荷同时系数，见表4-19；

$\cos\varphi$——光源功率因数，见表4-20；

$S_C$——变压器低压侧计算负荷，kVA。

式（4-20）仅适用于只供照明用电的系统。

表4-19　照明负荷同时系数 $K_t$

| 工作场所 | $K_t$值 | 工作场所 | $K_t$值 |
|---|---|---|---|
| | 正常照明 | | 正常照明 |
| 生产车间 | 0.8~1.0 | 道路及警卫照明 | 1.0 |
| 锅炉房 | 0.8 | 其他露天照明 | 0.8 |
| 主控制楼 | 0.8 | 礼堂、剧院（不包括舞台灯光）、商店、食堂 | 0.6~0.8 |
| 机械运输系统 | 0.7 | | |
| 屋内配电装置 | 0.3 | 住宅（包括住宅区） | 0.5~0.7 |
| 屋外配电装置 | 0.3 | 宿舍（单身） | 0.6~0.8 |
| 辅助生产建筑物 | 0.6 | 旅馆、招待所 | 0.5~0.7 |
| 生产办公楼 | 0.7 | 行政办公楼 | 0.5~0.7 |

表4-20　照明用电设备的 $\cos\varphi$ 及 $\tan\varphi$

| 光源类别 | $\cos\varphi$ | $\tan\varphi$ | 光源类别 | $\cos\varphi$ | $\tan\varphi$ |
|---|---|---|---|---|---|
| 白炽灯、卤钨灯 | 1 | 0 | 高压钠灯 | 0.45 | 1.98 |
| 荧光灯（无补偿） | 0.6 | 1.33 | 金属卤化物灯 | 0.4~0.61 | 2.29~1.29 |
| 荧光灯（有补偿） | 0.9~1 | 0.48~0 | 镝灯 | 0.52 | 1.6 |
| 高压水银灯 | 0.45~0.65 | 1.98~1.16 | 氙灯 | 0.9 | 0.48 |

注：目前各生产厂家快速启动荧光灯的技术数据不一致，设计中可按 $\cos\varphi=0.9~0.95$ 取值。高压水银灯又叫高压汞灯。

**2. 照明负荷计算举例**

**例4-3**　某住宅区各建筑物均采用三相四线制进线，线电压为380 V，各幢楼的光源容量已由单相负荷换算为三相负荷，各荧光灯具均采用电容器补偿。住宅楼4幢，每幢楼安装白炽灯的光源容量为5 kW，安装荧光灯的光源容量为4.8 kW；托儿所一幢，安装荧光灯的光源容量为2.8 kW，安装白炽灯的光源容量为0.8 kW。试确定该住宅区各幢楼的照明计算负荷及变压器低压侧的计算负荷。

**解**　由前述可知：荧光灯的损耗系数 $K_a=0.2$，白炽灯 $K_a=0.2$。查表3-10，取住宅楼的照明用电设备需要系数 $K_x=0.6$，托儿所 $K_x=0.6$，则每幢住宅楼的照明计算负荷为

$$P_{C1} = K_X \sum P(1 + K_a)$$

$$= 0.6[4.8(1 + 0.2) + 5(1 + 0)] \approx 6.5 \text{ kW}$$

托儿所的照明计算负荷为

$$P_{C2} = K_X \sum P(1 + K_a)$$

$$= 0.6[2.8(1 + 0.2) + 0.8(1 + 0)] \approx 2.5 \text{ kW}$$

查表 4-13 和表 4-14，分别取 $K_t = 0.7$，$\cos\varphi_1 = \cos\varphi_2 = 1$，则变压器低压侧的计算负荷为

$$S_C = K_t \left( K_x \sum P \cdot \frac{1 + K_a}{\cos\varphi} \right) = K_t \left( \frac{nP_{C1}}{\cos\varphi_1} + \frac{P_{C2}}{\cos\varphi_2} \right)$$

$$= 0.7 \left( \frac{4 \times 2.5}{1} + \frac{2.5}{1} \right) = 20 \text{ kVA}$$

式中 $n = 4$，即指住宅楼 4 幢。

本例中已经考虑住宅中的家用电器负荷，是按表 4-19 规定的住宅楼每户 6~8 个插座确定照明负荷的同时系数 $K_t$ 的。

### 4.5.4 电气照明设计的一般过程

**1. 电气照明设计的主要内容**

电气照明设计主要根据土建设计提供的建筑空间尺寸，或道路、场地的环境状况，结合使用要求，按照明设计的有关规范、规程和标准进行合理设计，包括确定设计方案和进行具体的照明设计，其主要内容为①确定合理的照明种类和照明方式；②选择照明光源及灯具，确定灯具布置方案；③进行必要的照度计算和供电系统的负荷计算，照明电气设备与线路的选择计算；④绘制出照明系统布置图及相应的供电系统图等。

**2. 电气照明设计应满足的要求**

①工作面的照度应符合规定值；②保证一定的照明质量要求，如限制炫光、光源的显色性和色调要求，合理的亮度分布等；③供电的安全可靠；④维护、检修安全方便；⑤照明装置与建筑物及其周围环境的协调统一；⑥根据国情积极慎重地采用先进技术；⑦注意结合国家在电力、设备和材料方面的实际可能提出合理的设计方案；⑧主动采取必要的照明节能措施，尽可能经济合理地使用资金和节约能源。

**3. 照明设计程序**

照明设计的程序主要分为收集照明设计的初始资料、确定照明设计方案、进行具体的照明计算和设计（又称深度设计）、绘制照明设计的正式施工图等。

（1）收集照明设计的初始资料　初始资料主要有建筑的平面、立面和剖面图，室内布置图，照明设计要求（照明设计任务书），照明电源的进线方案等。收集这些资料的目的是为了弄清建筑结构，初步考虑照明供电系统和线路，以及灯具的安装方法等。

（2）确定照明设计方案　根据收集的资料和照明设计任务书，进行初步照明设计和方案比较，确定照明设计方案，然后编制初步设计文件和进行初步设计。

（3）进行深度设计，绘出施工图　这一步是照明设计的核心内容，是最重要的一步，主要包括确定照度和照度补偿系数；选择照明方式；按照前述有关要求选择光源和灯具，确定合理的布灯方案；进行必要的照度计算，决定安装灯具的数量和光源的容量，确定照明的供电负荷；

确定照明供电系统和照明支线的负载以及路径;选择照明线路的导线型号和截面以及敷设方式;进行汇总,并向土建施工方面提交资料;绘制电气照明设计的正式图纸;列出电气照明设备和主要材料表;进行概算(主要进行照明设计部分的概算)。

#### 4. 照明设计的施工图

(1)电气照明线路平面布置图

图 4-8 为一住宅单元的照明平面布置图。照明平面布置图实际上就是在土建施工用的平面图上绘出电气照明分布图,即在土建平面图上先用细线画出建筑和室内布置的轮廓(建筑物的墙可画出墙的轮廓,也可用一直线代替),并适当在各房间加注,如房间名称和照度等,然后按照电气照明设备和线路的图例(附录 4)规定,在土建平面图上画出全部灯具、线路和电源的进线,配电盘(箱)等的位置、型号、规格、穿线管径、数量、容量、敷设方式,干支线的编号、走向,开关、插座、照明器的种类、安装高度和方式等。电气照明平面布置图是供电气施工用的图纸,要便于施工人员阅读,应按统一的规范绘制。

对有些难以在平面图上标明和绘制的内容,如总安装容量、总计算电流、施工安装中的特殊措施和要求等,应另加说明,出具图纸。对于图 4-8,可参照附录图例阅读。

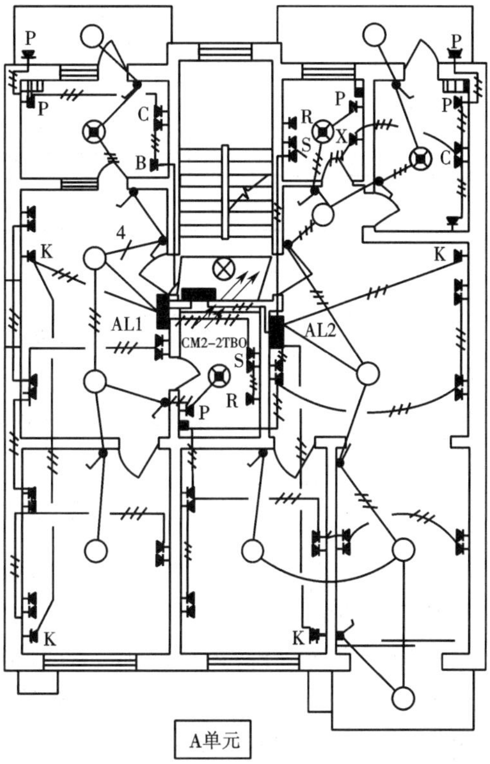

(2)照明配电系统图

图 4-8　某住宅单元照明线路平面布置图

照明配电系统图是对整个建筑物内的配电系统和容量分配情况、所用的配电装置、配电线路、总的设备容量等进行绘制的电气施工图之一。图 4-9 为上述住宅单元的照明配电系统图。图上标出了各级配电装置和照明线路,各配电装置内的开关、熔断器等电器规格、导线型号、截面、敷设方式、所用管径、安装容量等。对于较简单的电气照明设计,系统图可附在平面图上,或者不出系统图。照明配电系统图有总图和分系统图之分。

除主要有上述的平面布置图和系统图外,照明设计的施工图纸还有外线平面图、构件大样图和详图,此外还有图纸目录、材料表、图纸说明等。可参阅有关照明设计手册或参考书,此处不再赘述。

#### 5. 应急照明设计

(1)应急照明(事故照明)种类

①正常照明失效时,为了继续工作或暂时继续工作而设置的备用照明;

②为了使人员能在火灾发生时从室内安全撤离而设置的疏散照明;

③为确保处于潜在危险中的人员安全而设置的安全照明。

(2)应急照明设置部位

①楼梯间、消防电梯间机前室;

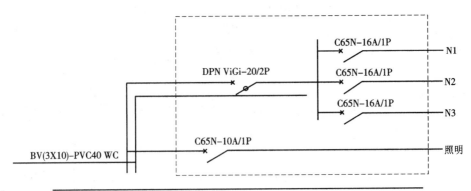

主要设备材料表

| 编号 | 设备名称 | 型号规格 | 单位 | 数量 | 备注 |
|---|---|---|---|---|---|
| 1 | 箱体 | 200×250×90 mm | 台 | 1 | |
| 2 | 照明开关 | C65N－10A/1P | 台 | 1 | |
| 3 | 插座主开关(漏电) | DPNVIGi－20/2P | 台 | 1 | |
| 4 | 插座分支开关 | C65N－16A/1P | 台 | 3 | |

**图4-9　某住宅单元照明配电系统图**

②配电室、消防控制室、消防水泵房、自备发电机房、防排烟机房、电话总机房、火灾发生时仍需坚持工作的房间;

③商场、影剧院、体育馆、展览厅、餐厅、多功能厅等人员密集场所;

④通信机房、大中型计算机房、中央控制室等重要技术用房;

⑤医院的病房、重要手术室、急救室等处。

应急照明中的备用灯应设在墙面或顶棚上。疏散指示灯标志应设在安全出口的顶部。图4-10为应急照明设置示例。表4-21为应急照明设计要求。

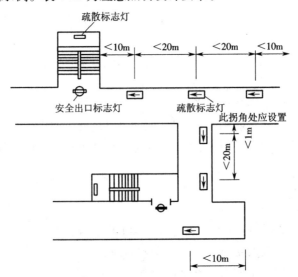

**图4-10　照明设置示例**

注:用于人防工程的疏散标志灯的间距不应大于示例中的间距的1/2。

表 4-21　应急照明的设计要求

| 应急照明类别 | | 标志颜色 | 设计要求 | 设置场所 |
|---|---|---|---|---|
| 疏散照明 | 安全出口标志灯 | 绿底白字或白底绿字(用中文或中英文字表明"安全出口"并宜有图形) | 正常时,在 30 m 处能识别标志,且亮度不应低于 15 cd/m²;应急时,在 20 m 处能识别标志;照度水平:大于、等于 0.5 lx;持续工作时间为多层、高层建筑大于、等于 30 min,超高层建筑大于 60 min | 观众厅、多功能厅、候车(机)大厅、医院病房的楼梯口疏散出口多层建筑中层面积大于 150 m² 的展厅、营业厅,面积大于 200 m² 的演播厅高层建筑中展厅、营业厅、避难层和安全出口(二楼建筑住宅除外)人员密集且大于 300 m² 的地下建筑 |
| | 疏散指示标志灯 | 白底绿字或绿底白字(用箭头和图形指示疏散方向) | 正常时,在 20 m 处能识别标志,其亮度不应低于 15 cd/m²,不高于 300 cd/m²;应急时,在 15 m 处能识别标志;照度水平:大于、等于 0.5 lx;持续工作时间为多层、高层建筑大于、等于 30 min,超高层建筑大于 60 min | 医院病房的疏散走道、楼梯间高层公共建筑中的疏散走道和长度大于 20 m 的内走道防烟楼梯间及其前室、消防电梯间及其前室 |
| | 疏散照明灯 | 宜选用专用照明灯具 | 正常照明协调布置。布灯:距高比小于、等于 4;照度水平:大于 5 lx 观众厅通道地面上的照度水平:大于、等于 0.2 lx;持续工作时间为多层、高层建筑大于、等于 30 min,超高层建筑大于 60 min | 高层公共建筑中的疏散走道和长度大于 20 m 的内走道防烟楼梯间及其前室、消防电梯间及其前室 |
| 备用照明 | | 宜选用专用照明灯具 | 消防控制室、消防泵房、排烟机房、发电机房、变电室、电话总机房、中央监控室等应保持正常照明的照度水平,其他场所可不低于正常照明照度的 1/10,但最低不宜少于 5 lx;持续工作时间为大于 120 min | 消防控制室、消防泵房、排烟机房、发电机房、变电室、电话总机房、中央监控室等多层建筑中层面积大于 150 m² 的展厅、营业厅,面积大于 200 m² 的演播厅高层建筑中的观众厅、多功能厅、餐厅、会议厅、国际候车(机)大厅、展厅、营业厅、出租办公用房、避难层和封闭楼梯间人员密集且大于 300 m² 的地下建筑 |
| 安全照明 | | 宜选用专用照明灯具 | 应保持正常照明的照度水平 | 医院手术室(因瞬时停电会危及生命安全的手术) |

注:1. 应急照明用灯具靠近可燃物时,应采取隔热、散热等防火措施。当采用白炽灯、卤钨灯、荧光高压汞灯(包括镇流器)等光源时,不应直接安装在可燃装饰或可燃构件上。

　　2. 安全出口标志灯和疏散指示标志灯应装有玻璃或非燃材料的保护罩,其面板亮度均匀度宜为 1:10(最低:最高)。

　　3. 楼梯间内的疏散照明灯应装有白色保护罩,并在保护罩两端标明踏步方向的上、下层的层号。

4. 疏散照明、备用照明、安全照明用灯具宜装设在顶棚上,并可利用正常照明的一部分,但通常宜选用专用照明灯具。

5. 超高层建筑系指建筑物地面上高度在 100 m 以上者。

# 习　题

4-1　照明灯具主要由哪几部分构成?

4-2　光的度量有哪几个主要参数,物理意义及单位是什么?

4-3　室内照明有哪几种方式,特点是什么?

4-4　电光源有哪几种,各自的特点是什么?

4-5　按结构形式,灯具有哪几种常用类型,它们光通量的分布有何不同?

4-6　室内照明灯具的选择原则是什么? 试举例说明。

4-7　某照相馆营业厅的面积为 $(6 \times 6)$ m,房间净高 3 m,工作面高 0.8 m,天棚反射系数为 70%,墙壁反射系数为 55%。拟采用荧光灯吸顶照明,试计算需安装灯具的数量。

4-8　某会议室面积为 $(12 \times 8)$ m,天棚距地面 5 m,刷白的墙壁,窗子装有白色窗帘,木制顶棚,采用荧光灯吸顶安装。试确定光源的功率和数量。

4-9　某临时食堂长、宽和高分别为 10 m,8 m 和 4 m。采用普通简式荧光灯具照明,灯具离地面高为 3 m,桌面高为 0.8 m。试确定此食堂的照明布灯方案和灯具数,以及照明总计算负荷。

4-10　某办公楼安装荧光灯的光源容量为 6.8 kW,安装白炽灯的光源容量为 3.8 kW。试确定该办公楼的照明计算负荷。

4-11　某学校照明用白炽灯 18 kW,日光灯 30 kW,其中 24 kW 有补偿电容,功率因数为 0.9;另外 6 kW 无补偿,功率因数为 0.5。试计算该学校的照明负荷,并确定变压器低压侧的照明计算负荷。

4-12　某建筑物的三相四线制照明线路上接有 250 W 荧光高压汞灯和白炽灯两种光源。各相负载分配是 A 相接有 4 盏荧光高压汞灯和 2 kW 白炽灯,B 相接有 8 盏荧光高压汞灯和 1 kW 白炽灯,C 相接有 2 盏荧光高压汞灯和 3 kW 白炽灯负载。试求线路的工作电流和功率因数(注:需要系数 $K_x$ 取 0.95)。

4-13　若长为 13 m、宽 5 m、高 32 m 的会议室布置照明。桌面高为 0.8 m,拟采用吸顶荧光灯照明,要求画出照明线路平面布置图。

# 第5章 弱电技术

## 5.1 概 述

### 5.1.1 弱 电

弱电设备是建筑电气的重要组成部分。所谓弱电是针对建筑物的动力、照明所用的强电而言的,一般把像动力、照明这样输送能量的电力称为强电,而把以传输信号和进行信息交换的电称为弱电。建筑弱电系统完成建筑物内部与内部、内部与外部的信息传递与交换。随着科学技术的进步和人民生活水平的提高,现代建筑的建设正朝着信息化、自动化和节能化方向发展。这些方面必然对弱电设计有更多更新的要求,使建筑弱电的设计业务范围不断扩大和技术要求不断提高。

弱电系统使建筑物的服务功能大大扩展,增加了建筑物与外界交换信息的能力。智能建筑已成为现实,它为建筑物内的人员提供舒适、安全、快捷的生活工作环境。

### 5.1.2 弱电系统的设计内容

建筑弱电设计主要包括电话通信系统、共用天线电视系统、火灾自动报警及联动控制系统、广播音响系统及楼宇自动化、闭路电视等。

设计某个建筑物或工程时,要根据建筑物的具体情况决定弱电系统的取舍,其中要考虑的因素主要有以下几点:

①国家现行的有关规范、规定及标准;

②规划及各主管部门的意见;

③建筑方(甲方)的具体要求;

④建筑物的功能、性质、规模等。

弱电系统要做到功能齐全、技术先进、设计合理。

本章主要讨论民用建筑中的电话通信系统、共用天线电视系统、火灾自动报警及联动控制系统、广播音响系统,对于其他弱电系统仅做概念性介绍。

### 5.1.3 弱电设计

建筑弱电系统发展至今,已经形成独特的专业理论体系。但是弱电设计还不如建筑、结构及强电设计成熟;关于弱电设计的技术资料、手册等也不如其他专业齐备。一是因为弱电系统兴起的时间较晚;二是因为弱电系统的发展速度较快,一些技术资料出来几年就被结构、给排水、采暖通风、空气调节等新技术自然淘汰。所以,要做好弱电设计就要求跟上该领域技术的发展。

另外,要做好弱电设计,不仅要熟练掌握本专业的各系统,还要对其他专业有一定了解,尤其是其他专业对本专业有关的控制要求。一个完美的弱电设计,需要各专业之间的密切配合。

# 5.2　电话通信系统

电话是通信的一种形式。通信按传输的媒介可分为有线通信(明线、电缆、波导通信等)和无线通信(微波、短波、中波、长波及光通信等)两大类;按传送的信号方法可分为电话、电报、传真和电视电话等。

## 5.2.1　有线电话系统的基本组成和分类

电话通信的任务是传递话音。一般话音的频率范围是 80 Hz 左右。试验证明,在话音频带内,高频有利于提高清晰度,在 500 ~ 2 000 Hz 之间的频段对清晰度影响最大,但 500 Hz 以下频段对话音音量的大小影响较大。为兼顾清晰度和音量要求,并尽量提高话音的真实感,我国各种城市的电话机都采用 300 Hz 到 3 400 Hz 的工作频带。目前世界上已出现了最高频率达 7 000 Hz 的宽带电话,通话声音更真实、自然。

有线电话系统是实现两地之间电话通信的最基本和最重要的方式。城市有线电话系统由市话发送系统、中继电路和市话接收系统三部分组成。市话发送系统包括电话机的送话器、电话机发送电路、用户线和馈电桥。送话器将说话人的话音转换成相应电信号,完成声、电转换,并通过发送线路和二线线路的用户线,将此相应电信号送到馈电桥,然后输入中继电路。市话接收系统包括电话机的受话器、电话机接收电路、用户线和馈电桥。由中继电路送到馈电桥的电信号,经二线线路的用户线和电话机接收电路,输入电话机受话器。受话器将电信号还原成相应话音,完成电、声转换。

馈电桥是电话交换机内的一个组成部分,由直流电源(电池)、馈电线圈(或其他器件)、隔直流电容器组成,将用户线中与话音相应的电信号尽量不失真地传输入中继电路。馈电桥的形式决定了电话机的形式、馈电连接和使用方式。电话机应当和交换机配套,这是用户选择电话机的基本出发点。

连接电话机与交换机之间的二线线路称用户线。电话机的用户线一般为 $\phi$0.5 mm 或 $\phi$0.4 mm 的纸包或塑包铅皮电缆。磁石电话机使用的老式用户线为 $\phi$0.3 mm 或为 $\phi$0.4 mm 的钢线。用户线是一种具有分布参数的传输网络。完整地表达用户线特性比较困难,一般用集中参数的四端网络代表某一确定长度、直径、线距和材料的用户线,称用户仿真线。例如,1 000 m 长的用户线可用图 5-1 表示。图中 $4 \times R$ 和 $2 \times R_1$ 为 1 000 m 长用户线的环路电阻;$C$ 为二线间的电容;$R_2$ 为二线间的绝缘电阻的表达符号。

图 5-1 的画法比较烦琐。在实际绘制电路图时,应采用统一规定的图形符号和文字符号,如表 5-1 所示。

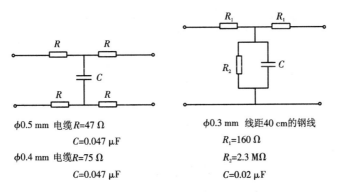

$\phi 0.5$ mm 电缆 $R=47\,\Omega$

$C=0.047\,\mu F$

$\phi 0.4$ mm 电缆 $R=75\,\Omega$

$C=0.047\,\mu F$

$\phi 0.3$ mm　线距40 cm的钢线

$R_1=160\,\Omega$

$R_2=2.3\,M\Omega$

$C=0.02\,\mu F$

**图 5-1　1 000 m 长的用户仿真线**

**表 5-1　电话机电路常用图形、文字符号**

| 名　　称 | 图　形　符　号 | 文字符号 | 备　　注 |
|---|---|---|---|
| 电话机 | | | 电话机一般符号 |
| 磁石电话机 | | | |
| 共电电话机 | | | |
| 拨号盘式自动电话机 | | | |
| 按键电话机 | | | |
| 投币式电话机 | | | |
| 带扬声器的电话机 | | | |
| 电视电话机 | | | |
| 录放电话机 | | | |
| 送话器 | ① ② ③　④ ⑤ ⑥ | BM | ①—一般符号<br>②碳精式<br>③压电式<br>④电磁式<br>⑤动圈式<br>⑥驻极体式 |
| 受话器 | 1　2　3　4 | BE | ①—一般符号<br>②电磁式<br>③压电式<br>④动圈式 |

表 5-1(续)

| 名 称 | 图 形 符 号 | 文字符号 | 备 注 |
|---|---|---|---|
| 手持送受话器 | 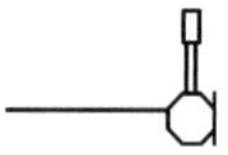 | | |
| 电 铃 | 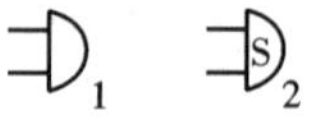 ⊐⊃₁  ⊐S⊃₂ | | ①一般符号<br>②交流铃 |
| 馈电桥 | 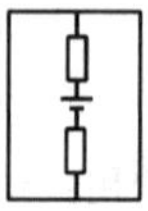 | | |
| 仿真用户线<br>仿真中继线 | 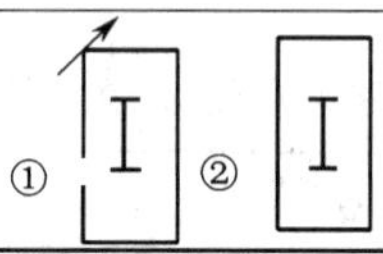 ① ②  | | ①可调<br>②固定 |

为表示用户线的长度可以改变,图例中规定了可调用户线。两部电话机进行市内通话的电话连接图见图5-2。

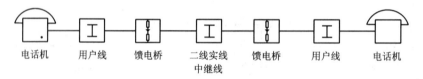

电话机　用户线　馈电桥　二线实线中继线　馈电桥　用户线　电话机

**图 5-2　市内电话连接图**

中继电路是市话发送系统和市话接收系统之间的话音信号通路。该通路根据实际通话的需求,在电信局内实现人工切换或自动切换。由于通话的情况比较复杂,在不同情况下(如市内通话或长途通话,国内长途或国际长途等)中继电路不仅在长度上,而且在传输手段和方式上均有较大差别。故对这一本来就不包括在一般建筑有线电话系统中的中继电路问题,不做介绍。

由图5-2可见,在一般大型建筑和较大单位的有线电话系统中,包括电话机、用户线和交换机三大基本组成。

电话机有磁石电话机、共电式电话机、拨号盘式电话机、按键式电话机、扬声电话机、免提电话机、无绳电话机、录音电话机、可视电话机、投币电话机和磁卡电话机等十余种。

磁石电话机、共电式电话机是一种人工式电话机,由于通话效率低、清晰度差,已被淘汰。

拨号盘式电话机是自动电话机。这种电话机由于使用中拨号动作多,机械号盘控制的脉冲参数易发生变化,而已被按键式电话机取代。

按键式电话机是由通话、发号和振铃三个基本部分组成,具有脉冲稳定、按键简单、话音失真度小的优点,且发送和接收系统的灵敏度可按要求调节,此外还有号码重发、存储、缩位拨号、插入等待、脉冲与音频兼容、锁号、免提、发送闭音等多种附属功能,因此目前国内广泛应用按键式电话机。这种电话机可和步进式电话交换机、纵横式电话机、电子式电话交换机及程控交换机配合使用。

其他各种电话机为扬声电话机只听不讲,用于电话会议。免提电话机适于手中进行工作时通话。无绳电话机可作为室内移动电话,随处可用,非常方便。录音电话机可解决人不在时的通话问题。可视电话机能在通话过程中展示文件、图表、实物等静物。投币和磁卡电话机可解决公用电话的无人收费问题。

电话交换机是根据用户通话的要求,交换通断相应电话机通路的设备。内部电话可由交换机直接接通,内部电话与外部通话需经交换机换接至中继电路,通过电信局接通对方交换机的中继电路,再经对方交换机接通所要通话的电话机。

电话交换机的类型有磁石、共电式、步进式、纵横式、电子式和程控电话交换机等多种。其中,前两种属于人工交换机,后四种属于自动交换机。前五种是靠设计好的电气线路实现通话交换,称为布控方式,其通信功能较少,交换规模限于 400 门以下。最后一种是靠软件的程序实现通信交换,称为程控方式,其通信功能可达百余种(和主计算机、个人电脑、文字处理机等设备建成一个系统,形成综合性业务网),交换规模可达到数千门电脑电话。

在建筑用电话系统中,磁石和共电式电话交换机将被程控电话交换机所取代。步进式电话交换机是一种最简单的自动电话交换机,靠用户拨号发出脉冲,通过步进器一步一步地选择通路,因而机械运动部件多、磨损快、噪声大、易产生故障,故目前已逐渐被纵横制电话交换机所取代。纵横制电话交换机是以继电器线路和纵横接线器为基本元件,是靠继电器触点通断纵横接线,选通通话电路。它无旋转部分、动作快、噪声低、体积小、寿命长,因而是目前在建筑中仍在使用的一种自动交换机。内部电话可由用户拨号或按键自动接续。内部用户和外面用户通话时,先由用户拨、按本交换机代号"0"或"9",利用交换机的空闲中继线,出机自动挂接对方电话。纵横制交换机以单元为基础成倍扩展门数。它的工作电压为 60 V,一般由蓄电池组供电。电子式电话交换机的功能与纵横制电话交换机的功能相同。只是用电子元器件组成逻辑控制电路,替代了继电器控制电路,使体积减小、动作加快、质量减轻、寿命延长、通话杂音减少。但价格比纵横制高约 1.5 ~ 2 倍,对工作环境要求较严格,一般要求温度为 10 ~ 30 ℃、湿度为 40% ~ 80%、工作电压为 220 V 交流电。程控式电话交换机又称电脑电话交换机,是利用数字交换技术和软件程序控制实现自动交换,具有丰富的功能,在国内建筑中将会得到广泛应用。

用户线是连接电话机和交换机之间的电气信号通路。由于通话电气信号数值不大,所以用户线截面较细,一般仅为 $\phi$0.3 mm ~ $\phi$0.5 mm。由于需要保证通话的清晰度,所以应对其采取必要的抗干扰措施。交换机和每部电话机之间都应有两根连线,即交换机是以放射式接通每部电话机,这一点是和照明灯具布线不一样的。

## 5.2.2 电话交换站

布置安装电话交换机及其附属、配套设备的房间称电话交换站,也称总机室,用于为一个单位或几个业务关系密切的单位内部的通话服务。

电话站中的工艺设备分通话设备和电源设备两大类。通话设备包括交换机、用户进出线、配线架、用户测试设备等。电源设备包括配电屏(交、直流)、蓄电池组(现在一般采用碱性蓄电池或免维护蓄电池)。

一个完备的电话站包括以下一些房间,即交换机室、测量室、转接台室、电缆进线室、电池室、贮酸室、配电室、空调室(或通风机室)、线务候工室、办公室和值班休息室等。对于小容量的电话室,因设备较少,有些设备可以合并布置在一个房间内,或者取消一些辅助性房间。这对于日常维护和节省建筑面积都是有利的。

电话站各种房间的面积决定于设备的制式、数量和平面布置方式,如表5-2所示。

表5-2　自动电话站房间面积参考表

| 制式及容量(门) | | 房间面积/m² | | | | | | | | 总面积 /m² |
|---|---|---|---|---|---|---|---|---|---|---|
| | | 交换机室 | 测量室 | 配电室 | 转接台室 | 蓄电池室 | 线工室 | 库房修理 | 办公休息 | |
| 纵横支 | 200 | 15 | 20 | 20 | 10 | 12 | — | 12 | 12 | 81 |
| | 400 | 25 | 25 | 25 | 10 | 16 | 12 | 16 | 12 | 116 |
| | 600 | 40 | 25 | 25 | 10 | 30 | 16 | 20 | 20 | 161 |
| | 800 | 45 | 20 | 20 | 10 | 30 | 16 | 25 | 25 | 191 |
| 步进制 | 200 | 25 | 16 | 16 | 10 | 16 | 12 | 12 | 12 | 103 |
| | 300 ~ 400 | 35 | 16 | 16 | 10 | 25 | 12 | 25 | 12 | 135 |
| | 500 ~ 600 | 45 | 25 | 25 | 10 | 25 | 16 | 25 | 25 | 171 |
| | 700 ~ 900 | 55 | 20 | 20 | 10 | 30 | 16 | 40 | 25 | 216 |

注:数字程控电话机房比表中所列面积小,如1 000门交换机房为18 ~ 24 m。

电话站的平面布置应考虑各房间工艺联系的关系、外线走向等因素,使线路顺直、最短。具体说明如下。

**1. 交换机室**

交换机室是整个电话站的中心,主要安装电话交换机等设备。它应与配电室相临,使两室间电话电缆线最短。

**2. 测量室**

测量室安装总配线架、测量台等设备。电话电缆在进线室成端后进入测量室,然后再由此进入交换机室。

测量室可以和交换机室同层相邻,也可以在交换机室的下层,上下相邻,以前者为宜。因为在设备容量较小的情况下,利于兼顾两室的维护工作。多数建筑电话站的容量在1 000门以下,交换机和测量设备都是同设在一个房间中。测量室还应和进线室相邻。

**3. 转接台室**

转接台室是值班人员的工作室,应紧靠测量室和交换机室,以节省电缆,方便维护。

**4. 电缆进线室**

用户线电缆引入电话站后,首先在电缆进线室成端(通过电缆接头变成站内电缆),然后由此引至测量室的总配线架,因此进线室应与测量室相邻(同层相邻或不同层上下相邻),以便节省电缆。

**5. 电池室与贮酸室**

放置蓄电池的电池室应紧靠配电室,以节省配电线、方便维护。在小型电话站内,硫酸和蒸馏水可以放入电池室,不必单独设置贮酸室。因蓄电池质量较大,所以蓄电池室一般布置在底层。

**6. 配电室**

配电室安装布置电源配电设备。它应紧靠电池室和交换机室,以节省导线。因设备质量较大,一般布置在底层。

电话站内各房间的功能相互关系如图5-3所示。

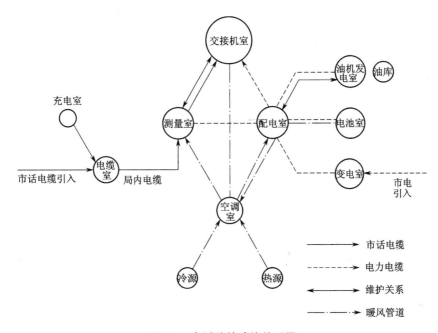

**图 5-3　电话站的功能关系图**

应在保证可靠、不间断通信的基本要求的前提下,在保证电话设备可靠和电源质量稳定的条件下,尽量选择一个具有良好室内外环境的符合特定要求的空间。

①有一个安全、清洁、较少干扰的环境,原则上应选在振动小、灰尘少、安静、无腐蚀性气体的场所;

②各房间应有一定的抗灾能力和耐久性,耐火等级一般不低于二级,地震设计烈度也应比当地的基本设计烈度适当提高,应提高房屋的耐久性,以免某些部位的破坏导致发生通信事故;

③各房间平面布置和层次安排应考虑到工艺关系是否合理,工艺关系沿着通话线、配电线和维护关系线(值班人员工作路线)进行,应按节省各种线路和方便维护的原则考虑各房间的平面布置和层次安排;

④保证室内具有一定的温度、湿度和含尘量等环境条件,以延长设备寿命,保证长期可靠有效地工作,如交换机室相对湿度过低,容易产生静电,而湿度太高,又易引起机器的金属部件锈蚀;再如电池室的温度过高(长期在 30 ℃以上),会大大影响电池寿命,如果太低(5 ℃以下),又会使电池的效率降低,为此室内应采取采暖、通风措施,也可装设空调。

电话站的建造方式一般有三种情况:

①附建在其他房屋内,如建在办公楼尽端的一二层或工厂的生活房间内;

②单独建造,当电话站设备容量较大(800 门以上),需用的面积较大或没有适合的房屋可

以利用时,可以单独建造,单独建造时应按通信要求选择具有一定环境条件的站址;

③利用原有房屋改建,此时,应由相关人员根据工艺要求对房间楼(地)面的负荷能力、耐久程度等进行详细的鉴定,对房屋开间和平面布置做统一规划设计。

各房间内设备的布置方式和间距均有相应的规范要求。如纵横制交换机,机列正面一般与机房的窗户成垂直布置,机列间净距一般为 1~1.2 m,机列与墙净距作为主要通道时取 1.2~1.5 m,作为次要通道时取 0.6~0.8 m。在设计电话站建筑时,务必和电话工艺要求紧密配合。

### 5.2.3 用户线

用户线的作用是在电话机和交换机之间传输电话信号。电话信号在传输中应保证线路电阻不超过限制值并保证传输衰耗小于规定值。

步进制、纵横制交换机的用户线路电阻一般限制为 1 000 Ω。市话系统全程衰耗限制为 28 N(奈伯)。

按传统做法电话线路的配线分直接配线、交接箱配线和混合配线三种方式。

**1. 直接配线**

这是由总机配线架直接引出主干电缆,再由主干电缆上分支引到各用户电话组线箱(电话端子箱),从组线箱向各用户电话机配线,如图 5-4 所示。其优点是系统简单、投资节省、施工方便、容易维护;缺点是主干线如发生故障,影响全部线路通话。

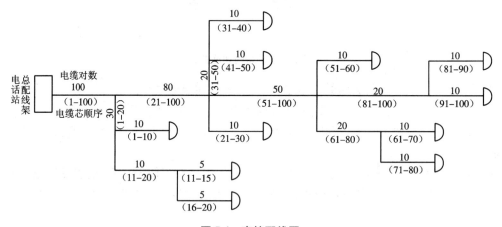

**图 5-4 直接配线图**

**2. 交接箱配线**

这是将全部用户电话按区分成若干组,每组共用一个交接箱。由主机配线架向各交接箱各引一条 100 对、200 对主干电缆。在各交接箱之间用 50~100 对联络电缆相互接通,如图 5-5 所示。当某条主干电缆发生故障时,尚能保证重要用户的通话,使可靠性提高,但系统复杂。

用户电话组线箱是电话干电缆与用户电话机配线之间的换接箱。向用户电话机配线采用普通电话线,在电话线末端通过电话接线盒直接与用户电话机接通。

电话电缆有 HQ,HQ12,HYQ,HPVQ,HYV,HYY,HYVC 和 HPVV 等多种型号,具有不同的绝缘材料、线芯材料、直径和对数,可适用于不同的敷设环境和条件。

电话线有 HPY,HVR,RVB 和 RVS 等型号,

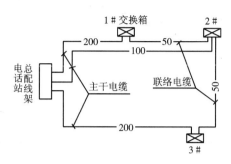

图 5-5　交接箱配线图

均为铜芯聚氯乙烯绝缘导线,有单芯、双芯和多芯之分,可分别适用于明敷、穿管敷设或电话机与接线盒之间的连线。

**3. 电话线路的敷设**

室外电话电缆有吊挂于钢丝下架空明敷和埋地暗敷两种方式,因与建筑结构关系不大,此处不做介绍。室内电话配线的敷设方式和照明灯具配线基本相同,分为明敷和暗敷两种方式。明敷是用卡钉固定敷设于墙角等不显眼处。暗敷是穿于钢管或塑料管内,埋设于墙体或楼板中。配线导线一般采用 RVB 型(2×0.2)mm 铜芯塑料绝缘软线。管内电话线不宜超过 5 对,以便于维护。穿线管的直径应根据电话线的对数查表确定。塑料管内径为 $\phi$16 mm 时可穿 3 对线,为 $\phi$20 mm 时可穿 5 对线。薄壁电线管内径为 $\phi$15 mm 时可穿 2 对线,为 $\phi$20 mm 时可穿 4 对线。暗敷时,应在施工过程中按照图纸把相应规格的管子预埋在指定位置,待工程完成后,再把相应型号和规格的导线穿于管中。

对于现代智能建筑,因为建筑电气中电子技术装置种类齐全,各种信息传输线路种类繁多,纵横交错敷设复杂,需要科学地综合布线。综合布线系统不但可以保持诸如语言、图像、监控等系统中信息传输的要求,而且线路插座均可互换。

# 5.3　有线电视系统

## 5.3.1　共用天线电视系统

共用天线电视系统(CATV 系统)是向建筑内各用户集中提供本地的电视节目和闭路电视节目(自制)以及连通卫星通讯的系统。它可向用户提供国内、外不加密或加密的电视节目和数据通讯。这种系统可克服多台电视台信号产生的互相干扰,并提高收视效果。

**1. 系统分类**

按照电视天线用户数量分为四类,如表 5-3 所示。

表 5-3　有线电视系统分类

| 类别 | 用户数量 | 类别 | 用户数量 |
|---|---|---|---|
| A 类 | ≥10 000 | C 类 | 301～2 000 |
| B 类 | 2 001～10 000 | D 类 | ≤300 |
| B₁ 类 | 5 001～10 000 | | |
| B₂ 类 | 2 001～5 000 | | |

### 2. 系统的基本组成

　　有线电视系统的组成与接收地区的场强、楼房密集程度和分布、配接电视机的多少、接收和传送电视频道的数目等因素有关。其基本组成有天线及前端设备、信号传输分配网络和用户终端三部分,如图 5-6 所示。此外,尚有附属设备,如电源设备和避雷设备等。

图 5-6　有线电视基本组成框图

　　由天线接收下来的电视信号经同轴电缆送至前端设备。前端设备的组成形式根据天线输出电平的大小不同有多种,本节仅介绍一种。即前端设备将信号进行放大、混合(放大—混合),使其符合质量要求,再由一根同轴电缆将高质量的电视信号经信号传输分配网络传送到系统内所有的终端插座上,供用户电视机接用。图 5-7 为一种简单的小型共用天线电视系统。系统中有两副宽频带天线 I 和 II。宽频带天线 I 能够接收 1～5 频道的电视信号,宽频带天线 II 能接收 6～12 频道的电视信号。接收的 1～5 和 6～12 频道的两路信号经混合器混合在一起送往宽频带放大器放大,后再送入信号分配网络。在网络中,通过一个二分配器将宽带放大器送来的电视信号平均分成两路,每路串接 4 个二分支器,每个二分支器有两个分支输出端,因而该系统共可接用 16 台电视机。

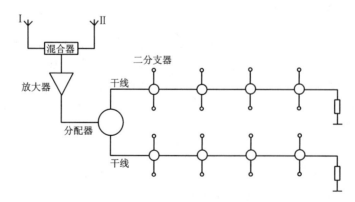

图 5-7　小型 CATV 系统的组成图示

　　图 5-8 为一大型有线电视系统。该系统的前端设备有开路和闭路两套系统。开路系统有

VHF(甚高频电视广播用)、UHF(特高频电视广播用)、SHF(超高频卫星广播电视用)和 FM(调频广播用)等频段的天线接收设备。在前端设备中把 UHF 和 SHF 信号先转换成 VHF 信号,然后再送入分配网路中。这样处理后,用户才能用普通的 VHF 电视接收机收看 UHF 和 SHF 频段的电视信号。闭路系统应当配备摄像机、录放机和电影电视设备,此系统称为闭路应用电视系统。它多用于闭路监视、医疗手术、教学。若配备小型演播室就可以播出自制节目,形成节目制作系统。

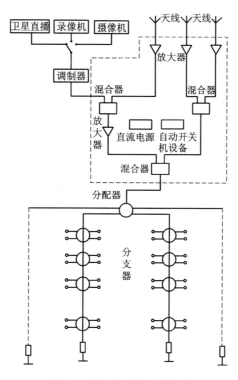

图 5-8 大型 CATV 系统组成

## 5.3.2 节目制作系统

在我国有节目制作系统的是电视、培训、电教中心等。节目制作系统有三类,如表 5-4 所示。

表 5-4 电视节目制作系统分类

| 类别 | 内 容 范 围 | 系 统 组 成 |
|---|---|---|
| Ⅰ类 | 参与省(部)级以上台(站)节目交流 | 宜由高级业务级彩色电视设备组成 |
| Ⅱ类 | 参与地市级大专院校台(站)节目交流 | 宜由业务级彩色电视设备组成 |
| Ⅲ类 | 自制自用或参与地方或本行业节目交流 | 宜由普及级彩色电视设备组成 |

### 5.3.3　系统设备的工艺用房

系统设备及工艺用房因用户多少和应用要求不同而有差别,但对建筑设计均有一定要求,详细、完整内容可参照我国有关标准和规范规定。兹将系统技术用房对建筑设计的要求简述如下:

①建筑的位置应尽量靠近播放网络的负荷中心,所有技术用房在满足系统工艺流程的条件下宜集中布置,但要远离具有噪声、污染、腐蚀、震动和较强电磁场干扰的场所;

②各类节目制作系统用房使用面积可参考表5-5确定;其中电视演播室的室型可按表5-6选用,对录、配音播音室的室型长、宽、高比宜为 1.6:1.25:1,其他建筑物理、空调基数、通风要求达到的参数见表5-7。

表 5-5　各类节目制作系统用房使用面积参考指标( m²)

| 序号 | 用房名称 系统分类 | I | II | III | 备　注 |
|---|---|---|---|---|---|
| 1 | 电视录像演播室 | 120 ~ 200 | 80 ~ 120 | 50 ~ 80 | |
| 2 | 电视录像控制室 | 25 ~ 40 | 20 ~ 25 | 15 ~ 20 | |
| 3 | 录配音播音室 | 20 ~ 25 | 15 ~ 20 | 10 ~ 15 | |
| 4 | 录配音控制室 | 12 ~ 15 | 8 ~ 12 | 5 ~ 8 | |
| 5 | 初加工及外景工作室 | 20 ~ 25 | 15 ~ 20 | 10 ~ 15 | |
| 6 | 节目转换室 | 20 ~ 25 | 15 ~ 20 | 10 ~ 15 | |
| 7 | 整修及编辑室 | 20 ~ 25 | 15 ~ 20 | 10 ~ 15 | |
| 8 | 资料及成品复制室 | 25 ~ 30 | 20 ~ 25 | 15 ~ 20 | |
| 9 | 收、转及播放机房 | 20 ~ 25 | 15 ~ 20 | 10 ~ 15 | |
| 10 | 资料及成品库 | 40 ~ 60 | 30 ~ 50 | 20 ~ 40 | |
| 11 | 设备维修间、器材库 | 30 ~ 40 | 25 ~ 35 | 20 ~ 30 | |
| 12 | 美工室及洗印间 | 30 ~ 40 | 20 ~ 30 | — | |
| 13 | 道具制作及存放间 | 20 ~ 30 | 15 ~ 25 | — | |
| 14 | 化装及待播室 | 20 ~ 25 | 15 ~ 20 | 10 ~ 15 | |
| 15 | 空调及配电用房 | 35 ~ 50 | 30 ~ 40 | 25 ~ 35 | |
| 16 | 编审及技术办公用房 | 40 ~ 60 | 30 ~ 50 | 20 ~ 40 | |
| 17 | 行政办公及接待用房 | 40 ~ 50 | 30 ~ 40 | 20 ~ 30 | |
| 18 | 其他辅助用房 | 100 ~ 150 | 80 ~ 100 | 50 ~ 80 | 包括楼道及卫生间 |

表 5-6　演播室的室型参考表

| 使用面积 /m² | | 50 | 60 | 80 | 90 | 100 | 120 | 150 | 200 |
|---|---|---|---|---|---|---|---|---|---|
| 轴线/m | 长 | 9.00 | 9.90 | 12.00 | 12.60 | 13.80 | 15.00 | 16.50 | 18.00 |
| | 宽 | 6.00 | 6.60 | 7.20 | 7.50 | 7.80 | 8.40 | 9.60 | 12.00 |
| 轴线面积 /m² | | 54.00 | 65.34 | 86.40 | 94.50 | 107.64 | 126.00 | 158.30 | 216.00 |
| 棚下净高/m | | 3.90 | 4.20 | 5.10 | 5.30 | 5.50 | 5.80 | 6.60 | 8.00 |

表 5-7　系统技术用房计算荷载等建筑设计要求一览表

| 项目用房 | 演播室 | 控制室 | 编辑室 | 复制转换室 | 维修间 器材库 | 资料、 成品库 | 其他 |
|---|---|---|---|---|---|---|---|
| 计算荷载/(N/m²) | 2 500 | 4 500 | 3 000 | 3 000 | 3 000 | 按书 库计算 | 2 000 |
| 声学 NR 值 | 20/15 | 20 | 20 | 30 | 30 | — | — |
| 温度/℃ | 18~28 | 18~28 | 18~28 | 18~28 | 15~30 | 15~25 | — |
| 相对湿度/% | 50~70 | 50~70 | 50~70 | 50~70 | 45~75 | 40~50 | — |
| 换气次数/(次/时) | 3~5 | 2 | 2 | 2 | 1 | 1 | — |
| 控制风速/(m/s) | ≤1.0 | 1~2 | 1~2 | 1~2 | 1~2 | — | — |
| 风道口噪声/dB | ≤25 | ≤35 | ≤35 | ≤35 | ≤35 | — | — |
| 门　窗 | 隔音防尘 | 隔音防尘 | 隔音防尘 | 隔音防尘 | 隔音防尘 | 防尘 | |
| 顶棚、墙壁、装修 | 扩散声场 | 无光漆 | 无光漆 | 无光漆 | 无光漆 | 防尘 | |
| 地　面 | 簇绒地毯 | 防静电地板或木地板 | 木地板或菱苦土地面 | 木地板或菱苦土地面 | 木地板或菱苦土地面 | 菱苦土或水磨石地面 | |
| 一般照明照度/lx | 50/100 | 75 | 75 | 75 | 100 | 50 | 150/30 |

此外,演播室及播音室出入口应设两层的隔音门(声闸),其间距不大于 1.5 m。与控制室相邻的墙壁应开设三层不等距的玻璃观察窗,在控制室侧第一层要内倾 5°~6°,使每个门、窗口隔声量低于 60 dB。建筑长度超过 15 m 的电视演播室还应有备用出口门,出口门应为外开双层。控制室地面标高宜高于演播室地面 0.3 m。空调机等设备基础还应有隔振和防固体传声的技术措施。

# 5.4　建筑消防系统

## 5.4.1　概　述

发生在建筑物内部的火灾占据火灾总量的大部分。建筑消防系统就是要为建筑物的火灾预防和扑灭建立一套完整、有效的体系,以提高建筑物的安全水平。

建立建筑消防系统,首先要加强对人员进行消防培训和教育,做到"预防为主,防消结合"。预防为主就是在消防工作的指导思想上把预防火灾的工作摆在首位,动员社会力量并依靠广大群众贯彻和落实各项防火的行政措施、组织措施和技术措施,从根本上防止火灾的发生。无数事实证明,只要人们有较强的消防安全意识,自觉遵守和执行消防法律、法规和规章以及国家消防技术标准,大多数火灾是可以预防的。防消结合是指同火灾做斗争的两个基本手段——预防火灾和扑救火灾必须有机地结合起来,即在做好防火工作的同时,要大力加强消防队伍的建设,积极做好各项灭火装备,一旦发生火灾,能够迅速有效地灭火和抢救,最大限度地减少火灾所造成的人身伤亡和物质损失。

建筑消防设施,就是设置在建筑内部,用于在火灾发生时能够及时发现、确认、扑救火灾的设施,也包括用于传递火灾信息,为人员疏散创造便利条件和对建筑物进行防火分隔的装置等。为了适应现代建筑消防设施自动化程度,采用各种形式的消防设施联合工作,才能达到一定的消防安全水平。建筑消防设施包含以下几个部分。

**1. 建筑防火**

在建筑物防火设计中,为了在假想失火的条件下,尽量抑制火势的蔓延和发展,必须考虑到以下几点:

①尽量选用不燃、难燃性建筑材料,减小火灾荷载,即减少可燃物数量;

②在布置建筑物总平面时,保证必要的防火间距,减少火源对周围建筑物的威胁,切断火灾蔓延途径;

③在建筑物内的平面和竖向方向合理划分防火区,各分区间用防火墙、防火卷帘门、防火门等进行分隔,一旦某一分区失火,可将火势控制在本防火分区内,不致蔓延到其他分区,以减少损失并便于扑救;

④合理设计疏散通道,确保发生火灾时灾区人员安全逃生;

⑤合理设计承重构件,保证建筑构件有足够的耐火极限,使其在火灾中不致倒塌、失效,确保人员疏散,防止重大恶性倒塌事故发生;

⑥在布置建筑物总平面时,还应保证足够的消防通道,便于城市消防车辆靠近着火建筑物展开扑救。

**2. 火灾事故报警系统**

该系统的主要功能和设置目的,就是及时发现和确认火灾,同时向建筑内的人员警示火灾的发生,并组织人员有序疏散,联动启动相映的消防设施扑灭火灾。火灾的监测可以通过设置在各部位的火灾探测器自动报警或手动报警,也可以通过通信手段直接向消防控制中心报警。

**3. 火灾事故广播与疏散指示系统**

这些系统的作用,是为人员疏散创造必要条件,减少火灾造成的人员伤亡。当火灾确认以后,为了及时通知人员疏散,避免混乱,以减少伤亡,因此火灾现场组织人员的疏散特别需要清晰、明确的引导,这些任务都可以由火灾事故广播和疏散指示系统完成。

**4. 建筑灭火系统**

建筑内按消防规范设置的灭火设施,如消火栓系统、灭火器以及其他灭火系统,包括自动喷水系统、气体自动灭火系统、泡沫自动灭火系统以及干粉灭火系统等,都是为了在火灾发生时能够及时扑灭早期火灾。

最常用的灭火剂是水。水来源广泛,且价格低廉,同时具有很高的汽化潜热和热容量,冷却性能好;而且水冷却法灭火系统具有投资省、效率高、管理费用低等优点,所以应用很广泛。

（1）水冷却法灭火系统

①室内消火栓系统　室内消火栓系统有水源、管网、水泵接合器、室内消火栓等组成。当室外管网的水压、水量不能满足消防需要时,还需设置消防水池、消防水箱、消防水泵。室内消火栓供灭火人员手工操作使用。

②自动喷水灭火系统　湿式自动喷淋系统能自动工作。火灾发生后,当室内温度达到喷头动作温度的设定值时,即可自动喷水灭火,这样就缩短了系统的反应时间,在火灾初期即将火扑灭,提高了灭火效率。

（2）气体灭火系统

以气体作为灭火介质的灭火系统称为气体灭火系统。气体灭火系统是根据灭火介质命名的。目前,在国内外获得广泛应用的气体灭火系统是二氧化碳灭火系统,但二氧化碳灭火剂的灭火效率相对较低。极具发展潜力的洁净气体灭火剂和相应的灭火系统灭火效率高,不污染被保护对象,且不破坏大气臭氧层,如洁净药剂 FM-200（$CF_3CHFCF_3$）的化学成分是七氟丙烷。惰性气体洁净药剂即含有一种或多种惰性气体或二氧化碳的洁净药剂,如 IG – 01（氩）、IG – 100（氮）、IG – 55（氮氩）、IG – 541（氮、氩二氧化碳）等,但目前仍需对这些新型气体灭火剂的应用进行研究和规范。

（3）泡沫灭火系统

泡沫灭火剂按发泡倍数分类,可分为低倍数泡沫、中倍数泡沫和高倍数泡沫三类。

低倍数泡沫是指泡沫混合液吸入空气后,体积膨胀小于 20 倍的泡沫,可用于扑救易燃、可燃液体的火灾或大面积流淌火灾。

发泡倍数在 21 ~ 200 倍的泡沫称为中倍数泡沫,发泡倍数为 201 ~ 1 000 倍的泡沫称为高倍数泡沫。与低倍数泡沫灭火系统相比,高倍数、中倍数泡沫灭火系统具有发泡倍数高、灭火速度快、水渍损失少的特点,可用淹没和覆盖的方式扑灭 A 类、B 类火灾,可有效地控制液化石油气、液化天然气的流淌火灾。尤其是高倍数泡沫,能迅速充满大空间的火灾区域,阻断并隔绝火的燃烧蔓延,对 A 类火灾具有良好的"渗透性",可以消除淹没高度内的固体阴燃火灾,置换排除被保护区域内的有毒烟气。随着我国石油化工业的发展,在火灾危险性大的甲、乙、丙类液体储罐区和其他危险场所,设计、安装泡沫系统的优越性越来越明显。

（4）干粉灭火系统

干粉灭火系统可根据不同的保护对象选择充装干粉灭火剂,可用于扑灭 A,B,C,D 类火灾和带电设备火灾。由于干粉能抑制中断有焰燃烧的链式反应过程,灭火迅速,但干粉的冷却作用较小,所以干粉灭火系统常和自动喷水灭火系统或其他灭火系统联用,以扑灭阴燃的余烬和深位火灾,防止复燃。

干粉不适用于扑灭精密的电子设备火灾,因干粉有一定的腐蚀性和不易清除的残留物,可能损坏设备。

**5. 防烟排烟系统**

火灾时物质燃烧会产生烟,火灾中烟气的危害很大。国内外的研究表明,大部分火灾中烟气是造成人员伤亡的主要因素。烟气可造成火场缺氧,烟气中大量的一氧化碳（CO）存在,可使人窒息死亡,烟气中还含有氢氰酸（HCN）、氯化氢（HCL）等有剧烈毒性的化学物质;另外,当烟气弥漫时,火场能见度大大降低,妨碍人员疏散速度;特别是轰燃出现以后,火焰和烟气冲出门窗孔洞,浓烟滚滚,烈火熊熊,十分危险。因此必须按照国家标准要求设置机械防烟排烟设施,在灭火的同时,必须同时进行火灾现场的排烟,特别是疏散通道的烟,以利于人员的安全疏散,保证人员的生命安全。

现代高层建筑中普遍设有中央空调系统,通风空调系统的风管、水管往往穿越多个水平的房间和垂直楼层,一旦失火,火势及烟气易沿着管线四处传播。因此设计通风空调系统时应考虑设置阻火隔烟措施,如选用不燃的风管材料和保温材料以及在适当的位置设置防火阀等,以切断火势及烟气传播的途径。

**6. 消防控制室**

在上述消防各子系统分别进行扑灭火灾及疏散人员的工作时,需要一个统一的控制指挥中心,使各子系统能紧密协调工作,发挥出最大的功能。

消防控制室是火灾报警控制设备和消防控制设备的专门房间,用于接收、显示、处理火灾报警信号,控制有关的消防设施。根据防火要求,凡设有火灾自动报警和自动灭火系统,或设有自动报警和机械防烟排烟设施的楼宇(如旅馆、酒店和其他公共建筑物)都应设有消防控制室(消防中心),负责整座大楼的监控和消防工作的指挥。有一些企业为便于统一管理,将防盗报警的安全监控电视系统和火灾探测报警与联动控制系统合设在同一室内,成为防灾中心。

设置建筑消防系统应坚持安全性和经济性的统一。通常系统设置越全面,手段越完善,安全性就越好,但投资也越高。由于火灾本身是一种非正常事件,一般来说发生的概率较小,所以,消防安全要综合考虑上诉两方面因素,为建筑物内的生活、生产环境提供安全保障。

综上所述,消防系统的主要功能:自动捕捉火灾探测区域内火灾发生时的烟雾或热气,从而发出声光报警并控制自动灭火系统,同时联动其他设备的输出接点,控制事故照明及疏散指示、事故广播、消防供水、排水设施以实现监测、报警和灭火的自动化。消防系统的组成如图5-9所示。

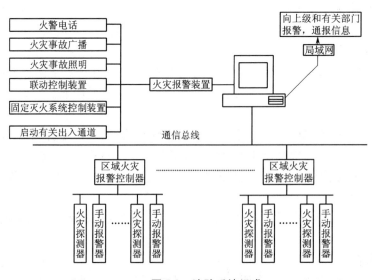

**图5-9　消防系统组成**

## 5.4.2　火灾自动报警系统

此系统在建筑物内用于探测火灾初起并发出警报以便及时疏散人员、发动灭火系统、操作防火卷帘、开关防火门和排烟系统,并向消防队报警等,其构成见图 5-11 所示。图中实线表示系统中必须具备的设备和元件,虚线表示当要求完善程度高时可以设置的设备和元件。

图 5-10 火灾自动报警系统在建筑中应用较多,基本形式有区域、集中和控制中心三种。各种报警系统组成如表 5-10 所示。

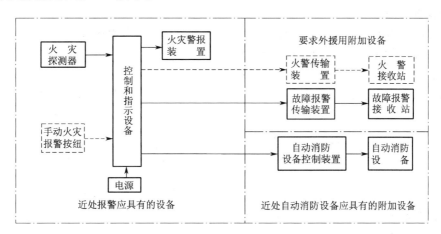

**图 5-10　火灾自动报警系统**

**表 5-10　火灾自动报警系统的组成**

| 系统名称 | 组 成 部 分 | | | 适用范围 |
|---|---|---|---|---|
| 区域报警系统 | {火灾探测器 手动火灾报警按钮} →区域火灾报警控制器 | | | 较小建筑(范围) |
| 集中报警系统 | 多个{火灾探测器 手动火灾报警按钮} | →区域火灾 报警控制器 | →集中火灾报警控制器 | 较大建筑(范围)内的多个区域 |
| 控制中心 报警系统 | 多个{火灾探测器 手动火灾报警按钮} | →区域火灾 报警控制器 | →集中火灾报警控制器 | 大型建筑物保护 |

### 1. 火灾探测器

火灾探测器是一种能够自动发出火情信号的器件,有感烟式、感温式和感光式火灾探测器和可燃气体探测器等。

感烟探测器具有较好的报警功能,适用于火灾的前期和早期报警。但是在正常情况下多烟或多尘的场所存放火药或汽油等发火迅速的场所、安装场所高度大于 20 m 时烟不宜到达的场所以及维护管理十分困难的场所,不适宜采用感烟探测器。感烟探测器有离子感烟探测器和光电感烟探测器两种。

感光探测器可以在一定程度上克服感烟探测器的上述缺点,但报警时已造成一定的物质损失。而且当附近有过强的红外或紫外光源时,可导致探测器工作不稳定,故只适于在特定场合下选用。感光探测器也称火焰探测器,有红外火焰型和紫外火焰型。

感温探测器不受非火灾性烟尘雾气等干扰,当火灾达到一定温度时工作比较稳定,但火灾已引起物质上的损失,故适于火灾早期、中期报警。凡是不可能采用感烟探测器、非爆炸性的并允许产生一定损失的场所,都可应用这种探测器。感温探测器有点型和线型之分。点型有定温、差温和定差温型,而线型则只有定温和差温型。

可燃气体火灾探测器主要用于易燃易爆场合的可能泄漏的可燃气体检测。这种探测器有铂丝型、铂钯型和半导体型。

此外,火灾探测器尚有复合式火灾探测器(感烟—感温型、感光—感温型、感光—感烟型等)和漏电流、静电、微压差、超声波感应型探测器以及缆式探测器、地址码式探测器和智能化探测器等多种类型。

火灾探测器布置与探测器的种类、建筑防火等级及布置特点等多种因素有关。

一般规定,探测区域内的每个房间至少应布置一个探测器。感烟、感温火灾探测器的保护面积和保护半径,与房间的面积、高度及屋顶坡度有关,具体布置场所见附录5。最大安装间距与探测器的保护面积有关。在一个探测区域内所需设置的探测器数量可按照下式计算

$$N \geqslant S/KA$$

式中　$N$——一个探测区域内所需设置的探测器数量,只;

　　　$S$——一个探测区域内的面积,$m^2$;

　　　$A$——一个探测器的保护面积,$m^2$;

　　　$K$——修正系数,重点保护建筑取 $0.7 \sim 0.9$,普通保护建筑取 $1.0$。

探测器宜水平安装,如必须倾斜安装时,倾斜角不应大于45°。

**2. 火灾报警控制设备**

火灾报警控制功能是为火灾探测器提供稳定的工作电源,接受、转换和处理火灾探测器输出的报警信号,指示报警位置、时间,用声、光报警,监视探测器及系统本身状况和执行相应辅助控制等。

火灾报警控制器多种多样,国内当前各类火灾报警控制器如表5-11所示。表中"有阈值"是指有阈值火灾探测器,它处理探测信号为阶跃开关量信号,报警信号不能进一步处理,火灾报警只取决于探测器。"无阈值"是指处理的探测信号是连续模拟信号,报警信号送至控制器。多线式、总(少)线式是指探测器与控制器连接的方式。多线为一一对应方式,总(少)线则为所有探测器并联或串联在总(少)线上,一般总线仅为 $2 \sim 4$ 根。单路、多路分别指控制器处理一个、多个回路的探测器工作信号。

表5-11　火灾报警控制器分类

| 使用环境 | | 技术性能 | | 设计使用 | | | 结　　构 | | |
|---|---|---|---|---|---|---|---|---|---|
| 陆用型 | 船用型 | 普通型 | 微机型 | 区域 | 集中 | 通用 | 壁挂式 | 台式 | 柜台 |
| 防爆型 | 防爆型 | 多线式 | 多线式 | 单路 | 单路 | 单路 | | | |
| 非防爆型 | 非防爆型 | 总线式 | 总线式 | 多路 | 多路 | 多路 | | | |
| | | 有阈值 | 有阈值 | | | | | | |
| | | 无阈值 | 无阈值 | | | | | | |

## 5.4.3　火灾自动报警系统的设置及保护等级

我国已制定出火灾报警系统的系统设置和保护等级技术规范、规程等,见附录5。

## 5.4.4 火灾事故广播及消防专用电话的设置

有控制中心报警系统的建筑应设置火灾事故广播;只设有集中报警系统的建筑,宜设置火灾事故广播。

火灾事故广播中的扬声器应设置在建筑内走道和大厅内,数量按楼层任何点至最近一个扬声器人行距离不大于 25 m 确定。每个扬声器的额定功率应大于 3 W,客房内设置的专用扬声器额定功率不应小于 1 W。

消防控制室内设置火灾报警装置与应急广播的控制装置的控制程序应符合下列要求:

①2 层及 2 层以上的楼层发生火灾,应先接通着火层及其相邻的上下层;

②首层发生火灾,应先接通本层、二层及底下层;

③地下室发生火灾,应先接通地下各层及首层;

④含多个防火分区的单层建筑应先接通着火的防火分区及其相邻的防火分区。

消防专用电话的设置和要求见表 5-12。消防专用电话应为独立的消防边信网络系统。

表 5-12 消防专用电话设置要求和位置

| 要 求 | 设 置 位 置 |
|---|---|
| 对消防控制室、值班室或消防站应设"119"专用城市电话线 | ①民用建筑内宜在下列部位设电话分机:消防水泵房,电梯机房,变、配电室值班室,自备柴油发电机房,排烟机房,通风,空调机房,电话站话务员室,超高层建筑中各避难层主要出入口,火灾报警控制器,消火栓按钮及手动按钮装设处,卤代烷灭火系统的操作装置室,钢瓶室,控制室 |
| 消防控制室应设消防专用电话总机 | ②设有手动火灾报警按钮、消火栓按钮等处宜设置电话插孔。电话插孔在墙上暗装时,底边距地面高度宜为 1.3 ~ 1.5 m<br>③特级保护对象的各避难层应每隔 20 m 步行距离设置消防专用电话分机或塞孔 |

## 5.4.5 消防控制室的设置要求

为了使消防控制室能在火灾预防、火灾扑救及人员、物资疏散时确实发挥作用,并能在发生火灾时坚持工作,那么对消防控制室的设置位置、建筑结构、耐火等级、室内照明、通风空调、电源供给及接地保护等方面均应有明确的技术要求。

**1. 消防控制室的设置位置、建筑结构、耐火等级**

为了保证火灾时消防控制室内的人员能在发生火灾时坚持工作而不受火灾的威胁,消防控制室最好设置独立,且耐火等级不应低于二级。当必须附设在建筑物内部时,宜设在建筑物内底层或地下一层,并应采用耐火等级不低于 3 h 的隔墙和 2 h 的楼板与其他部位隔开。耐火极限见表 5-13。

表 5-13　消防控制室设置位置、耐火极限

| 规范名称 | 设置位置 | 隔墙 | 楼板 | 隔墙上的门 |
|---|---|---|---|---|
| 建筑设计防火规范 | 底层或地下一层 | 3 h | 2 h | 乙级防火门 |
| 高层民用建筑设计防火规范 | 底层或地下一层 | 2 h | 1.5 h | 乙级防火门 |
| 人民防空工程设计防火规范 | 地下一层 | 3 h | 2 h | 甲级防火门 |

为了便于消防人员扑救时联系工作,消防控制室门上应设置明显标志。如果消防控制室设在建筑物的首层,消防控制室门的上方应设标志牌或标志灯,地下室内的消防控制室门上的标志必须是带灯光的装置。设标志灯的电源应从消防电源接入,以保证标志灯电源可靠。

高频电磁场对火灾报警控制器及联动控制设备的正常工作影响较大,如卫星电视接收站等。为保证报警设备的正常运行,要求控制室周围不布置干扰场强超过消防控制室设备承受能力的其他设备用房。

**2. 对消防控制室通风、空调设置的要求**

为保证消防控制室内工作人员和设备的安全,应设独立的空气调节系统。独立的空气调节系统可根据控制室面积的大小选用窗式、分体壁挂、分体柜式空调器,也可使用独立的吸顶式家用中央空调器。

当利用建筑内已有的集中空调时,应在送风及回风管道穿过消防控制室墙壁处设置防火阀,以阻止火灾烟气沿送、回风管道窜进消防控制室,危急工作人员及设备的安全。该防火阀应能在消防控制室内手动或自动关闭,动作信号应能反馈回来。

**3. 对消防控制室电气的要求**

消防控制室的火灾报警控制器及各种消防联动控制设备属于消防用电设备,火灾时是要坚持工作的。因此消防控制室的供电应按一、二级负荷的标准供电。当按二级负荷的两回线路要求供电时,两个电源或两回线路应能在控制室的最末一级配电箱处自动切换。

消防控制室应设置应急照明装置,供电电源应采用消防电源。如果使用蓄电池供电,供电时间至少应大于火灾报警控制器的蓄电池供电时间,以保证在火灾报警控制器的蓄电池停止供电后,能为工作人员的撤离提供照明。应急照明装置的照度应达到在距地面 0.8 m 处的水平上任何一点的最低照度不低于正常工作时的照度 100 lx。

消防控制室内严禁与火灾报警及联动控制无关的电气线路及管路穿过。根据消防控制室的功能要求,火灾自动报警、固定灭火装置、电动防火门、防火卷帘及消防专用电话、火灾应急广播等系统的信号传输线,控制线路灯均应进入消防控制室。控制室内(包括吊顶上和地板下)的线路管路已经很多,大型工程更多,为保证消防控制设备安全运行,便于检查维修,其他无关电气线路和管路不得穿过消防控制室,以免互相干扰造成混乱或事故。

值得注意的是,在很多实际工程中,往往将闭路电视监控系统设置在消防控制室内。这样做的目的一是形成一个集中的安全防范中心,减少值班人员;二是为值班员分析、判断现场情况提供视频支持。从实际使用效果看,两套系统可以共处一室,但应分开布置。有些国内厂家的报警设备要求 Internet 或单位内部局域网的网线不得与火灾报警信号传输线和联动控制线共管,为避免相互干扰,两者应相距 3 m 以上。

**4. 消防控制室内设备布置的要求**

为了便于设备操作和检修,《火灾自动报警系统设计规范》(GB 50116—2013)对消防控制

室内的消防设置布置做了如下规定：

①单列布置时设备面盘前的操作距离不应小于 15 m,双列布置室不应小于 2 m;

②在值班人员经常工作的一面,设备面盘至墙的距离不应小于 3 m;

③设备面盘后的维修距离不宜小于 1 m;

④设备面盘的排列长度大于 4 m 时,两端应设置宽度不小于 1m 的通道;

⑤集中火灾报警控制器(火灾报警控制器)安装在墙上时底边距地高度宜为 1.3 ~ 1.5 m,靠进门轴的侧面距墙不应小于 0.5 m,正面操作距离不应小于 1.2 m。

**5. 消防控制室控制及显示功能**

(1)消防控制室的功能

①控制消防设备的启、停,并应显示工作状态;

②消防水泵、防烟排烟风机的启、停,除自动控制外,应有手动直接控制;

③显示火灾报警和故障报警部位;

④显示保护对象的重点部位、疏散通道及消防设备所在位置的平面图或模拟图;

⑤显示系统供电电源的工作状态。

(2)消防控制设备的控制与显示功能

①室内消火栓设备的启动显示;

②自动喷水灭火装置的启动显示;

③水喷雾灭火设备的启动显示;

④泡沫灭火设备的启动显示;

⑤二氧化碳灭火设备的启动显示;

⑥卤代烷灭火设备的启动显示;

⑦干粉灭火设备的启动显示;

⑧室外灭火设备的启动显示;

⑨火灾自动报警设备的动作显示;

⑩漏电报警设备的动作显示;

⑪向消防机关通报设备的操作及动作显示;

⑫火灾警铃、警笛等音响设备的操作显示;

⑬可燃气漏气报警设备的动作显示;

⑭气体灭火放气设备的操作及动作显示;

⑮排烟口的开启显示及操作;

⑯排烟风机的动作显示及操作;

⑰防火卷帘的动作显示;

⑱防火门的动作显示;

⑲各种空调的停止操作及显示;

⑳消防电梯轿厢的呼回及联动操作显示;

㉑可燃气体紧急关断设备的动作显示。

消防专用电话的设置和要求见表5-12。消防专用电话应为独立的消防通信网络系统。

## 5.4.6　消防用应急照明及配电系统

消防用应急照明属于事故照明,即当发生火灾时打开备用照明灯供人员疏散。建筑内火灾应急照明部位可参阅表 5-14。

**表 5-14　火灾应急照明设置部位**

| 建筑类别 | 设　置　部　位 |
| --- | --- |
| 设有消防给水的建筑 | ①封闭楼梯间,防烟楼梯间及其前室,消防电梯及其前室<br>②配电室,消防控制室,自备发电机房,消防水泵房,防烟排烟机房,供消用电的蓄电池房,电话总机房,发生火灾仍需坚持工作的其他房间<br>③观众厅,每层面积超过 1 500 m² 的展览厅、营业厅,建筑面积超过 200 m² 演播室,人员密集且建筑面积超过 300 m² 的地下室<br>④公共建筑内的疏散走道和长度超过 20 m 的内走道 |
| 高层建筑 | ①疏散楼梯及其前室,消防电梯及其前室<br>②同上②<br>③观众厅,展览厅,多功能厅,餐厅和商业营业厅等人员密集场所<br>④同上④ |

消防用电是指设有消防控制室、消防水泵、消防电梯、防烟排烟设施、火灾自动报警、自动灭火装置、应急照明、电动防火门窗、卷帘、阀门等高层建筑内的用电。按我国有关规定,属一类建筑应按一级负荷的两路电源要求供电;二类建筑应按二级负荷两回路供电。

在消防控制室、消防泵房、消防电梯机房及各层单独或几层共用(最多不超过 3～4 层)的专用消防配电屏(箱)、应急照明配电箱以及电源最末一级配电箱处应设置两路电源的自动切换装置。

## 5.4.7　消防联动控制

**1. 消防联动系统的组成及功能**

(1)消防联动系统的组成

①通信与疏散系统　由紧急广播室系统(平时为背景音乐系统)、事故照明系统以及避灾诱导灯等组成。

②灭火控制系统　由自动喷洒装置、气体灭火控制装置、液体灭火控制装置等构成。

③防排烟控制系统　主要实现对防火门、防火阀、排烟口、防火卷帘、排烟风机、防烟垂壁、防火门及电动安全门的设备进行控制。

(2)消防联动系统的功能

现场消防设备种类繁多,从功能上可分为三大类:第一类是灭火系统,包括液体、气体、干粉的喷洒装置,是直接用于扑灭火灾的;第二类是灭火辅助防排烟系统,是用于限制火势、防止灾害扩大的各种防排烟设施;第三类是广播与诱导系统,是用于报警并通过灯光与声响来指挥现场人员的各种设备。

这些现场消防设备需要消防联动控制装置如下:

①室内消火栓系统的控制装置；

②自动喷水灭火系统的控制装置；

③卤代烷、二氧化碳等气体灭火系统的控制装置；

④电动防火门、防火卷帘等防火分割设备的控制装置；

⑤通风、空调、防烟、排烟设备及电动防火阀的控制装置；

⑥电梯控制装置、断电控制装置；

⑦备用发电控制装置；

⑧火灾事故广播系统机器设备的控制装置；

⑨消防通信系统、火灾电铃、火警灯等现场声、光报警控制装置；

⑩事故照明装置等。

在建筑物防火工程中，消防联动控制系统可由上述部分或全部控制装置组成。

**2. 智能消防系统的集成与联网**

（1）智能消防系统的集成

智能建筑应满足于高可靠性、高安全性、舒适性强、反应灵敏的要求，因此要求消防自动化（FA）系统与楼宇自动化（BA）系统有机地联系在一起并发挥作用。FA 系统是 BA 系统的子系统，是智能建筑安全的关键。因此消防系统的集成就是通过中央监视系统。智能消防系统可使建筑物配电、照明、灯光、音响与广播、电梯与装置实现联动控制，进一步与整个建筑物的通信、办公和保安系统联网，实现建筑物的综合自动化。

智能消防系统集成能力的评价依据如下：

①为了实现火灾参数动态监测，提高综合消防管理能力，消防系统与中央信息管理子系统是否联网；

②FA 系统作为 BA 系统的一个子系统，是否实现自动报警、灭火、消防联动等各项功能；

③为了使其与 BA 系统联网，是否留有接口。

（2）智能消防系统的联网

作为楼宇自动化系统的一部分，消防系统可以受控于主系统，也能独立工作，还可与通信、办公及保安等其他子系统联网，实现整个建筑的综合智能化，并能向上级管理系统报警和传递信息，为城市消防调度指挥系统、城市消防管理系统与城市综合信息管理网络的联网运行提供火灾及楼宇消防系统状况的信息，与城市其他管理中心共享数据和信息，为智能建筑提供了重要的安全保证。

智能楼宇中的智能消防系统，可通过配置丰富的计算机界面、楼宇火灾模拟软件及相应的消防专家系统，为楼宇消防管理人员的培训、设备监测管理和各种假想条件下初期火灾扑救方案的设计服务。另外，专业消防监督管理人员可以通过计算机网络系统查阅重点建筑、重点防火单位的防火资料和设备运行状态纪录，交流、分析各个建筑、各个单位的火灾特点和灭火预设方案，改变以往仅靠现场走访和检查的防火管理方式，构成高效的防火监督管理系统。由此可见，系统集成和联网是消防系统提升功能的途径。FA 系统与 BA 系统集成与联网框图见图5-11。

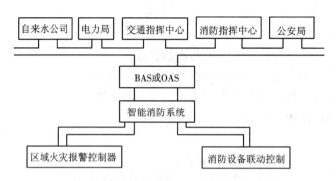

图 5-11　FA 系统与 BA 系统集成与联网框图

# 5.5　安全防范系统

## 5.5.1　安全防范系统概述

随着现代化建筑的发展,安全防范系统正在向综合化、集成化方向发展。过去,除人口控制系统、防盗报警系统、访客对讲系统及电子巡逻系统、闭路电视监视系统、停车场车辆管理系统等,均为各自独立的系统。而现在,先进的安全防范系统统一由计算机协调共同工作,构成集成化安全防范系统,可以对大面积范围、多部位地区进行实时、多功能监控,并能对得到的信息进行及时分析与处理,实现高度安全防范的自动化。

**1. 安全防范系统组成**

安全防范系统是多个子系统的有机结合。概括而言,安全防范系统通常由探测器、信号传输信道、控制器和报警中心组成,如图 5-12 所示。

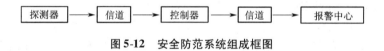

图 5-12　安全防范系统组成框图

(1)探测器

探测器亦称入侵探测器,其作用是探测入侵者移动或有其他动作的器件。

(2)信号传输信道

信号传输信道是探测电信号传输的通道。信号传输信道种类比较多,通常分有线信道和无线信道。

(3)控制器

报警控制器由信号处理器和报警装置组成。报警信号处理器是对信号中传来的探测信号进行处理,判断出电信号中"有"或"无"危险情况,并输出相应的判断信号。若探测电信号中含有入侵者的入侵信号,则信号处理器发出告警信号,报警装置发出声或光报警,以引起保安人员的警觉;若控制器在监控现场,则起到威慑入侵者和引起他人注意的作用。反之,若探测器电信号中无入侵者的入侵信号,则信号处理器送出"无情况"的信号,同时报警器也不发出声或光报警信号。

（4）报警中心

为实现区域性的防范,把几个需要防范的区域连接到一个接警中心,这个中心称为报警中心。各个区域报警控制器的电信号,通过电话线、电缆、光缆或无线电波传到控制中心,同样,控制中心的命令或指令回送到各区域的报警值班室,一旦出现危险情况,可以集中力量打击犯罪分子,以加强防范力度。

**2. 安全防范系统的集成**

（1）集成式安全防范系统　通过统一的通信平台和管理软件将安保控制中心室和系统（包括消防报警控制系统）进行集成的自动化管理。

（2）综合式安全防范系统　通过统一的通信平台和管理软件将安保控制中心室设备安全防范系统中的各子系统设备联网,安保控制中心室对安全防范系统的信息进行集中管理。

（3）组合式安全防范系统　安全防范系统中各子系统分别单独设置独立功能,并由安保控制中心统一管理。

上述三种系统集成模式分别满足甲、乙、丙三类智能建筑标准的要求。

**3. 安全防范联动控制的集成管理系统**

智能建筑的智能化子系统繁多,功能各不相同,但相互之间又存在一定的关联性,应采用集成管理系统综合协调与管理。该系统应提供与安保控制中心室互联所必需的标准通信接口和特殊接口协议。应能实现观察到安保电视系统、防盗报警系统、门禁出入口制系统、安全巡更系统、车库管理及消防值勤报警和控制等系统的相关信息。

## 5.5.2　安全防范系统的主要内容及应用实例

### 5.5.2.1　防盗报警系统

**1. 防盗报警系统的构成**

为适应不同要求,在现场使用不同的探测器针对建筑物内外重要地点和区域进行布防,在探测到有非法入侵时,及时向有关人员示警。此外,电梯内的报警按钮、人员受到威胁时使用的紧急按钮、脚挑开关等也属于此系统。振动探测器、玻璃破碎报警器及门磁开关等可有效探测罪犯从外部侵入,安装在楼内的运动探测器和红外探测器可感知人员在楼内的活动,接近探测器可以用来保护财物、文物等珍贵物品。探测器是系统的重要组成部分。另外,该系统可报警,会纪录入侵时间、地点,同时能向监视系统发出信号,并录下现场情况。总之,防盗报警系统由探测器、报警控制器、信号传输及报警控制中心等组成,基本结构图如图 5-13 所示。

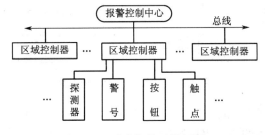

图 5-13　防盗报警系统框图

### 2. 防盗探测器

（1）常用入侵探测器分类

入侵探测器由传感器和前置放大器组成。探测器通常按传感器种类、工作方式和警戒范围来区分。常用入侵探测器可分为点型入侵探测器、直线型入侵探测器、面型入侵探测器、空间入侵探测器等。

（2）常用入侵探测器的构造及原理

①点型入侵探测器

点型入侵探测器是指警戒范围仅是一点的报警器，如门、窗、柜台、保险柜等。这些警戒的范围仅是某一特定部位，当这些警戒部位的状态被破坏时即能发出入侵信号。

点型入侵探测器主要指开关入侵探测器。开关入侵探测器常由微动开关或干簧继电器组成。干簧继电器由干簧管和磁铁组成，干簧管外壳由玻璃制成，容易碎，一般将它安装在固定不动的门框或窗框上，磁铁则可安装在活动的门窗或窗扇上。开关传感器的触电容量小，过载能力差，耐压低，需要控制电路对探测器的输出信号进行处理，完成驱动报警器报警。磁控开关的报警电路如图5-14所示。

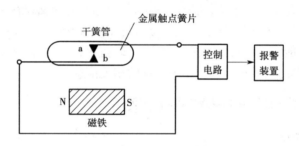

**图5-14　磁控开关的报警电路**

②直线型入侵探测器

这是指警戒范围是一条线束的探测器，当这条警戒线上的警戒状态被破坏时，发出报警信号。直线型入侵探测器可分为两种，即主动红外入侵探测器和激光入侵探测器。探测器的发射机发射出一串红外光或激光，经反射或直接射到接收器上，如中间任意处被遮断，报警器即发出报警信号。

主动红外探测器发射激光源通常采用红外光二极管。红外光二极管具有体积小、质量轻、寿命长、功耗低等特点，同时光源经过脉冲调制发出，这既大大降低了电源功耗，又增强了系统抗杂散光的能力。主动红外探测器外形如图5-15所示，布置如图5-16所示。

**图5-15　主动红外探测器外形**

激光探测器采用激光作光源。激光具有方向性好、亮度高、单色性、相干性好等特点，所以激光探测器适用于远距离的线控报警装置。因其能量集中，可以在光路上加反射镜反射激光，围成光墙，不易被犯罪分子发现。激光探测器采用脉冲调制，抗干扰能力较强，稳定性好，通过采用双光路系统可以加大幅度提高系统的可靠性。

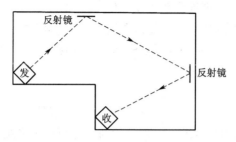

**图 5-16　主动红外探测器的几种布置方式**

③面型入侵探测器

面型报警探测器警戒范围为一个面。当警戒面上出现危害时,发出报警信号。面型入侵探测器有震动式、电磁感应式两种。震动探测器经常安装在墙面上(玻璃上)或要求保护的铁丝网上。当入侵者凿击墙面(破坏玻璃)或触及铁丝网时,震动传感器发出报警信息。电磁感应探测器有平行电场畸变和带孔同轴电场探测器两类。安装在现场后,当被探测的目标侵入防范区域时,导致传感器周围的电磁场分布发生变化,于是探测器发出报警信号。

④空间入侵探测器

空间入侵探测器用于警戒某一个空间,当警戒此空间出现入侵危害时发出报警信号。常用的空间入侵探测器有声入侵探测器和微波入侵探测器。在声入侵探测器中,常见的有声发射探测器、次声探测器和超声探测器。在声发射探测器中,玻璃破碎声发射探测器主要用来探测频率在 10 ~ 15 kHz 的玻璃破碎所发出的声音。用于探测凿墙、锯钢筋的发射探测器主要用来探测频率在 1 000 Hz 或 3 500 Hz 凿墙或锯钢筋所发出的声音信号。次声探测器通常只用来做室内的空间防范。超声波探测器利用多普勒效应,检测移动人体反射的超声波,利用超声波的变化进行报警。

**3. 防盗报警探测器**

防盗报警探测器是防盗报警系统的心脏部分,应具有如下功能:

(1)能够直接或间接接收入侵探测器发出的报警,并发出声、光报警,同时具有手动复位功能或远程计算机复位控制功能;

(2)具有防破坏功能,识别传输线路发生断路、短路或并接其他负载;

(3)具有系统自检功能;

(4)在主要电源电压变化 ±15% 时仍能正常工作,为与该控制器接口的全部探测器提供直流电源,并能在满负荷条件下连续 24 h 工作;

(5)具有良好的稳定性,在正常大气压条件下可连续正常工作 7 天,不出现误报、漏报;

(6)在额定电压和额定负载电流下进行报警、复位,6 000 次不允许出现电气或机械故障,也不应有器件的损坏和触点的粘连。

**4. 信号传输**

探测信号的传输方法主要有有线传输和无线传输。

传输距离比较近且频率不高的开关信号,一般采用双绞线传输;传输距离比较远且频率不高的开关信号,一般采用公共电话网传输;声音或图像信号,一般采用音频屏蔽线和同轴电缆传输。音频线和同轴电缆传输具有传输图像好、保密性好、抗干扰能力强等优点。对于长距离传输和要求传输速度比较高的场合,则采用光纤传输。此外,随着网络技术应用的深入,可利用局域网、城域网和因特网,实现远程系统监控信号传输。

无线传输是探测器输出的探测信号经过调制,用一定频率的无线电波向空间发送,由报警中心的控制器接收,并将接受信号经解调器处理后,发出报警信号和判断报警部位。

### 5.5.2.2 出入口管理及周界防越报警系统

#### 1. 系统功能

为了建立封闭式住宅小区,加强出入口管理,防范小区外闲杂人员进入,同时防范非法翻越围墙或栅栏,智能化小区均安装出入口管理及周界防越报警系统。当发生非法翻越时,探测器可以立即将警情传送到小区物业管理中心,中心将在电子地图上显示出翻越区域,以利于保安人员及时准确地处理。其主要功能要求如下:

(1)周界需要全面设防,无盲区和死角;

(2)探测器应有较强的抗不良天气、环境干扰的能力;

(3)防区划分适于报警时准确定位;

(4)报警中心具备语音、警笛、警灯提示;

(5)中心通过显示屏或电子图识别报警区域;

(6)翻越区域现场报警,同时发出语音警笛、警灯、警告;

(7)报警中心可控制前端设备状态的恢复;

(8)夜间与周围探照灯联动报警时,警情发生区域的探照灯能自动开启;

(9)与闭路电视监控系统联动报警时,警情发生区域的图像能自动在监控中心监视器中弹出;

(10)报警中心进行报警状态、报警时间记录。

#### 2. 出入口控制系统

(1)出入口控制系统的组成及功能

出入口是指进出小区的主要通道口。出入口管理是限制外来人员进入小区的重要方式,一般通过门禁管理系统实现。出入口控制系统构成框图如图5-17所示。

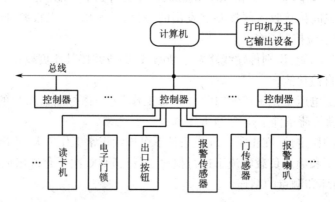

**图5-17　出入口控制系统**

门禁管理系统是小区出入管理的重要设施,用来管理小区的主要入口、楼宇出入口、停车场出入口等,对进出人员进行分级别、分区域、分时段的管理,以确保小区安全。门禁管理系统的识别系统通常采用各种卡式识别系统,包括磁卡、IC卡、射频卡(TM)、智能卡等。这种门禁管理系统用电动门锁和智能卡取代传统的门锁和钥匙,每一个用户持有一张唯一编号的加密智能卡。用户要进入自己家或公共区域时,只要将自己的智能卡接触读卡器,门禁管理系统会自动判断该卡是否有权进入该地区。如果有权进入,则打开大门,否则无法打开大门。

门禁管理系统应具有以下功能:

①电孔锁有定时和实时控制;

②读卡机控制方式可以更改;

③用户插入智能卡并输入密码,密码正确后方可进入;

④常规操作方式下,任何用户插入合法的智能卡,可不输入密码直接顺利进入;

⑤不加锁操作方式下,可自由出入,不需读卡;

⑥读卡机可定时、实时控制;

⑦可对卡的读放、挂失等进行管理;

⑧读卡机能提供强行闯入信息;

⑨门的关闭时间可控;

⑩在发生火警等需要紧急疏散时,系统自动打开门禁。

随着指纹识别技术的逐渐成熟,指纹门禁识别系统开始走向市场。目前,眼底识别技术也在快速发展,在系统安全要求很高的场合,已开始有所应用。这两种技术均是非常有发展前途的应用技术,随着技术的成熟和价格的降低,相信会很快应用到智能小区中。

(2)出入口控制系统实例

出入口控制就是对建筑物内外正常的出入通道进行控制管理,并指导人员在楼内及其相关区域的行动。智能大厦采用的是电子出入口控制系统,在大楼的入口处、金库门、档案室门、电梯处可以安装出入口控制装置,如磁卡识别器或者密码键盘等。想要进入必须拿出自己的磁卡或输入正确的密码,或两者兼备。只有持有有效卡片或密码的人才允许通过。出入口控制系统的标准组成如图 5-18 所示。在实际设计中可根据情况增减门禁控制器数量。某综合楼的出入口控制系统的设备平面布置如图 5-19 所示。

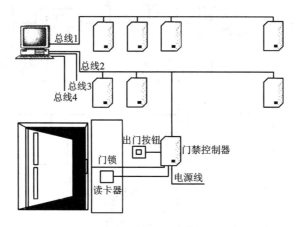

**图 5-18　出入口控制系统的标准组成**

### 3. 周界防越报警

(1)周界防越报警系统的组成

此系统由探测器、报警控制器、联动控制器、模拟显示屏及探照灯等组成。典型的周界防越报警系统结构如图 5-20 所示。

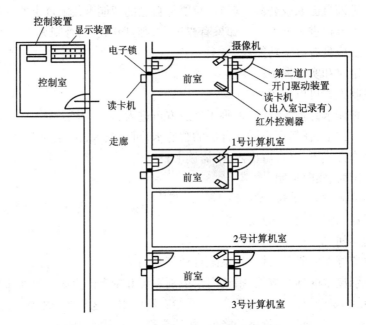

**图 5-19　某综合楼的出入口控制系统的设备示意**

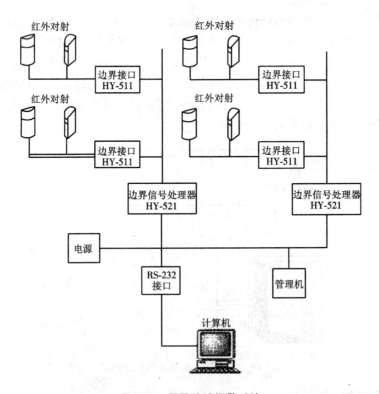

**图 5-20　周界防越报警系统**

（2）探测器的合理选用

一般情况下多采用线型探测器,有特殊要求时采用面型探测器。线型探测器多采用户外型双路或四路主动红外探测器或激光探测器,组成不留死角的防非法跨越报警系统。系统应采用模糊控制技术,有效避免由于树叶、杂物、小鸟、小动物、暴风雪、暴风雨等原因对探测报警器的影响,同时保证任何较大物体和人的非法翻越围墙或栅栏行为立即报警。

(3)工作原理

当探测器检测到入侵信号时,向接警中心报警,接警中心联动控制器打开相关区域探照灯,发出报警警笛,启动录像机,模拟电子屏动态显示报警区域,接警中心监控用计算机弹出电子地图并做报警记录。

### 5.5.2.3 访客对讲与电子巡视系统

**1. 对讲和可视防盗门控制系统**

(1)系统功能

可视楼宇对讲系统可防止外来人员的入侵,确保家居安全。可视楼宇对讲系统不管白天夜晚,都能清楚地看见室外的来访人员。

对讲和可视防盗门控制系统是在各单元入口安装防盗门和对讲装置,以实现访客与住户对讲并可让住户观察访客。在高层住宅楼或居住小区,此设置能为来访人与居室中的人们提供双向通话或让住户观察访客,并具有住户遥控入口大门的电磁开关以及向安保管理中心紧急报警或向"110"报警的功能。其主要功能如下:

①叫门、摄像、对讲、室内监视室外、室内遥控开锁、夜视等;

②住户在室内与访客进行对话的同时,可以在室内机超薄扁平显示器上看见来访者影像并通过开锁按钮控制铁门开启,达到阻止陌生人进入大楼的目的;

③住户在楼下可以通过感应卡、密码、钥匙、对讲开锁;

④可对独户型、别墅型、大厦型的多幢大楼联网;

⑤能对进出人员进行监视和录像;

⑥室内分机可以任意选择可视或不可视;

⑦无应答时,室内机图像在延时时间过后会自动消失;

⑧加装单户室外对讲门铃,便于楼内住户内部联系;

⑨备有后备电源;

⑩各幢对讲主机与保安中心管理主机联网,保安中心可随时了解住户求救信号。

(2)组成与原理

可视楼宇对讲系统是由门口主机、室内可视分机、不间断电源、电控锁、闭门器等基本部件构成的连接每个住户室内和楼道大门主机的装置,在对讲系统的基础上增加了影像传输功能,如图5-21所示。可视对讲控制系统工作过程如下:在小区出入口及各组团的出入口保安室内安装管理员对讲总机,在各单元门口安装防盗门及对讲主机,在住户室内安装对讲机。当来访者进入小区组团时,保安人员通过管理员对讲总机与住户对话,确认来访者身份后,开启小区门禁或组团门禁系统,来访者方可进入小区。来访者在单元楼梯口再通过对讲主机呼叫住户,住户同意后开启单元电控锁,来访者方可进入楼内。

(3)可视对讲系统典型工程示例

某小区采用的JB-2000型可视对讲系统,如图5-22所示。它是集电话交换机、可视对讲功能于一体的门口主机。系统为可视与非可视兼容的联网访客对讲系统。每层用一个隔离器视频分配器或视频放大器。每个隔离器最多带20台分机。室内分机数量超过40户需加隔离器

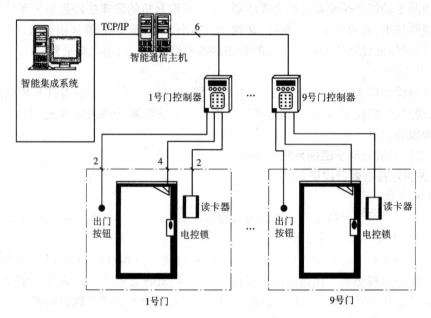

**图 5-21　可视对讲系统典型组成**

进行扩容视频切换器为 8 路视频信号输入,一路信号输出。对讲系统所用设备均装在一个接线箱内,电源装在弱电井内。

**2.巡视保安系统**

(1)系统功能

电子巡视系统是按设定程序路径上的巡视开关或读卡器,使保安人员能够按照预定的顺序在安全防范区域内的巡视站进行巡逻,可同时保障保安人员以及大楼的安全。保安巡视系统是小区周界防越系统功能的重要补充。通过对小区内各区域及重要部位的安全巡视和巡视点的确认,可以实现不留任何死角的小区巡视网络。

保安巡视管理系统可以指定保安人员巡视小区各区域及重要部位的巡视路线,并安装巡视点。保安巡视人员携带巡视记录机按照指定的路线和时间到达巡视点并进行记录,将记录信息传送到物业管理中心。管理人员可以调阅、打印各保安人员的工作情况,加强保安人员的管理,从而实现人防和技防结合。

(2)保安巡视系统组成及要求

巡视系统一般由巡视仪和巡视卡或巡视仪用智能钥匙组成。巡视仪一般安装在小区四周的重要巡视确认点。当保安人员巡视到巡视确认点时,对于卡式巡视仪,巡视人员只需将卡刷过或接近感应巡视仪即可;对于使用钥匙的巡视仪,巡视人员只需将智能钥匙插入巡视仪即可。巡视系统如图 5-23 所示。

如果保安人员在规定的时间范围内没到达指定巡视点时,系统便认为有异常情况发生,将提醒物业管理监控中心及时核实处理。当保安人员巡视过程发现异常情况时,可应通过对讲机报告物业管理监控中心,也可以通过就近的巡视仪与物业管理监控中心联络。

**5.5.2.4　闭路电视监视系统**

系统在重要的场所安装摄像机,使保安人员在控制中心可以监视整个大楼内外的情况,从

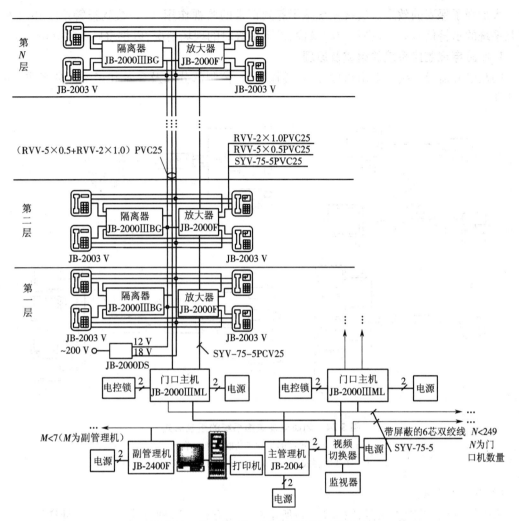

图 5-22　某小区 JB－2000 型可视对讲系统

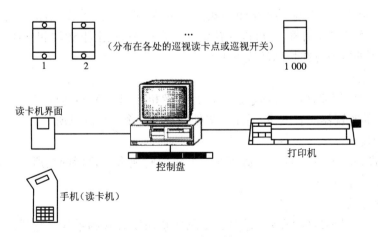

图 5-23　巡视系统

而大大加强了保安的效果。监视系统除了起到正常的监视作用外,在接到报警系统和出入口控制系统的示警信号后,可进行实时录像,录下报警时的现场情况,以供事后重放分析。

**1. 闭路电视监控系统的组成及原理**

闭路电视监控系统一般由摄像部分、传输部分、控制部分以及显示和记录部分组成,如图5-24 所示。

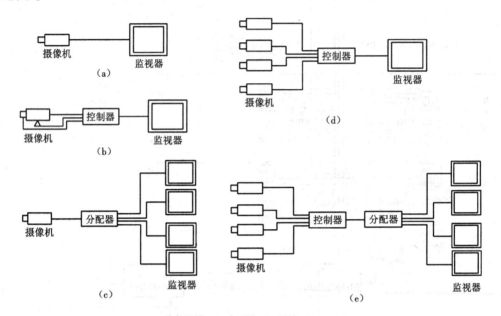

**图 5-24　闭路电视监控系统的组成形式**
(a)单头单尾式;(b)增加了功能的单头单尾式;
(c)单头多尾式;(d)多头单尾式;(e)多头多尾式

(1)单头单尾式

头指摄像机,尾指监视器,图5-24(a)所示属于此方式。这种方式适用于一处连续监视一个固定目标的场所。

图5-24(b)属于增加功能的单头单尾式。因为多了控制器,使得摄像镜头焦距的长短、光圈的大小、远近聚焦均可调整,还可以遥控电动云台的左右、上下运动和接通摄像机的电源。摄像机加上专用外罩便可在特殊环境下工作。

(2)单头多尾式

单头多尾式如图5-24(c)所示。这是一台摄像机经过分配器向许多监视点输送图像信号,由各个点上的监视器同看图像,适用在多处监视同一个目标的场所。

(3)多头单尾式

多头单尾式如图5-24(d)所示,适用在一处集中监视多个目标的场所。它除了控制功能外,还具有切换信号的功能。

(4)多头多尾式

多头多尾式如图5-24(e)所示,是多头多尾任意切换方式的系统。它适用于多处监视多个目标的场所。此时宜结合对摄像机功能遥控的要求,设置多个视频分配切换装置或矩阵网络。每个监视器都可以选择各自需要的图像。

　　摄像部分包括摄像机、镜头、防护罩、云台等,需要时还可以包括麦克风。装有电动可变焦距镜头的摄像机可以通过遥控式摄像技能观察更远的距离、更清楚图像;装有云台的摄像机可以使摄像机水平和垂直方向转动,通过遥控使摄像机覆盖的角度和面积更大;防护罩不仅使摄像机能在恶劣天气情况工作,有时还起到隐蔽作用。高层住宅电梯内监视可以选择一体化摄像机。

　　传输部分是系统图像信号和控制信号的通道。传输部分除了需要传输图像信号外,有些系统还需要传输声音信号,同时控制中心需要对摄像机、镜头、云台等进行控制,因此还需要传输控制信号。

　　控制部分是整个系统的指挥枢纽。一般住宅小区主要由总控制台组成;如构成复杂或庞大的住宅小区,必要时可设副控制台或与总控制台联网。

　　总控制台可以通过键盘对摄像机、镜头、云台、防护罩等进行遥控;通过长延时录像机,用一盘 60 min 带长的录像带记录长达几天的图像信号;通过使用画面分割器,如将显示屏画面分割成四画面、九画面、十六画面等,实现一台监视器上同时显示四个、九个、十六个摄像机送来的画面。此外通过视频切换器,可以控制多台摄像机传送内容轮流在一台监视器上显示,如 4:1,8:1,16:1 视频切换器。典型的电视监控系统结构组成如图 5-25 所示。

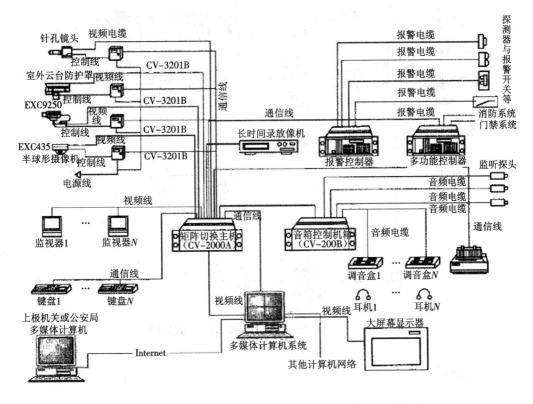

**图 5-25　典型的电视监控系统结构组成图**

### 2. 闭路电视监控系统功能

　　闭路电视监控系统是在小区主要通道、重要公共建筑及周围设置前端摄像机,将图像传送

到小区物业管理中心。中心对整个小区进行实时监控和记录,使中心管理人员充分了解小区的动态。其主要功能如下:

(1)对视频信号进行时序、定点切换、编程;

(2)接受安全防范系统中各子系统信号,根据需要实现控制联动或系统集成;

(3)察看和记录图像,应有字符区分并做时间(年、月、日)的显示;

(4)监视电视系统与安全报警系统联动时,应能自动切换、显示、记录报警部位的图像信号及报警时间;

(5)输出各种遥控信号,如对云台、镜头、防护罩等的控制;

(6)内外通信联系。

智能小区要求闭路电视系统具有一定的联动控制功能。在控制台上,要设有周界防越及其他紧急情况的联动接口。在接到联动控制报警信号时,启动录像机,自动对有警情的被监视区域进行录像。同时,物业管理接警中心工作人员根据警报来操纵控制台,进行跟踪监视,并可采取相应处理措施。通常,可视对讲与闭路电视监视系统结合使用,如图5-26所示。

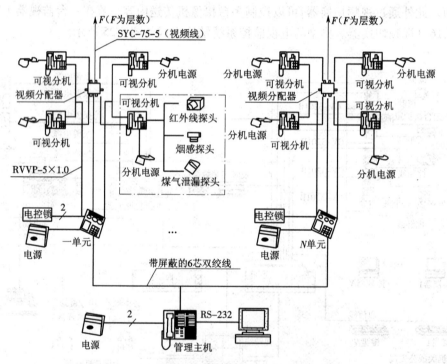

**图 5-26  可视对讲与电视监控系统典型组成**

### 5.5.3  安保系统

**1.对讲机–电锁门安保系统**

住宅楼常采用对讲机–电锁门安保系统。在住宅楼宇入口,设有电磁门锁,门平时总是关闭的。在门外墙上设有对讲总控制箱。来访者按与探访对象的楼层和单元号相对应的按钮时,被访家中的对讲机铃响,主人通过对讲机与门外来访客人讲话。当主人问明来意与身份并同意探访时,即可按动附设在话筒上的按钮,使电锁门的电磁铁通电将门打开,客人即可进入。

否则探访者将被拒之门外。图 5-27 是这类安保系统的原理图。图 5-28 为这类安保系统的实际应用图。

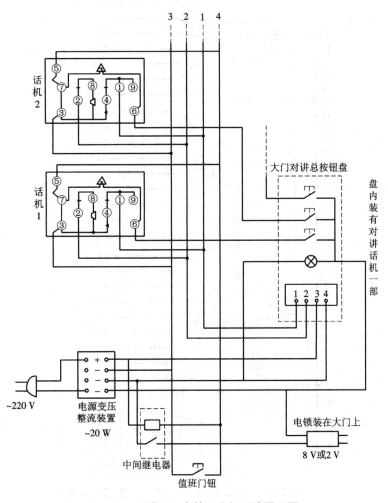

**图 5-27　对讲机 – 电锁门安保系统原理图**

### 2. 可视 – 对讲 – 电锁门安保系统

住宅楼的住户除了与来访者直接通话外,还希望能看清来访者的容貌及来访入口的现场,这时可在入口门外安装电视摄像机。将摄像机视频输出经同轴电缆接入调制器,再由调制器输出射频电视信号进入混合器,并引入大楼内共用天线电视系统,这就构成可视 – 对讲 – 电锁门安保系统,如图 5-29 所示。当住户与来访者通话的同时可打开电视机看到摄像机传送来的入口现场情况。

### 3. 闭路电视安保系统

闭路电视安保系统通常由摄像、控制、传输和显示四部分组成。在办公大厦和高级宾馆或酒店的入口、主要通道、客梯轿厢等处设置摄像机,在安保中心或安保管理处设置监视器。根据监视对象不同,有不同形式系统的监视方式,即单头单尾型、多头单尾型、单头多尾型。

当在一处连续监视一个固定目标时,宜选单头单尾型,如图 5-30 所示。当传输距离较长时,需在线路中增设视频放大器,如图 5-31 所示。当在一处集中监视多个分散目标时,宜选多

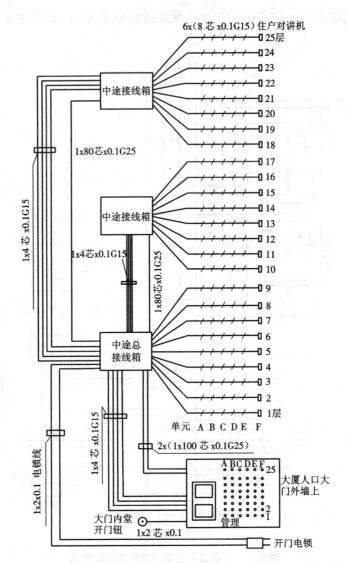

图5-28　深圳友谊大厦3#楼对讲机－电锁门安保系统线路敷设图

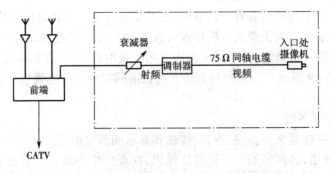

图5-29　可视－对讲－电锁门安保系统原理图

头单尾型,如图5-32所示。当在多处监视一个固定目标时,宜选单头多尾型,如图5-33所示。

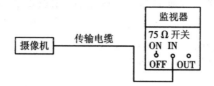

**图5-30 单头单尾型监控安保系统**

**图5-31 具有中间视频放大器的单头单尾型监控安保系统**

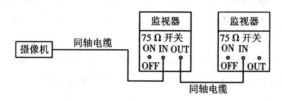

**图5-32 多头单尾型监控安保系统**

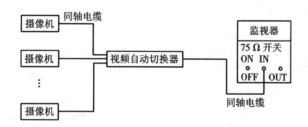

**图5-33 单头多尾型监控安保系统**

在闭路电视安保系统的传输通道中,当传输距离不超过200 m时,可选用多芯闭路电视电缆(SSYV-20型)传输全电视信号;当超过200 m时,宜用同轴电缆传输视频信号,用其他电缆传送控制信号。

## 5.5.4 自动门在防盗安保系统中的应用

高层办公大厦、宾馆、酒店、大型商场的大门及其各单元的入口,大多采用各类自动门。由于设置了自动门,使得分离各区间的门始终保持关闭状态。这对安保工作的管理提供了条件。

在人流情况需要识别的场所,可采用自动门组成识别系统。在图书馆的开架阅览室、办公大厦的资料室以及样品陈列室等场合,可采用先进的电磁出纳装置和自动门组成的识别安保系统。若要把图书或资料样品携带出门,必须先把放入的电磁出纳装置经过消磁处理或输入允许出门的信号,才可携带出门,并自由通过自动门;否则,未办理出纳手续者走近自动门时将被识别,并发出报警信号通知管理人员,且自动门不会开启,起到识别安保的作用。

任何防盗、安保系统的设计与施工都必须保密,所用设备及线路都必须隐蔽和可靠。系统组成及现场布置图一旦泄密,就有可能被坏人利用造成损失。对于特种场所的安保设计(如银行的金库等),应遵照当地安保部门的指示,并在其领导和监督下进行。防盗、安保系统应由建设单位委托当地公安部门监管的安保公司负责施工。

## 5.6 广播音响系统

### 5.6.1 有线广播

根据各类公共建筑功能要求、建筑规模大小和标准的高低,有线广播分为服务性、业务性和火灾事故广播系统。

服务性广播多以播欣赏音乐为主,多设于大型公共场所。业务性广播系统可满足业务及行政管理需要,以语言广播为主,多设于办公楼、商业楼、学校、车站、客运码头、航空港等场所。火灾事故广播系统则设于建筑中有火灾控制中心系统中,有集中报警系统的建筑也宜设置火灾事故广播。

各类广播系统组成的主要部分为设备控制室。只有规模较大或录、播音质量要求高时,可设机房、录播室、办公室、仓库等用房。将广播控制室对建筑设计要求简述于后。

**1. 广播控制室的位置**

根据公共建筑类别可按表 5-15 所列的原则选定。表中消防控制室有关建筑设计要求可参见本书 5.4 节中有关内容。

表 5-15 各类公共建筑广播控制室位置确定原则

| 建 筑 类 别 | 确定位置原则 |
| --- | --- |
| 办公室 | 宜靠近业务主管部门。当与消防值班合用时,尚应符合消防控制室的有关规定 |
| 旅 馆 | 宜与电视播放合并设置控制室 |
| 航空港、铁路旅客站、港口码头 | 宜靠近港、站各自调度室设置 |
| 有钟塔并自动报时的扩音系统建筑 | 扩音控制室宜设在楼房顶层 |

**2. 广播控制室对建筑设计要求**

广播控制室对建筑设计的要求见表 5-16。

**3. 其他要求**

如录播室与机房应设观察窗和联络信号,其隔音量、房间面积及噪声限制应符合我国《有线广播录音(播音)室声学设计规范和技术房间的技术要求》的规定。对有接收无线电台信号的广播控制室,当接收处电台信号较弱(小于 1 mV/m)或受附近建筑物屏蔽影响(如钢筋混凝土结构等)时,则室外应设置室外接收天线等。

表 5-16 广播控制室对建筑设计要求一览表

| 房间名称 | 室内最低净高 | 楼板、地面等效均匀静荷载/(N/m²) | 要求地面类别 | 室内墙顶面 | | 窗洞面积 | 门 | 外窗 | 照明 | 空调设备 | 备注 |
|---|---|---|---|---|---|---|---|---|---|---|---|
| | | | | 墙面 | 顶棚 | 地面面积 | | | | | |
| 1 | 2 | 3 | 4 | 5 | 6 | 7 | 8 | 9 | 10 | 11 | 12 |
| 录播室 | ≥2.8 | 2 000 | 木地板或塑料地板 | 根据吸声处理要求选用材料和布置 | | 1/6（要求高时不应开窗） | 要满足隔音要求 | 选窗洞面积比地面面积为1:6 | 宜选用白炽灯照度150 lx | 独立式噪声应符合限制要求 | ①第三栏荷载应按工程实际校核 ②配线较多时机房宜采用活动地板 ③机房设备周围可铺塑料垫等绝缘材料 |
| 机房 | | 3 000 | | 水泥石灰砂浆抹面后刷浅色油漆 | 表面刷浅色油漆 | 1/6（不宜开窗） | 门宽不小于1 m | 要求良好防尘 | 照度150 lx | 在三级以上旅馆和有值班处要求机房设独立式 | |

## 5.6.2 扩声系统

### 1. 分类及技术指标

扩声系统根据使用要求有语言、音乐和语言音乐兼用三类系统。一般建筑的视听场所多设置语言音乐兼用的扩声系统,只有音乐厅、剧院、会议厅、大型舞厅、娱乐厅等设置专用语言或音乐扩声系统。各类扩声系统主要组成部分为扩声控制室。扩声系统的技术及声学指标见表 5-17。要达到表中所列指标,扩声系统技术设计应与建筑设计(包括建筑声学设计)同步进行。

表 5-17 扩声系统技术及声学指标

| 扩声系统类别分级 / 声学特性 | 音乐扩声系统一级 | 音乐扩声系统二级 | 语言、音乐兼用扩声系统一级 | 语言、音乐兼用扩声系统二级 | 语音扩声系统一级 | 语言、音乐兼用扩声系统三级 | 语音扩声系统二级 |
|---|---|---|---|---|---|---|---|
| 最大声压级(空场稳态准峰值声压级)/dB | 0.1 ～ 6.3 kHz范围内平均声压级≥100 dB | 0.125 ～ 4.0 kHz范围内平均声压级≥95 dB | 0.25 ～4.0 kHz范围内平均声压级≥90 dB | | | 0.24 ～ 4.0 kHz范围内平均声压级≥85 dB | |

表 5-17(续)

| 扩声系统<br>类别分级<br><br>声学特性 | 音乐扩声系统一级 | 音乐扩声系统二级 | 语言、音乐兼用扩声系统一级 | 语言、音乐兼用扩声系统二级 | 语音扩声系统一级 | 语言、音乐兼用扩声系统三级 | 语音扩声系统二级 |
|---|---|---|---|---|---|---|---|
| 传输频率特性 | 0.05~10.00 kHz,以 0.10~6.3 kHz 的平均声压级为 0 dB,且在 0.10~6.30 kHz 内允许≤±4 dB | 0.063~8.0 kHz,以 0.125~4.0 kHz 的平均声压级为 0 dB,允许 +4~-12 dB,且在 0.125~4.0 kHz 内允许≤±4 dB | 0.1~6.3 kHz,以 0.25~4.0 kHz 的平均声压级为 0 dB,允许 +4~-10 dB,且在 0.25~4.0 kHz 内允许 ±4 dB~-6 dB | | 0.25~4.0 kHz,以其平均声压级为 0 dB,允许 +4~-10 dB,且在 0.10~6.3 kHz 内允许≤±4 dB | | |
| 传声增益/dB | 0.1~6.3 kHz 的平均值≥-4 dB(戏剧演出)或≥-8 dB(音乐演出) | 0.125~4.0 kHz 的平均值≥-8 dB | 0.25~4.0 kHz 的平均值≥-12 dB | | 0.25~4.0 kHz 的平均值≥-14 dB | | |
| 声场不均匀度/dB | 0.1 kHz 时≤10 dB<br>1.0⎫<br>6.3⎭kHz 时≤8 dB | 1.0⎫<br>6.3⎭kHz 时≤8 dB | 1.0⎫<br>4.0⎭kHz 时≤8 dB | | 1.0⎫<br>4.0⎭kHz 时≤10 dB | | |

**2. 扩声控制室位置的确定**

原则上应能通过扩声控制室观察窗看到舞台、主席台和大部分观众席,但不应与电气设备房间或灯光控制室相邻或上、下层布置,以避免电磁波的干扰。具体位置见表 5-18。

表 5-18　扩声控制室具体位置

| 建筑类别 | 位　　置 | 备　　注 |
|---|---|---|
| 剧院类建筑 | 宜在观众厅后部 | |
| 体育场、馆类建筑 | 宜在主席台后部 | |
| 会议厅、报告厅类建筑 | 宜在厅的后部 | 设有电视监视系统不受此限 |

对于扩声控制室的建筑设计要求可参阅表 5-16 广播控制室对建筑设计要求一览表。

# 习　题

5-1　何为弱电,弱电系统包括哪些主要内容?

5-2　电话系统由哪几部分组成?

5-3　什么是共用天线电视系统,它的作用是什么?

5-4　共用天线电视系统的基本组成是什么,各部分起什么作用?

5-5　叙述消防系统的组成及其作用。

5-6　火灾自动报警系统的作用是什么?

5-7　火灾探测器有哪几种类型?

5-8　火灾自动报警装置有哪些功能?

5-9　常见的安防系统有哪几种?

5-10　有线广播系统可分为哪几项?

# 第6章　接地与防雷

## 6.1　接地与接零

### 6.1.1　接地和接零概述

在低压 380 V/220 V 的配电系统中,变压器的中性点有两种接法,一种是中性点接地,另一种是中性点不接地。

当变压器的中性点直接接地时,与中性点连接的中性线称为零线。在中性点接地的低压配电系统中,所有的电气设备都用保护接零作为安全措施,因此这个系统又称为接零系统。在接零系统中,变压器的中性点接地称为工作接地。为了保证中性点接地的牢固可靠,并使零线上的电位为零,除了在变压器处将其中性点直接接地外,还需将零线上的一点或多点与大地再次做金属连接。这种多处将零线接地的做法叫作重复接地。在一般的低压三相四线制配电系统中,配电变压器的中性点都是直接接地的,如图 6-1(a)所示。

当变压器的中性点不接地时,中性点对地是绝缘的。在这种低压配电系统中,电气设备采用接地的方法作为安全措施,这种接地叫作保护接地,如图 6-1(b)所示。一般只有在三相三线制供电系统中配电变压器中性点是不接地的。

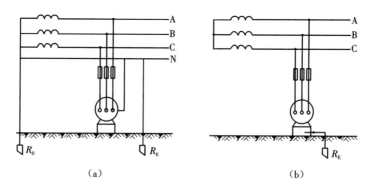

**图 6-1　低压中性点接地和不接地系统示意图**

(a)中性点接地系统;(b)中性点不接地系统

### 6.1.2　保护接地和保护接零的作用

在用电时,人体经常与用电设备的金属结构(如外壳)接触。由于电气装置绝缘损坏,导致金属外壳带电;或者由于其他意外事故,使不应带电的金属外壳带电,这样就会发生人身触电事故,因此采取保安措施是非常必要的,最常用的保安措施就是保护接地或保护接零。

**1. 保护接地**

所谓保护接地,就是在中性点不接地的低压系统中,将电气设备在正常情况下不带电的金属部分与接地体之间做良好的金属连接。图 6-2 是采用保护接地情况下故障电流的示意图。当某相绝缘损坏时,使用电设备的金属外壳带电。由于有了保护接地,故障电流流经两条闭合回路,其一是 $I_E$ 经过保护接地装置和电容 $C$ 与线路构成回路;其二是 $I_m$ 经过人体和电容 $C$ 与线路构成回路。显然

$$I_m / I_E = R_E / R_m \tag{6-1}$$

式中　$I_E$ 及 $R_E$——流经接地体的电流及其电阻;
　　　$I_m$ 及 $R_m$——流经人体的电流及其电阻。

$R_E$ 一般为 4~10 Ω,人体电阻 $R_m$ 一般为 1 000 Ω 左右,加之线路对地分布电容的容抗较大,因此流经人体的电流极小,从而保护了人身安全。为了保证流经人体的电流在安全电流值以下,必须使 $R_E \ll R_m$。安全电流一般取交流电流 33 mA,直流电流 50 mA。显然,在中性点不接地的系统中,不采取保护接地是很危险的。注意,在中性点不接地的系统中,只允许采用保护接地,而不允许采用保护接零。这是因为在中性点不接地系统中,任一相发生接地,系统虽仍可照常运行,但这时大地与接地的相线将等电位,则接在零线上的用电设备外壳对地的电压将等于接地的相线从接地点到电源中性点的电压值(图 6-3),这是十分危险的。

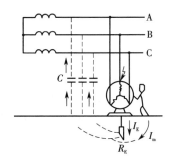

**图 6-2　在中性点不接地系统采用保护接地情况下故障电流的通路**

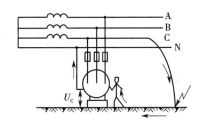

**图 6-3　电源中性点不接地系统中采用保护接零的危险示意图**

### 2. 保护接零

所谓保护接零(又称接零保护)就是在中性点接地系统中,将电气设备在正常情况下不带电的金属部分与零线做良好的金属连接。图 6-4 是采用保护接零情况下故障电流的示意图。当某一相绝缘损坏使相线碰壳带电时,由于外壳采用了保护接零措施,因此该相线和零线构成回路,单相短路电流很大,足以使线路上的保护装置(如熔断器)迅速熔断,从而将漏电设备与电源断开,消除了触电危险。

需要指出的是,在接零系统中,没有重复接地是不行的,如图 6-5 所示。如果零线没有重复接地,一旦出现了零线断线,当断线处后面的电气装置发生了带电部分碰壳事故时,就会使断线处后的接零连接的其他设备外壳带电,会造成人身触电或其他的电气事故。如果有了重复接地,就可以降低断线处后边的设备外壳的对地电压,减轻了触电危险。因此在接零系统中,重复接地是必不可少的。重复接地,要求在架空线路的干线和分支线的终端以及沿每一公里处的零线上重复与接地体相连。在室内,零线与配电屏、控制屏的接地装置相连。

对于中性点接地的三相四线制系统,只能采取保护接零。因为保护接地不能有效地防止人身触电事故。在图 6-6 中,如采用保护接地,若电源中性点接地电阻与电气设备的接地电阻均为 4 Ω,而电源相电压为 220 V,那么当电气设备的外皮绝缘损坏使电气设备外壳带电时,两

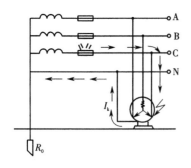

图 6-4 中性点接地系统中采用保护
接零的原理示意图

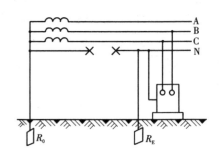

图 6-5 重复接地

接地电阻间的电流将为 $I_E = 220/(R_E + R_0) = 220/(4 + 4) = 27.5$ A。这一电流值不一定能将熔断器烧断,因而使电气设备外壳长期存在着对地的电压,其值为 $U = I_E R_E = 27.5 \times 4 = 110$ V。若电气设备的接地装置不良,则该电压将会更高,这对人身是十分危险的,因此对中性点接地的电源系统,只有采用保护接零才是最为安全的。

### 6.1.3 保护接地和保护接零的适用范围

对于以下电气设备的金属部分,均应采取保护接地或者保护接零措施。

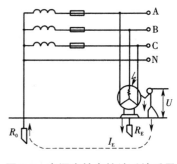

图 6-6 电源中性点接地系统采用
接地保护的危险示意图

①电机、变压器、电器、照明器具、携带式及移动式用电器具的底座和外壳;

②电气设备的传动装置;

③配电屏与控制屏的框架;

④室内外配电装置的金属架构和钢筋混凝土的架构,以及靠近带电部分的金属遮挡、金属门;

⑤交流电力电缆的接线盒、终端盒的外壳,以及电缆的金属外皮、穿线的钢管等。

在电气设计规范中,还规定有其他应接地或接零的金属部分,这里不一一列举。凡是不采取保护接地或接零的电气设备的金属部分,必须是对人体安全确实没有危险的。

### 6.1.4 接地装置及其一般要求

这里主要介绍工作接地、保护接地和重复接地等低压配电系统中的接地装置及其一般要求。

接地装置是由埋入地下的接地体和与它相连的接地线两部分组成。接地体分为自然接地体和人工接地体。

**1. 接地体**

为了节约钢材,减少施工费用,降低接地电阻,交流电气设备的接地装置应该尽量利用自然接地体。自然接地体包括与地有可靠连接的各种金属结构、管道、钢筋混凝土建筑物基础中的钢筋以及地下敷设的电力电缆的金属外皮等。人工接地体多采用钢管、角钢、扁钢、圆钢制成,基本埋设方法有垂直埋设和水平埋设两种。不论采用哪种类型的接地体,最根本的是要满足接地电阻的要求。所谓接地电阻,是指接地装置和离开它半径为 20 m 远处地中一点间的电阻,即为接地体对 20 m 远处地的电压与经接地体流入地中的接地电流之比。为了达到规定的接地电阻值的要求,接地体的长度、截面、埋深等都有一定要求。对于高电阻率的土壤,需采用化学处理方法来降低接地电阻,最终要求使接地电阻值在一年四季中均应符合要求。接地体还必须满足热稳定性的要求。敷设在腐蚀性较强场所的接地装置,应进行热镀锌或热镀锡防腐处理。接地体的连接一般用一定截面的钢材焊接,以防止在接地体上通过电流时因接触不良而发生热损坏。

**2. 接地线**

接地线包括接地干线和接地支线,也有自然接地线和人工接地线之分。在有条件的地方,尽可能采用自然接地线。自然接地线可采用建筑物的金属结构、配线的钢管、电力电缆的金属外皮以及不会引起燃烧和爆炸的金属管道。为了保证接地线的全长为完好的电气通路,在管接头、接线盒以及金属构件铆接的地方,都要采用跨接线连接。跨接连接一般采用扁钢焊接而成。人工接地线一般用扁钢或圆钢制成,最好用中间没有接头的整线,如有接头也应采用焊接。对人工接地线的要求除了电气连接可靠外,并要有一定的机械强度。接地干线与接地体之间,至少要有两处以上的连接。为了保证安全可靠,电气设备的接地支线应单独与干线相接,不许采用串联。

当不同用途、不同电压的电气设备共用同一接地装置时,接地电阻应满足最小值的要求。

## 6.1.5 对零线的基本要求

在保护接零系统中,零线起着十分重要的作用。此外,在三相四线制系统中,零线还起着使负荷侧的三相相电压平衡的作用。尽管有重复接地,也要防止零线断开,以保证零线的连续性。选择零线的截面要适当。选择时一方面要考虑三相不平衡时通过零线的电流密度,另一方面要有足够的机械强度。零线截面的确定可按前面第 3 章的要求进行。零线的连接应牢固可靠、接触良好。零线的连接线与设备应用螺栓连接。所有电气设备的接零线,均应以并联方式接在零线上,不允许串联。在零线上禁止安装保险丝或单独的断流开关。在有腐蚀性物质的环境中,为了防止零线腐蚀,应在零线表面涂以防腐涂料。

## 6.1.6 各种类型接地的相互关系

为了正确地选择接地,必须区分各种接地的概念,并搞清它们的相互关系。

**1. 接地的种类**

在民用建筑中为了保证建筑物本身和建筑物内外的电气设备以及对人身等方面的安全和正常工作的需要,需设置各种形式的接地。除了前述所介绍的工作接地、保护接地、重复接地、防雷接地外,还有下述几种接地。

(1)屏蔽接地 为将干扰电磁场在金属屏蔽层感应出的电荷导入大地,而将金属屏蔽层接地,称屏蔽接地。如专用电子测量设备的屏蔽接地等。

(2)专用电气设备的接地 医疗设备、电子计算机等的接地就是专用设备接地。电子计算机的接地主要有直流接"地"(即计算机逻辑电路、运算单元、CPU 等单元的直流接地逻辑接地)和安全接地,此外还有一般电子设备的信号接地、安全接地、功率接地(即电子设备中所有继电器、电动机、电源装置,指示灯等的接地)等。

**2. 各种接地的一般要求及相互关系**

上述各种接地有的可以共用同一个接地装置,而有些则不能共用,在设计时必须严格区分。

(1)应充分利用各种自然接地体,以便节约钢材;

(2)除特殊规定外,如这些自然接地体能满足规定的接地电阻的要求,可不再另设人工接地体,但输送易燃易爆物质的金属管道不能作为接地体;

(3)当允许而有可能将各种不同用途和不同电压电气设备的接地同时使用一个总的接地装置时,接地电阻值应满足其中最小电阻值的要求;

(4)接地体之间的电气距离不应小于 3 m,接地体与建筑物之间的距离一般不小于 3 m,利用建筑基础深埋接地体的情况除外;

(5)接地极与独立避雷针接地极之间的地中距离不应小于 3 m;

(6)防雷保护的接地装置(除独立避雷针外)可与一般电气设备的接地装置相连接,并应与埋地金属管道相互连接,还可利用建筑物的钢筋混凝土基础内的钢筋接地网作为接地装置,其接地电阻值应满足该接地系统中最低者的要求;

(7)避雷器的接地可与 1 kV 以下线路的重复接地相连接,接地电阻一般不超过 10 Ω;

(8)专用电子设备的接地应与其他设备的接地以及防雷接地分开,并应单独设置接地装置,与防雷接地装置相距保持 5 m 以上,以防雷电的干扰和冲击;

(9)专用电气设备本身的交流保护接地和直流工作接地不能在室内混用,也不能共用接地装置,以防高频干扰,一般应分别设接地装置,并相隔一定距离。

**3. 各种接地的电阻值要求**

在 1 kV 以下低压配电系统中各种接地的电阻值要求如下。

(1)工作接地   通常还可分为交流工作接地(如三相电源变压器的中性点接地等)、直流工作接地(如计算机等电子设备的内部逻辑电路的直流工作接地等)。一般要求交流工作接地装置的电阻值≤4 Ω;直流工作接地的电阻应按设备说明书的要求去做,电阻值一般为 4 Ω以下。

(2)电气设备的安全保护接地   一般要求接地装置的电阻≤4 Ω。

(3)重复接地   要求接地装置的电阻≤10 Ω。

(4)防雷接地   一二类建筑防直接雷的接地电阻≤10 Ω,防感应雷的接地电阻≤5 Ω;三类建筑的防雷接地电阻≤30 Ω。

屏蔽接地一般要求接地电阻在 10 Ω 以下即可。

## 6.1.7   等电位连接

等电位连接是一种电击防护措施,它是靠降低接触电压来降低电击危险性。同时,还是造成短路,使过电流保护电器在短路电流作用下动作来切断电源。

在建筑电气工程中,常见的等电位连接措施有三种,即总等电位连接、辅助等电位连接和局部等电位连接。局部等电位连接是辅助等电位连接的一种扩展。这三者在原理上都是相同的,不同之处在于作用范围和工程做法。

**1. 总等电位连接（Main Equipotential Bonding，MEB）**

（1）做法

总等电位连接是在建筑物电源进线处采取的等电位连接措施,它所需要连接的导电部分如下:

①进线配电箱的 PE(保护接地)母排;

②公共设施的金属管道,如上、下水,热力,煤气等管道;

③应尽可能包括建筑物金属结构;

④如有人工接地,包括其接地及引线。

总等电位连接系统的示意图如图6-7所示。应注意的是,在与煤气管道做等电位连接时,应采取措施将管道处于建筑物内、外的部分隔开,以防止将煤气管道作为电流的散流通道(接地极),并且为防止雷电流在煤气管道内产生火花,在此隔离两端应跨接火花放电间隙。另外,图中保护接地与防雷接地采用的是各自独立的接地体,若采用共同接地,应将 MEB 板以短捷的路径与接地体连接。

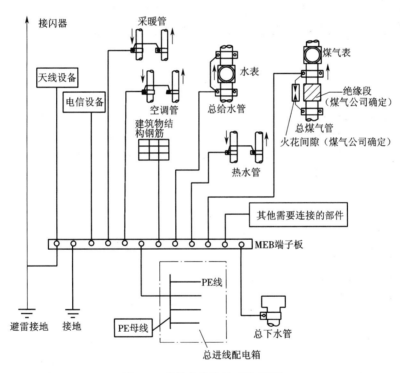

**图6-7 总等电位连接系统示例**

若建筑物有多处电源进线,则每一电源进线处都应做总等电位连接,各个总等电位连接端子板应相互联通。

图6-8 为一办公楼的等电位连接示例。图中预埋件为通过柱主筋从接地体上引出的连接板。

（2）作用

总等电位连接的作用在于降低建筑物内间接电击的接触电压和不同金属部件间的电位差,并消除自建筑物外经各种金属管道和各种线路引入的危险电压的危害。

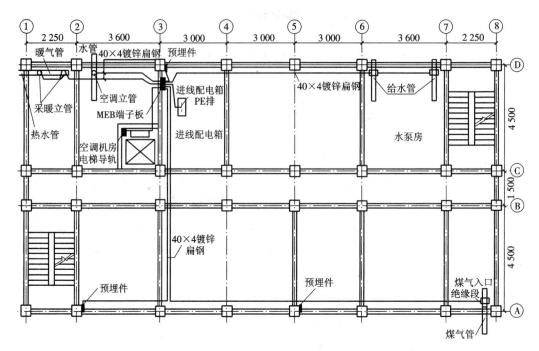

**图6-8　办公楼的等电位连接示例**

如图6-9所示,防雷接地和系统工作接地采用共同接地。当雷击接闪器时,很大的雷电流会在接地电阻上产生很大的压降。这个电压通过接地体传导至 PE 线,若有金属管道未做等电位连接,且此时正好有人员同时触金属管道和设备外壳,就会发生电击事故。

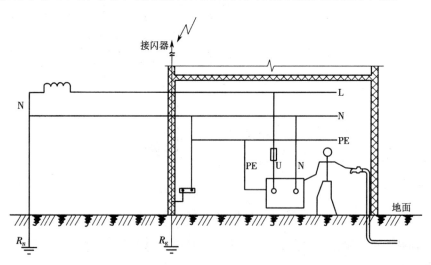

**图6-9　无总等电位连接的危险(一)**

又如图6-10所示,图6-10(a)进户金属管道未做等电位连接。当室外架空裸导线断线接触到金属管道时,高电位会由金属管道引至室内,若人触及金属管道,则可能发生电击事故;而图6-10(b)为有等电位连接的情况。这时 PE 线、地板钢筋、进户金属管道等均做总等电位连接,此时即使人员触及带电的金属管道,在人体上也不会产生电位差,因而是安全的。

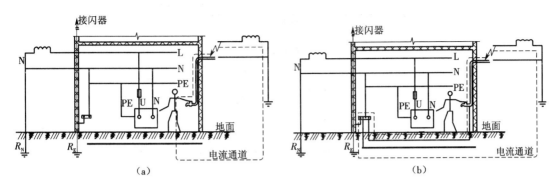

**图6-10 无总等电位连接的危险(二)**

(a)无等电位连接;(b)有等电位连接

## 2. 辅助等电位连接(Supplementary Equipotential Bonding,SEB)

(1)功能及做法

将两个可能带不同电位的设备外露可导部分和(或)装置外的可导部分用导线直接连接,可以使故障接触电压大幅降低。

(2)示例

如图6-11(a)所示,分配电箱 AP 既向固定设备 M 供电,又向手握设备 H 供电。当 M 发生碰壳故障时,过流保护应在 5 s 内动作,而这时 M 上的危险电压会经 PE 排通过 PE 线 ab 段传至 H,而 H 的保护装置根本不会动作。这时手握设备的 H 人员若同时触及其他装置外可导电部分 E(图中为一给水龙头),则人体将承受故障电流 $I_d$ 在 PE 线 mn 段上产生的降压,这对要求 0.4 s 内切除故障电压的手握式设备 H 来说是不安全的。若此时将设备 M 通过 PE 线的与水管 E 做辅助等电位连接,如图6-11(b)所示,则此时故障电流 $I_d$ 被分成 $I_{d1}$ 和 $I_{d2}$ 两部分回流至 MEP 板,$I_{d1} < I_d$,PE 线 mn 段上压降降低,从而使 b 点电位降低,同时 $I_{d2}$ 在水管 eq 段和 PE 线 qn 段上产生压降,从而使 e 点电位升高,这样,人体接触电压 $U_t = U_b - U_c = U_{bc}$ 会大幅降低,从而使人员安全得到保障。(以上均以 MEB 板为电位参考点)

由此可见,辅助等电位连接既可直接用于降低接触电压,又可作为总等电位连接的补充进一步降低接触电压。

## 3. 局部等电位连接(Local Equipotential Bonding,LEB)

当需要在一局部场所范围做多个辅助等电位连接时,可将多个等电位连接通过一个等电位连接端子板实现,这种方式叫作局部等电位连接,这块端子板称为局部等电位连接端子板。

局部等电位连接,应通过局部等电位连接端子板将以下部分连接起来。

(1)PE 母线或 PE 干线;

(2)公用设施金属管;

(3)尽可能包括建筑物部件;

(4)其他装置外可导电体和装置外露可导电部分。

在图6-11中,若采用局部等电位连接,则连线方法如图6-12所示。

## 4. 等单位连接的相关问题

(1)等电位连接线截面积的选择

等电位连接线的面积选择要求见表6-1。除考虑机械强度外,当等电位连接线在故障情

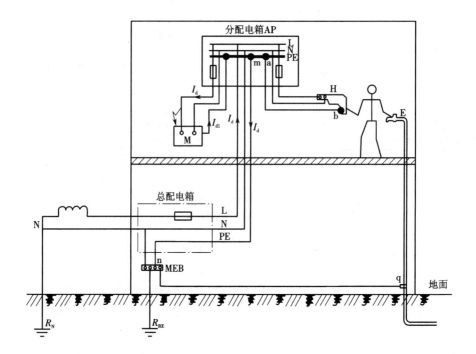

（a）

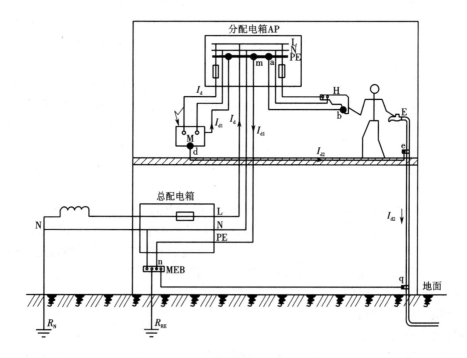

（b）

**图6-11　辅助等电位连接作用分析**

（a）无辅助等电位连接；（b）有辅助等电位连接

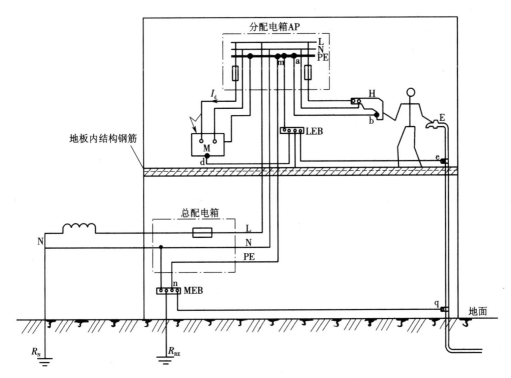

**图 6-12　局部等电位连接**

况下通过短路电流时,还应保证导线与其接头不应被烧断。

表 6-1 中,因总等电位连接线一般没有短路电流通过,故规定有最大值,而辅助等电位连接线有短路电流通过,故以 PE 为基准选择,不规定最大值。

**表 6-1　等电位连接线的面积**

| 取值类别 | 总等电位连接线 | 局部等电位连接线 | 辅助等电位连接线 | |
|---|---|---|---|---|
| 一般值 | 不小于 0.5 倍进线 PE（PEN）线截面积 | 不小于 0.5 倍 PE 线截面积① | 两电气设备外露导电部分间 | 1 倍于较小 PE 线截面积 |
| | | | 电气设备与装置外可导电部分间 | 0.5 倍于 PE 线截面积 |
| 最小值 | 6 mm² 铜线或相同电导值导线② | 同　右 | 有机械保护时 | 2.5 mm² 铜线或 4 mm² 铝线 |
| | | | 无机械保护时 | 4 mm² 铜线 |
| | 热镀锌钢:圆钢 φ10,扁钢(25×4)mm | | 热镀锌钢:圆钢 φ8,扁钢(20×4)mm | |
| 最大值 | 25 mm² 铜线或相同电导值导线② | 同　左 | — | |

注:①指局部场所内最大 PE 线截面;

　　②不允许采用无机械保护的铝线。

（2）等电位连接的安装要求

①金属管道的连接处一般不需加接跨接线；

②给水系统的水表需加跨接线，以保证水管的等电位连接和接地的有效；

③装有金属外壳的排风机、空调器的金属门、窗框或靠近电源的插座金属门、窗框以及距外露可导电部分伸臂范围内的金属栏杆、天花龙骨等金属体需做等电位连接；

④为避免用煤气管道为接地极，煤气管道入户后应插入以绝缘段（例如法兰盘间插入绝缘板）以与户外埋地的煤气管道隔离；为防雷电流在煤气管道内产生火花，在此绝缘段两端应跨接火花放电间隙；

⑤一般场所离人站立处不超过10 m的距离内如有地下金属管道或结构，即可认为满足等电位的要求，否则应在地面加埋等电位带；游泳池之类特殊电击危险场所需增大地下金属导体密度；

⑥等电位连接内各连接导体间的连接可采用焊接，焊接处不应有夹渣、咬边、气孔及未焊透情况，也可采用螺栓连接，这时应注意接触面的光洁、足够的接触面积和压力；也可采用熔接；在腐蚀性场所应采取防腐措施，如热度锌或加大导线截面积等；等电位连接端子板应采取螺栓连接，以便拆卸进行定期检查。

（3）等电位连接导通性的测试

由于等电位连接是保障人身安全的一项重要措施，故施工安装是否合格就是一个十分重要的问题。为检验等电位连接施工安装是否符合要求，应进行严格的测试，测试的主要目的是检验其导通性，故又称为导通性测试。

导通性测试要求采用空载电压为 4～24 V 的直流或交流电源（按测试电流不小于 0.2 A，不大于电源发热允许电流值选择电压），当测得等电位连接端子板与等电位连接范围内的金属管道等金属体末端之间的电阻不超过 3 Ω 时，可认为等电位连接有效。

# 6.2　建筑物防雷

## 6.2.1　雷电特性与建筑物防雷

雷电的破坏作用主要有两种。第一种是雷电直接击在建筑物上。由于雷击时在强大的雷电流的通道上物体水分受热气化膨胀，产生强大的应力，使建筑物遭到破坏。第二种破坏作用是由于雷电流变化率大而产生强大的感应磁场，使得周围的金属构件产生感应电流，产生大量的热而引起火灾。这种危害并不是雷电直接对建筑物放电造成的，因而称为二次雷或感应雷。

**1. 雷电的形成**

带电的云层称为雷云。雷云是由于大气的流动而形成的。当地面含水蒸气的空气受到地面烘烤而膨胀上升，或者较潮湿的暖空气与冷空气相遇而被垫高，都会产生上行的气流。这些含水蒸气的气流上升时，温度逐渐下降，形成雨滴、冰雹（称为水成物）。这些水成物在地球静电场的作用下被极化，负电荷在上，正电荷在下，最终构成带电的雷云。

雷云中正负电荷的分布情况虽然是很复杂的，但实际上多半是上层带正电荷，下层带负电荷。Simpson 对这种情况做了解释，他认为雷云上部的部分水分凝结成冰晶状态，由于上升气流的作用，气流带正电荷向上流动，充满上层，而冰晶体则由于受气流的碰撞而破碎分裂，下降到云的中部及下部。

大量的测试结果表明,大地被雷击时,多数是雷云下方的负电荷向大地放电,少数是雷云上方的正电荷向大地放电。在一块雷云发生的多次雷击中,最后一次雷击往往是雷云上的正电荷向大地放电。从观测证明,发生正电荷向大地放电的雷击显得特别猛烈。

**2. 高层建筑雷击的特点**

由于雷云负电的感应,使附近地面(或地面上的建筑物)积聚正电荷,从而在地面与雷云之间形成强大的电场。当某处积聚的电荷密度很大、激发的电场强度达到空气游离的临界值时,雷云便开始向下方梯级式放电,称为下行先导放电(又称先驱放电)。当这个先导逐渐接近地面物体并达到一定距离时,地面物体在强电场作用下产生尖端放电,形成向雷云方向的先导(又称迎面放电)并逐渐发展为上行先导放电。当两者接触时形成雷电通路并随之开始主放电,发出强烈的闪光和隆隆雷声。这就是通常所说的闪电。由雷云的负电荷引起的,称为负极性下行先导,约占全部闪电的90%以上。此外还有正极性下行先导、负极性上行先导和正极性上行先导等三种。这四种闪电都属于对建筑物有破坏作用的雷击。

只有先导而没有主放电的闪电称无回击闪电。无回击闪电对建筑物不会产生破坏作用,可不予考虑。图6-13是负极性下行先导雷击发展示意图。

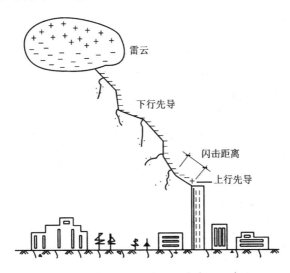

**图6-13  负极性下行先导雷击发展示意图**

高层建筑上发生上行先导雷击的概率比一般建筑物高得多。但这种雷击起源于避雷线或避雷针的尖端,不是接受闪电而是发生闪电,因此就不必考虑避雷装置对这类雷击的保护范围问题。

一般认为,当先导从雷云向下发展的时候,它的梯级式跳跃只受到周围大气的影响,没有一定的方向和袭击对象。但它的最后一次跳跃即最后一个梯级则不同,它必须在这最终阶段选择被击对象。此时地面可能有不止一个物体(比如树木或建筑物的尖角)在它的电场影响下产生上行先导,趋向与下行先导会合。在被保护建筑物上安装接闪器,就是使它产生最强的上行先导去和下行先导会合,从而防止建筑物受到雷击。

最后一次跳跃的距离称为闪击距离。从接闪器来说,它可以在这个距离内把雷吸引到自己身上,而对于此距离之外的下行先导,接闪器将无能为力。

闪击距离是一个变量,它和雷电流的峰值有关:峰值大则相应闪击距离大;反之,闪击距离小。因此接闪器可以把较远的强的闪电引向自身,但对弱的闪电有可能失去对建筑物的有效保护。

雷电流的大小与许多因素有关,各地区有很大差别。一般平原地区比山地雷电流大,正闪击比负闪击大,第一次闪击比随后闪击大。大多数雷电流峰值为几十千安,也有几百千安的。雷电流峰值的大小大致与土壤电阻率的大小成反比。

和一般建筑物相比,由于高层建筑物高,闪击距离因而增大,接闪器的保护范围也相应增大。但如果建筑物高度比闪击距离还要大时,对于某个雷击下行先导,建筑物上的接闪器可能处于它的闪击距离之外,而建筑物侧面的某处可能处于该下行先导的闪击距离之内,于是受到雷击,故提出高层建筑物的防侧击问题。

## 6.2.2 防雷装置

防雷装置包括避雷针、避雷线、避雷带、避雷网、避雷器以及引下线和接地装置。避雷针用来保护露天变配电设备和建筑物,避雷线用来保护电力线路,避雷带和避雷网用来保护建筑物,避雷器用来保护电力设备。

**1. 接闪器**

接闪器包括避雷针、避雷线、避雷带、避雷网、金属屋面、突出屋面的金属烟囱等。接闪器总是高出被保护物的,是与雷电流直接接触的导体。

使用避雷针作为接闪器时,一般应采用圆钢。当其针长为 1 m 以下时,圆钢直径应不小于 $\phi$12 mm;针长 1～2 mm 时,圆钢直径应不小于 $\phi$16 mm。当避雷针较长时,针体则由针尖和不同管径的钢管几段组合焊成。烟囱顶上的避雷针,圆钢直径应为 $\phi$20 mm。

在建筑物屋顶面积较大时,应采用避雷带或避雷网作为接闪器。若所用材料为圆钢,直径为 $\phi$8 mm;扁钢,截面为 84 mm²,厚度为 4 mm。避雷带常设置在建筑物易受雷击的檐角、女儿墙、屋檐处。

不同屋顶坡度(0°,15°,30°,45°)建筑物的雷击部位如图 6-14 所示。图中说明,屋角与檐角的雷击率最高。屋顶的坡度越大,屋脊的雷击率也越大。当坡度大于 40°时,屋檐一般不再遭受雷击;当屋面坡度小于 27°、长度小于 30 m 时,雷击点多发生在山墙,而屋檐一般不再遭受雷击。

图 6-14　不同屋顶坡度建筑物的雷击部位

我国大多数高层建筑所采用的接闪器为避雷带或避雷网,有时也用避雷针。有些高层建筑的总建筑面积高达数万、数十万平方米,但高宽比一般也较大,建筑天面面积相对较小,加上中间又有突出的机房或水池,常常只在天面四周及水池顶部四周明设避雷带,局部再加些避雷网即可满足要求。

**2. 引下线**

引下线的作用是将接闪器与接地装置连接一起,使雷电流构成通路。引下线一般采用圆钢或扁钢,要求镀锌处理。

引下线采用钢绞线时,截面不应小于 25 mm²;采用圆钢时,直径不应小于 ϕ8 mm;采用扁钢时,截面应大于 48 mm²,厚度应在 4 mm 以上。构筑物上安装的引下线,圆钢直径不应小于 ϕ12 mm;扁钢截面应大于 100 mm,厚度应大于 4 mm。

引下线应沿建筑物和构筑物外墙敷设,固定引下线的支持卡子,间距为 1.5 mm。引下线应经最短路径接地。建筑艺术要求较高者,可以暗设,但引下线的截面应加大一级。

每栋建筑物或高度超出 40 m 的构筑物,至少要设置两根引下线。引下线的间距一般为 30 m。引下线转弯时,角度不应小于 90°。为了便于测量接地电阻和校验防雷系统的连接状况,应在各引下线距地面高度 1.8 m 以下或距地面 0.2 m 处设置断接卡子,并加以保护。引下线截面锈蚀达到 30% 以上时应及时更换。

在高层建筑中利用柱或剪刀墙中的钢筋作为引下线是我国常用的方法。按规程要求,作为引下线的一根或多根钢筋,在最不利的情况下不得小于 90 mm²(相当 ϕ11 mm)。这一要求在高层建筑中不难达到。为安全起见,应选用钢筋直径不小于 ϕ16 mm 的主筋作为引下线,在指定的柱或剪刀墙某处的引下点,一般宜采用两根钢筋同时作为引下线。

**3. 接地装置和接地电阻**

(1)接地装置

接地体和接地线统称为接地装置。接地线又称为水平接地体,而接地体则常称为竖直接地极(棒)。

水平接地体一般采用扁钢或圆钢,扁钢规格为 40 mm × 4 mm,圆钢直径为 ϕ20 mm。埋设深度以 1 m 为宜。

竖直接地体一般为角钢、圆钢或钢管。角钢规格为 40 mm × 4 mm 及以上,圆钢规格为直径 ϕ20 mm 及以上,钢管直径不小于 ϕ40 mm。竖直接地体的长度一般为 2.5 m,接地体的间距为 5 m,埋入地下深度顶端距地面一般为 0.8 ~ 1.0 m,接地体之间连接采用 40 mm × 4 mm 扁钢或直径 ϕ10 mm 以上的圆钢。

接地装置均应做镀锌处理,敷设在有腐蚀性场所的接地装置应适当加大截面。接地装置距离建筑物或构筑物不应小于 3 m。

(2)基础接地

在高层建筑中,利用柱子和基础内的钢筋作为引下线和接地装置,具有经济、美观和有利于雷电流流散以及不必维护和寿命长等优点。这种设在建筑物钢筋混凝土桩基和地下层建筑物的混凝土基础内的钢筋作为接地体时,称为基础接地体。利用基础接地体的接地方式称为基础接地,国外称为 UFFER 接地。

①自然基础接地体　利用钢筋混凝土基础中的钢筋或混凝土基础中的金属结构作为接地体时的接地体称为自然基础接地体。

②人工基础接地体　把人工接地体敷设在没有钢筋的混凝土基础内时的接地体称为人工基础接地体。有时候,在混凝土基础内虽有钢筋但由于不能满足利用钢筋作为自然基础接地体的要求(如由于钢筋直径太小或钢筋总表面积太小),也有在这种钢筋混凝土基础内加设人工接地体的情况,这时所加入的人工接地体也称为人工基础接地体。

例如图 6-15 为利用无桩混凝土基础上的钢筋混凝土柱子内的钢筋作引下线,在基础垫层下面四角打入 4 条角钢(或钢管)作竖直接地极,并与地梁钢筋连接构成接地网。图 6-15(a)

属于基础接地的一种方法;图6-15(b)为做法大样图。

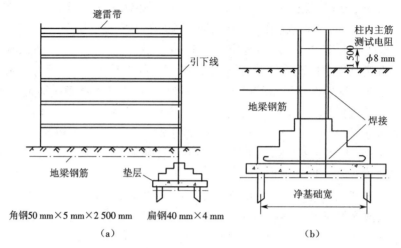

**图6-15　无桩混凝土基础的接地**
(a)无桩混凝土基础接地的一种做法;(b)做法大样图

利用基础接地时,对建筑物地梁的处理是很重要的一个环节。地梁内的主筋要和基础主筋连接起来,并要把各段地梁的钢筋连成一个环路,这样才能将各个基础连成一个接地体,而且地梁的钢筋形成一个很好的水平接地环,综合组成一个完整的接地系统。

(3)接地电阻

接地电阻是接地体的流散电阻与接地线电阻的总和。一般接地线的电阻很小,可以略去不计,因此可以认为接地体的流散电阻就是接地电阻。我国有关规程规定的部分电力装置所要求的接地电阻值列于附录6中。

**4.避雷器**

避雷器用来防止雷电产生的过电压波沿线路侵入变配电所或其他建筑物内危及被保护设施的绝缘。避雷器应与被保护设备并联,装入被保护设备的电源侧,如图6-16所示。当线路上出现危及设备绝缘的雷电过电压时,避雷器的火花间隙就被击穿,由高阻状态变为低阻状态,使雷电压对地放电,从而保护了设备。

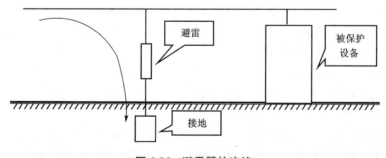

**图6-16　避雷器的连接**

(1)阀式避雷器

阀式避雷器又称为阀型避雷器,由火花间隙和阀片电阻等组成,装在密封的瓷套管内。火花间隙由铜片冲制而成,每对间隙用一定厚度的云母垫圈隔开。

正常情况下火花间隙阻断工频电流通过,但在过电压作用下,火化间隙被击穿放电。阀片由陶料黏固的电工用金刚砂(碳化硅)颗粒制成的。这种阀片具有非线性特性,正常电压时阀片电阻很大,过电压时阀片电阻变得很小,其非线性特性如图 6-17 所示。阀型避雷器在线路上出现雷电过电压时,火花间隙击穿,阀片能使雷电顺畅地向大地泄放。当雷电使火花间隙的绝缘迅速恢复而切断工频续流,从而保证线路的正常运行。但是应该注意的是雷电流流过阀片电阻时要形成压降,即线路

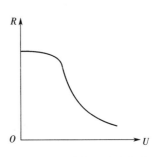

**图 6-17　阀片电阻特性曲线**

在泄放雷电流时有一定的残压加在被保护设备上。残压不能超过设备绝缘允许的耐压值,否则设备绝缘仍要被击穿。阀式避雷器火花间隙和阀片的多少与工作电压的高低成比例。高压阀式避雷器串联很多单元火花间隙,目的是将长弧分断成多段短弧,以利于加速电弧的熄灭。阀片电阻的限流作用是加速灭弧的主要因素。

(2)金属氧化物避雷器

金属氧化物避雷器又称为压敏避雷器。它是一种只有压敏电阻片没有火花间隙的阀型避雷器。压敏电阻片是氧化锌或氧化铋等金属氧化物烧结而成的多晶半导体陶瓷材料,具有理想的阀特性。在工频电压下,它呈现很大的电阻,能迅速有效地阻断工频电流,因此无须火花间隙来熄灭由工频续流引起的电弧。而在雷电过电压的作用下,电阻又变得非常小,能很好泄放雷电流。现在,氧化物避雷器应用已经很普及。

金属氧化物避雷器的技术参数如下。

①压敏电压(开关电压)

若温度为 20 ℃且在压敏电阻器上有 1 mA 直流电流流过时,压敏电阻器两端的电压叫作该压敏器的压敏电压(开关电压)。交流电源系统中避雷器压敏元件的开关电压计算公式为

$$U_N \geqslant (U_{NH} \times \sqrt{2} \times 1.2)/0.7$$

式中　$U_N$——避雷器的开关电压值,V;

　　　$U_{NH}$——电源额定电压有效值,V。

在直流电源系统中,不存在有效值和峰值的问题,在计算时去掉公式中的 $\sqrt{2}$ 即可。

图 6-18、图 6-19 是氧化锌压敏电阻的开关特性和对称伏安特性。

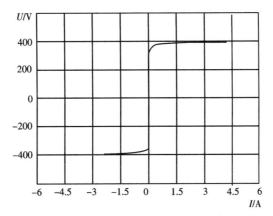

**图 6-18　氧化锌压敏电阻的开关特性**

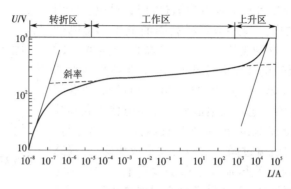

**图6-19 氧化锌压敏电阻的对称伏安特性**

②残压

残压是指雷电流通过避雷器时避雷器两端最高瞬时电压。它与所通过的雷电波的峰值电流和波形有关。雷电波通过避雷器后雷电压的峰值大大削减,削减后的峰值电压就是残压。GB11032 规定,对 220 V 和 10 kV 等级的阀片,必须采用 8/20 μs 的仿雷电冲击波试验,冲击电流的峰值为 1.5 kA 时,残压不大于 1.3 kV 为合格。

残压比是残压与压敏电压之比。我国规范规定 10 kA 流通容量的氧化锌避雷器阀片满流通容量时用 8/20 μs 仿雷电冲击波,残压比应该≤3。

③流通容量

流通容量是指避雷器允许通过的雷电波最大峰值电流量。

④漏电流

避雷器接到规定等级的电网上会有微安数量级的电流通过,此电流为漏电流。漏电流通过高电阻值的氧化锌阀片时,会产生一定热量,因此要求漏电流必须稳定,不允许工作一段时间后漏电流自行升高。在实际工作中宁愿采用初始漏电流稍大一些的阀片,也不要漏电流会自行爬升的阀片。

⑤响应时间

响应时间是指当避雷器两端的电压等于开关电压时,受阀片内的齐纳效应和雪崩效应的影响,需要延迟一段时间后,阀片才能完全导通,这段延长的时间叫作响应时间或者时间响应。氧化锌避雷器的响应时间≤50 ns。同一电压等级的避雷器,用相同形状的仿雷电冲击波试验,在冲击电流峰值相同的情况下,响应时间越短的避雷器残压越低,也就是说避雷器效果越好。

**表6-2 表明不同类型避雷器的电气特性**

| 型　号 | 额定电压 /kV | 灭弧电压 /kV | 工频放电电压/kV | 冲击放电电压/kV ≤ | 残压/kV(波形 10/20 μs)≤ | | 直流电压下电导电流/μA | |
|---|---|---|---|---|---|---|---|---|
| | | | | | 冲击电流峰值为 3 kA | 冲击电流峰值为 5 kA | 实验电压 /kV | |
| FS – 0.22 | 0.22 | 0.25 | 0.6～1.0 | 2.0 | 1.3 | — | — | — |
| FS – 0.38 | 0.38 | 0.50 | 1.1～1.6 | 2.7 | 2.6 | — | — | — |

表 6-2（续）

| 型　号 | 额定电压/kV | 灭弧电压/kV | 工频放电电压/kV | 冲击放电电压/kV ≤ | 残压/kV（波形 10/20 μs）≤ | | 直流电压下电导电流/μA | |
| | | | | | 冲击电流峰值为 3 kA | 冲击电流峰值为 5 kA | 实验电压/kV | |
|---|---|---|---|---|---|---|---|---|
| FS－0.5 | 0.5 | 0.5 | 1.15～1.65 | 3.6 | 3.5 | — | — | — |
| FS－2 | 2 | 2.5 | 5～7 | 15 | 10 | 11 | — | — |
| FS－3 | 3 | 3.8 | 9～11 | 21 | 16 | 17 | 3 | ≤10 |
| FS－6 | 6 | 7.6 | 16～19 | 35 | 28 | 30 | 6 | ≤10 |
| FS－10 | 10 | 12.7 | 26～31 | 50 | 47 | 50 | 10 | ≤10 |

（3）保护间隙

保护间隙的结构如图 6-20 所示。

保护间隙一般采用角形间隙,主要应用在电力系统的输电线路上。它经济简单、维修方便,但保护性能差、灭弧能力小,容易造成接地或短路故障,引起线路开关跳闸或熔断器熔断,使线路停电。因此对于装有保护间隙的线路,一般要求装设自动重合闸的装置,以提高供电可靠性。安装保护间隙时一个电极接地,另一个电极接线路。但为了防止间隙被外物(如鼠、鸟、树枝等)短接而造成接地或者短路故障,一般要求具有辅助间隙,以提高可靠性。

保护间隙只用于室外且负荷不重要的线路上。

（4）管型避雷器

①结构　排气式避雷器统称为管型避雷器,由产气管、内部间隙和外部间隙等三部分组成,如图 6-21 所示。其中产气管由纤维、有机玻璃或者塑料制成;内部间隙装在产气管内;一个电极为棒形,另一个电极为环形;外部间隙用于与线路隔离。

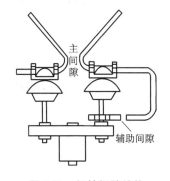

图 6-20　保护间隙结构

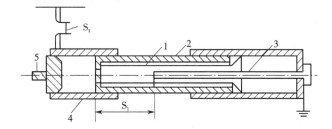

图 6-21　管型避雷器的结构

1—产气管;2—胶木棒;3—棒形电极;4—环形电极;

5—动作指示器;$S_1$—内间隙;$S_2$—外间隙

②工作原理　当高压雷电波侵入管型避雷器,其电压值超过火花间隙放电电压时,内外间隙同时击穿,使雷电流泻入大地,限制了电压的升高,对电器设备起到保护作用。间隙击穿后,除雷电流外,工频电流也可随之流入间隙(工频续流)。由于雷电流和工频续流在管内产生强烈电弧使管子的内壁材料燃烧,产生大量灭弧气体从开口孔喷出,形成强烈的纵向吹弧使电弧熄灭。

③选择　选择管型避雷器时,开断续流的上限值应不小于安装处的短路电流最大有效值;开断续流的下限值应不大于安装处短路电流可能出现的最小值。管型避雷器动作次数受气体产生物的限制。由于有气体存在,故不能装在封闭箱里或者电器设备附近,只能用于保护输电线路、变电所进线设备。

### 6.2.3　建筑物的防雷等级和防雷措施

建筑物的防雷等级是根据建筑物的重要性、使用性质、影响后果等划分的。不同性质的建筑物的防雷措施是不同的。

**1. 防雷等级**

（1）第一类防雷的建筑物

①凡制造、使用或贮存火炸药及其制品的危险建筑物,因电火花而引起爆炸、爆轰,会造成巨大破坏和人身伤亡者。

②具有 0 区或 20 区爆炸危险场所的建筑物。

③具有 1 区或 21 区爆炸危险场所的建筑物,因电火花而引起爆炸,会造成巨大破坏和人身伤亡者。

（2）第二类防雷的建筑物

①国家级重点文物保护的建筑物。

②国家级的会堂、办公建筑物、大型展览和博览建筑物、大型火车站和飞机场、国宾馆,国家级档案馆、大型城市的重要给水泵房等特别重要的建筑物。

③国家级计算中心、国际通信枢纽等对国民经济有重要意义的建筑物。

④国家特级和甲级大型体育馆。

⑤制造、使用或贮存火炸药及其制品的危险建筑物,且电火花不易引起爆炸或不致造成巨大破坏和人身伤亡者。

⑥具有 1 区或 21 区爆炸危险场所的建筑物,且电火花不易引起爆炸或不致造成巨大破坏和人身伤亡者。

⑦具有 2 区或 22 区爆炸危险场所的建筑物。

⑧有爆炸危险的露天钢质封闭气罐。

⑨预计雷击次数大于 0.05 次/a 的省、部级办公建筑物和其他重要或人员密集的公共建筑物及火灾危险场所。

⑩预计雷击次数大于 0.25 次/a 的住宅、办公楼等一般性民用建筑物或一般性工业建筑物。

（3）第三类防雷的建筑物

①省级重点文物保护的建筑物及省级档案馆。

②预计雷击次数大于或等于 0.01 次/a,且小于或等于 0.05 次/a 的省、部级办公建筑物和其他重要或人员密集的公共建筑物,以及火灾危险场所。

③预计雷击次数大于或等于 0.05 次/a,且小于或等于 0.25 次/a 的住宅、办公楼等一般性民用建筑物或一般性工业建筑物。

④在平均雷暴日大于 15 d/a 的地区,高度在 15 m 及以上的烟囱、水塔等孤立的高耸建筑物;在平均雷暴日小于或等于 15 d/a 的地区,高度在 20 m 及以上的烟囱、水塔等孤立的高耸

建筑物。

**2. 防雷措施**

从防雷要求来说,建筑物应有防直击雷、感应雷和防雷电波侵入的措施。一二类民用建筑物应有防止这三种雷电波侵入的措施和保护,三类民用建筑物主要应有防直击雷和防雷电波侵入的措施。

一类民用建筑物防直击雷一般采用装设避雷网或避雷带的方法,二三类民用建筑物一般是在建筑物易受雷击部位装设避雷带。防雷装置应符合下列要求。

(1)避雷带与避雷网的距离

①一类民用建筑物 5 m;

②二类民用建筑物 10 m;

③三类民用建筑物 10 m。

(2)三条及以上平行避雷带的连接距离

①对于一类民用建筑物,每隔不大于 24 m 处需相互连接;

②对于二类民用建筑物,每隔不大于 30 m 处需相互连接;

③对于三类民用建筑物,每隔不大于 30 ~ 40 m 处需相互连接。

(3)直击雷冲击接地电阻

①一类民用建筑物 $R_{ch} \leqslant 10\ \Omega$,当建筑物处于雷电活动强烈地区或高层建筑时 $R_{ch} \leqslant 5\ \Omega$;

②二类民用建筑物 $R_{ch} \leqslant 10\ \Omega$;

③三类民用建筑物 $R_{ch} \leqslant 30\ \Omega$。

## 6.2.4　建筑工地的防雷

高大建筑物施工工地的防雷问题值得重视。由于高层建筑物施工工地四周的起重机、脚手架等突出很高,木材堆积很多,万一遭受雷击,不但对施工人员的生命有危险,而且很容易引起火灾和造成事故。高层楼房施工期间应该采取的措施:

①施工时应提前考虑防雷施工程序,为了节约钢材,应按照正式设计图纸的要求,首先做好全部接地装置;

②在开始架设结构骨架时,应按图纸规定,随时将混凝土柱子内的主筋与接地装置连接起来,以备施工期间柱顶遭到雷击时,使雷电流安全入地;

③沿建筑物的四角和四边竖起的杉木脚手架或金属脚手架上,应做数根避雷针,并直接接到接地装置上,保护全部施工面积,保护角可按 60°计算,针长最少应高出杉木 30 cm,以免接闪时燃烧木材,在雷雨季节施工时,应随杉木的接高,及时加高避雷针;

④施工用的起重机最上端必须装设避雷针,并将起重机下面的钢架连接于接地装置上,接地装置应尽可能利用永久性接地系统;

⑤应随时使施工现场正在绑扎钢筋的各层地面构成一个等电位面,以避免使人遭受雷击产生的跨步电压的危害,由室外引来的各种金属管道及电缆外皮,都要在进入建筑物的进口处,就近接在接地装置上。

## 6.2.5 雷电防护工程设计示例

**1. 基本概况**

某大厦地处多雷地区,楼高 16 层,微波天线置于楼顶铁塔上部,大厦总高度近 70 m,大厦周围均为低矮建筑物,大厦顶部安装有避雷针和避雷带,并采用公共地网作为联合接地。大厦供配电电源由地下电缆进入地下室,由总配电室至各楼层配电间。大楼内部信息系统主要包括数字程控电话交换系统、微波通信系统、计算机网络、监控系统、GPS 时钟系统、商贸经济信息中心等。室内用电缆和双绞线进行电话通信和数据传输,室外是光缆和电话线,两端有光端机转换信号,供配电为地下电缆。

**2. 雷电感应过电压侵害途径分析**

大厦顶部有避雷针和避雷带,可以防止直击雷,保护建筑物。但是在避雷针放电的同时,强大的雷电流通过避雷针和钢筋引下线泄入大地,并在其周围空间产生强大的电磁脉冲,使室内电源线和各种信号线感应出数百伏甚至上千伏的冲击过电压,导致网络设备及接口破坏。室内电子设备及接口遭受雷电侵害是雷电感应过电压造成的。

测量对大厦接地电阻小于 1 Ω,符合国家标准,且此新建大厦有一个面积很大的公共地网,所以高电位反击产生的过电压较小。为防止各种过电压对网络设备的损害,就必须在电源线和信号线与设备连接处加装相应的电涌保护器。

根据《建筑物防雷设计规范》,该大厦应划为第二类防雷建筑物。

**3. 雷电防护设计方案**

(1)直击雷防护

①采用混合接闪措施,在大厦顶部设置避雷针和避雷带,在整个屋面组成不大于 10 m × 10 m 或 12 m × 8 m 的网格;

②采用柱内钢筋作为引下线,引下线不少于两根,间距不大于 18 m;

③接地采用联合接地网,接地电阻小于 1 Ω。

(2)雷击电磁脉冲防护

雷击建筑物或建筑物邻近区域时,会在线路产生感应电流,并沿线路进入建筑物内部,威胁建筑物内电子设备的安全。

①电源系统雷电防护设计

大厦配电采用地下电缆进入地下室,TN—S 供电制式。变压器高压侧加装了复合外套氧化锌避雷器。根据《建筑物防雷设计规范》要求并结合大厦的实际情况,防雷设计方案如下。

电源电涌保护器级数选定为三级。第一级在变压器低压侧,第二级和第三级分别在各楼层和机房配电柜内。由于第二级和第三级相距很近,需在两级之间加装协调电感,使感应电压到来时各级按顺序启动。各级电源电涌保护器保护地线接至楼层或机房内接地汇流排。

电源电涌保护器选择限压型,配合方案按等残压配合,通流容量递减,第一级选择 $I_N$ = 1 000 kA,第二级选择 $I_N$ = 40 kA,第三级选择 $I_N$ = 20 kA,试验波形为 8/20 μs。

在各模块前串入熔断器,使模块具有双重断路保护功能。可选用熔断组合型 SPD,将熔断器集成在模块内可减小线路长度,降低残压。具体选择如下:

a. 大厦变配电室总配电箱内加装并联型电源电涌保护器(天津电力防雷技术有限公司产品),型号为 CPM – R100T,作为电源系统第一级保护;

　　b.各楼层配电箱内加装并联型电源电涌保护器,型号为 CPM – R40T,作为电源系统第二级保护;

　　c.机房配电箱内加装并联型电源电涌保护器,型号为 CPM – R20T(S),作为电源系统第三级保护。

　　在机房重要设备终端处可加装多级集成串联型电源电涌保护器 IMP-SPD,CPB-M20T(S)系列通流容量为 20 kA,根据负载电流选择具体型号。在所有主要及重要设备电源进口采用防雷插座 D5S1。

　　②通信系统

　　电话程控交换机处加装 TEL02/1A 型 SPD,接口为 KB 模块,可保护 10 对电话线。单路电话机 RJ11 端口加装 TEL12/3A 型 SPD。

　　③网络系统

　　计算机网络交换机和终端机网卡 RJ45 端口保护选用 NET 型 SPD,单路网线选用 NET12/3A,网络机柜内选用 NET02/24A。

　　④广播系统

　　大厦内音频数据线端口各 20 路,选择 CPK 型 SPD,通流容量 5 kA((8/20)μs 波形)。

　　⑤视频监控系统

　　电源线路选用 CPM – R10D 型电源电涌保护器,视频线路选用 NET12/1K 型信号电涌保护器,控制线路选用 CPI – 24 测控类电涌保护器。

　　⑥天馈线系统

　　对计算机房和钟控室的 GPS 校时装置,在天馈线线路加装 AF04A 型同轴天馈线电涌保护器保护。

　　(3)等电位连接及接地

　　①大厦采用基础作为联合接地网,接地电阻小于 1 Ω,并将交流工作地、直流工作地、安全保护地和防雷地连接到接地网上,形成共用接地系统。

　　②做好各系统的等电位连接,将顶面网格、水平圈梁均压环、接地网通过尽可能多的钢筋引下线可靠地焊接起来,并把各种电源线、信号线穿越的金属管或屏蔽电缆层至少两端与防雷交界处做等电位连接。在 LPS 内部指定的防雷区内,设置闭合环形的等电位连接带,并至少两处与大楼钢筋相连,内部的所有金属导体,如电梯、配线架(柜)、静电地板和金属门窗等都以最短的线路连接到等电位连接带上,使该防雷区内实现良好的等电位连接。

　　**4.网络拓扑示意图**

　　电源系统如图 6-22 所示。

　　网络通信如图 6-23 所示。

　　视频监控如图 6-24 所示。

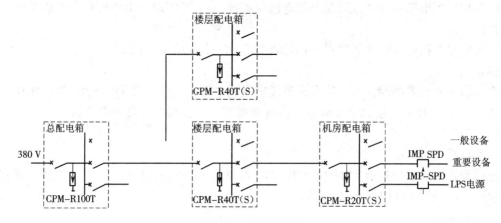

图 6-22 电源系统图

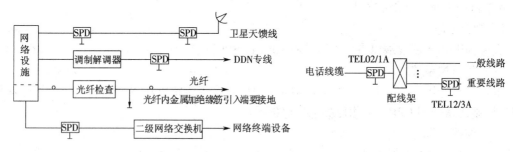

图 6-23 网络通信图

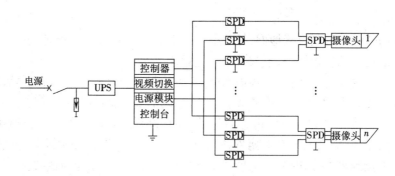

图 6-24 视频监控图

# 习 题

6-1 电气设备有哪些保护措施,各在什么情况下采用,在采用这些保护时应注意哪些问题?

6-2 建筑物有哪些防雷措施和防雷装置?

6-3 人工接地体与自然接地体有什么不同?

# 第7章　智能化建筑

## 7.1　智能建筑的基本概念、组成及功能

　　智能建筑(Inteligent Building,缩写 IB)是信息时代的产物,是计算机技术、通信网络技术、控制技术与建筑技术密切结合的结晶。随着全球社会信息化与经济国际化的深入发展,智能建筑已成为各国综合经济实力的具体象征,也是各大跨国企业集团国际竞争实力的形象标志。同时,在国内外正在加速建设信息高速公路的今天,智能建筑也是"信息高速公路"的主结点。因而,各国政府的大机关、各跨国集团公司也都在竞相实现办公大楼智能化。可见兴建智能型建筑已成为当今的发展目标。智能建筑系统功能设计的核心是系统集成设计。智能建筑物内信息通信网络的实现,是智能建筑系统功能上系统集成的关键。

### 7.1.1　智能建筑的兴起

　　智能建筑起源于美国。当时,美国的跨国公司为了提高国际竞争能力和应变能力,适应信息时代的要求,纷纷以高科技装备大楼(Hi-Tech Building),如美国国家安全局和"五角大楼"对办公和研究环境积极进行创新和改进,以提高工作效率。早在 1984 年 1 月,由美国联合技术公司(UTC)在美国康涅狄格(Connecticut)州哈特福德(Hartford)市,将一幢旧金融大厦进行改建。改建后的大厦,称之为都市大厦(City Palace Building)。它的建成可以说完成了传统建筑与新兴信息技术相结合的尝试。楼内主要增添了计算机、数字程控交换机等先进的办公设备以及高速通信线路等基础设施。大楼的客户不必购置设备便可实现语音通信、文字处理、电子邮件传递、市场行情查询、情报资料检索、科学计算等服务。此外,大楼内的暖通、给排水、消防、保安、供配电、照明、交通等系统均由计算机控制,实现了自动化综合管理,使用户感到更加舒适、方便和安全,引起了世人的关注。从而第一次出现了"智能建筑"这一名称。

　　随后,智能建筑蓬勃兴起,以美国、日本兴建最多。在法国、瑞典、英国、泰国、新加坡等国家和我国香港、台湾等地区也方兴未艾,形成在世界建筑业中智能建筑一枝独秀的局面。在步入信息社会和国内外正加速建设"信息高速公路"的今天,智能建筑越来越受到我国政府和企业的重视。智能建筑的建设已成为一个迅速成长的新兴产业。近几年,在国内建造的很多大厦已打出智能建筑的牌子。如北京的京广中心、中华大厦,上海的博物馆、金茂大厦、浦东上海证券交易大厦,深圳的深房广场等。为了规范日益庞大的智能建筑市场,我国也制定了《智能建筑设计标准》(GB/T 50314—2006)。

### 7.1.2　智能建筑的概念

　　智能化建筑的发展历史较短,有关智能建筑的系统描述很多,目前尚无统一的概念。这里主要介绍美国智能化建筑学会(American Intelligent Building Institute,即 AIBI)对智能建筑下的定义如下:智能建筑(Intelligent Building)是将结构、各种系统、服务、管理进行优化组合,获得

高效率、高功能与高舒适性的大楼,从而为人们提供一个高效和具有经济效益的工作环境。

日本建筑杂志载文提出,智能建筑就是高功能大楼。建筑环境必须适应智能建筑的要求,方便、有效地利用现代通信设备,并采用楼宇自动化技术,具有高度综合管理功能的大楼。我们认为,应强调智能建筑的多学科交叉、多技术系统综合集成的特点,故推荐如下定义:智能建筑系指利用系统集成方法,将计算机技术、通信技术、控制技术与建筑艺术有机结合,通过对设备的自动监控,对信息资源的管理和对使用者的信息服务及其与建筑的优化组合获得的投资合理、适合信息社会要求,并且具有安全、高效、舒适、便利和灵活特点的建筑物。

根据上述定义可见,智能建筑是多学科跨行业的系统。它是现代高新技术的结晶,是建筑艺术与信息技术相结合的产物。随着微电子技术的不断发展,通信、计算机的应用普及,建筑物内的所有公共设施都可以采用"智能"系统来提高大楼的服务能力。智能系统所用的主要设备通常放置在智能化建筑内的系统集成中心(System Integratel Center,即 SIC)。它通过建筑物综合布线(Generic Cabling,即 GC)与各种终端设备(如通信终端(电话机、传真机等)和传感器(烟雾、压力、温度、湿度等传感器))连接,"感知"建筑内各个空间的"信息",并通过计算机处理给出相应的对策,再通过通信终端或控制终端(如步进电机、各种阀门、电子锁、开关等)做出反应,使大楼具有某种"智能"。试想一下,如果建筑物的使用者和管理者可以对大楼的供配电、空调、给排水、照明、消防、保安、交通、数据通信等全套设施都实施按需服务控制,那么,大楼的管理和使用效率将大大提高,而能耗的开销也会降低。

从上面的讨论可以归纳出,智能化建筑通常具有四大主要特征,即建筑物自动化(Building Automation,即 BA)、通信自动化(Communication Automation,即 CA)、办公自动化(Office Automation,即 OA)、布线综合化。前三化就是所谓"3A"(智能建筑)。目前有的房地产开发商为了更突出某项功能,提出防火自动化(Fire Automation,即 FA),以及把建筑物内的各个系统综合起来管理,形成一个管理自动化(Maintenance Automation,即 MA),加上 FA 和 MA 这两个"A",便成为"5A"智能化建筑了。但从国际上来看,通常定义 BA 系统包括 FA 系统,OA 系统包括 MA 系统。因此现在只采用"3A"的提法,否则难免会进而提出"6A"或更多,反而不利于全面理解"智能建筑"定义的内涵。智能建筑结构示意图可用图 7-1 表示。

由图 7-1 可知,智能建筑是由智能化建筑环境内的系统集成中心利用综合布线连接并控制"3A"系统组成的。

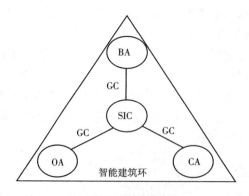

图 7-1　智能建筑结构

## 7.1.3 智能建筑的组成和功能

在智能建筑环境内体现智能功能的主要有 SIC,GC 和 3A 系统等 5 个部分。其系统组成和功能示意图如图7-2 所示。下面简要地介绍这 5 个部分的作用。

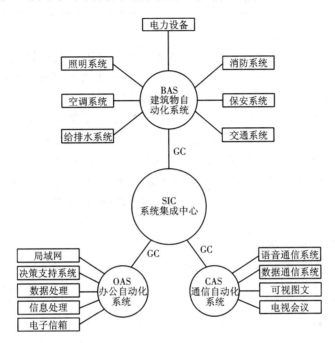

**图 7-2 智能建筑的系统功能**

**1. 系统集成中心(SIC)**

SIC 应具有各个智能化系统信息汇集和各类信息综合管理的功能,并要达到以下三方面的具体要求:

(1)汇集建筑物内外各类信息,接口界面要标准化、规范化,以实现各子系统之间的信息交换及通信;

(2)对建筑物各个子系统进行综合管理;

(3)对建筑物内的信息进行实时处理,并且具有很强的信息处理及信息通信能力。

**2. 综合布线(GC)**

综合布线是由线缆及相关连接硬件组成的信息传输通道。它是智能建筑连接"3A"系统各类信息必备的基础设施。它采用积木式结构、模块化设计、统一的技术标准,能满足智能建筑信息传输的要求。

**3. 办公自动化(OA)系统**

办公自动化系统是把计算机技术、通信技术、系统科学及行为科学应用于传统的数据处理技术所难以处理的、数量庞大且结构不明确的业务上。可见,它是利用先进的科学技术,不断使人的部分办公业务活动物化于人以外的各种设备中,并由这些设备与办公人员构成服务于某种目标的人机信息处理系统。其目的是尽可能利用先进的信息处理设备,提高人的工作效率,辅助决策,求得更好的效果,以实现办公自动化目标,即在办公室工作中,以微机为中心,采用传真机、复印机、打印机、电子邮件(E-mail)等一系列现代办公及通信设施,全面而又广泛地收集、整理、加工、使用信息,为科学管理和科学决策服务。

从办公自动化(OA)系统的业务性质来看主要有以下三项任务。

(1)电子数据处理(Electronic Data Prccessing,即 EDP) 处理办公中大量烦琐的事务性工作,如发送通知、打印文件、汇总表格、组织会议等。将上述烦琐的事务交给机器来完成,以达到提高工作效率、节省人力的目的。

(2)管理信息系统(Management Information System,即 MIS) 对信息流的控制管理是每个部门最本质的工作。OA 是管理信息的最佳手续,它把各项独立的事务处理通过信息交换和资源共享联系起来以获得准确、快捷、及时、优质的功效。

(3)决策支持系统(Decision Support Systems,即 DSS) 决策是根据预定目标做出的决定,是高层次的管理工作。决策过程包括提出问题、搜集资料、拟订方案、分析评价、最后选定等一系列的活动。

OA 系统能自动地分析、采集信息,提供各种优化方案,为辅助决策者做出正确、迅速的决定。智能建筑办公自动化系统功能示意图如图 7-3 所示。

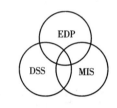

图 7-3　智能建筑办公自动化系统功能

### 4. 通信自动化(CA)系统

通信自动化系统能高速进行智能建筑内各种图像、文字、语音及数据之间的通信。它同时与外部通信网相连,交流信息,通信自动化系统可分为语音通信、图文通信、数据通信及卫星通信等四个子系统。

(1)语音通信系统　此系统可给用户提供预约呼叫、等待呼叫、自动重拨、快速拨号、转移呼叫、直接拨入,能接收和传递信息的小屏幕显示、用户账单报告、屋顶远程端口卫星通信、语音邮政等上百种不同特色的通信服务。

(2)图文通信　在当今智能建筑中,可实现传真通信、可视数据检索等图像通信、文字邮件、电视会议通信业务等。由于数字传送和分组交换技术的发展及采用大容量高速数字专用通信线路实现多种通信方式,使得根据需要选定经济而高效的通信线路成为可能。

(3)数据通信系统　它可供用户建立计算机网络,以连接办公区内的计算机及其他外部设备完成数据交换业务。多功能自动交换系统还可使不同用户的计算机之间进行通信。

(4)卫星通信　它突破了传统的地域观念,实现了相距万里近在眼前的国际信息交往联系。今天的现代化建筑已不再局限在几个有限的大城市范围内。它真正提供了强有力的缩短空间和时间的手段。因此通信系统起到了零距离、零时差交换信息的重要作用。

通信传输线路既可以是有线线路,也可以是无线线路。在无线传输线路中,除微波、红外线外,主要是利用通信卫星。

"通信自动化"一词虽然不太严谨,但已约定俗成。不过,随着计算机化的数字程控交换机的广泛使用,通信不仅要自动化,而且要逐步向数字化、综合化、宽带化、个人化方向发展。其核心是数字化,其根本前提是要构成网络。

### 5. 建筑物自动化(BA)系统

建筑物自动化(BA)系统是以中央计算机为核心,对建筑物内的设备运行状况进行实时控制和管理,从而使办公室成为温度、湿度、光度稳定和空气清新的办公室。按设备的功能、作用及管理模式,该系统可分为火灾报警与消防联动控制系统、空调及通风监控系统、供配电及备用应急电站的监控系统、照明监控系统、保安监控系统、给排水监控系统和交通监控系统。

其中,交通控制系统包括电梯监控系统和停车场自动监控管理系统;保安监控系统包括紧急广播系统和巡更对讲系统。

BA 系统日夜不停地对建筑的各种机电设备的运行情况进行监控,采集各处现场资料自动处理,并按预置程序和随机指令进行控制。因此采用了 BA 系统有以下优点:

①集中统一地进行监控和管理,既可节省大量人力,又可提高管理水平;

②可建立完整的设备运行档案,加强设备管理,制订检修计划,确保建筑物设备的运行安全;

③可实时监测电力用量、最优开关运行和工作循环最优运行等多种能量监管,可节约能源、提高经济效益。

## 7.1.4　智能建筑与综合布线的关系

应该看到,土木建筑百年大计,一次性投资很大。在当前国力尚不富裕的情况下,全面实现建筑智能化是有难度的,然而又不能等到资金全部到位,再去开工建设,因为这样会失去时间和机遇。对于每个高层建筑,一旦条件成熟需要改造升级为智能建筑,也是不容置疑的。这些可能是目前高层建筑普遍存在的一个突出矛盾。综合布线是解决将当前和未来统一这一矛盾的最佳途径。

综合布线只是智能建筑的一部分。它犹如智能建筑内的一条高速公路,可以统一规划、统一设计,在建筑物建设阶段投资整个建筑物的 3% ~5% 资金,将连接线缆综合布在建筑物内。至于楼内安装或增设什么应用系统,这就完全可以根据时间和需要、发展与可能来决定。只要有了综合布线这条信息高速公路,想跑什么"车",想上什么应用系统,就变得非常简单了。尤其目前兴建的高大楼群如何与时代同步,如何能适应科技发展的需要,又不增加过多的投资,综合布线平台是最佳选择。否则,不仅为高层建筑将来的发展带来很多后遗症,并且一旦打算向智能建筑靠拢时,要花费更多的投资,这是十分不合理的。

## 7.1.5　智能建筑与信息高速公路的关系

"信息高速公路"是由光缆构成的高速通道,将其延伸到每个基层单位、每个家庭,可形成四通八达、畅通无阻的信息"交通网",文字、图像、语音都可以数字流的形式在这个"交通网"上快速传递。

智能建筑利用综合布线与国内外信息网连接而进行信息交流。智能建筑的信息处理功能主要包括:

①建设高速、大容量、宽频带的信息传输平台;

②建设信息处理平台;

③建立信息资源共享原则,形成信息咨询产业。

由此可以看出,信息高速公路着重于信息快速通道的建设,是智能建筑与外界联系的通道。智能建筑也必须与信息高速公路对接,否则它就成了"智能孤岛"。

# 7.2　智能建筑中的综合布线

## 7.2.1　综合布线的概念

综合布线为建筑物内或建筑群之间交换信息提供一个模块化的、灵活性极高的传输通道。它包括建筑物外部网络或电信线路的连接点与应用系统设备之间的所有线缆及相关的连接部件。传输通道由不同系列和规格的部件组成,其中包括传输介质、相关连接硬件(如配线架、连接器、插座、插头、适配器)以及电气保护设备等。这些部件可用来构建各种子系统,它们都有各自的具体用途,不仅易于实施,而且能随需求的变化而平稳升级。一个设计良好的综合布线对其服务的设备应具有一定的独立性,并能互连许多不同应用系统的设备,如模拟式或数字式机的公共系统设备,也应能支持图像(电视会议、监视电视)等设备。

综合布线一般采用星形拓扑结构。该结构下的每个分支子系统都是相对独立的单元,对每个分支子系统的改动都不影响其他子系统,只要改变接点连接方式就可使综合布线在星形、总线形、环形、树形等结构之间进行交换。

综合布线采用模块化的结构。按每个模块的作用,可把它划分成六个部分,如图7-4所示。这六个部分可以概括为"一间、二区、三个子系统",即设备间、工作区、管理区、水平子系统、干线子系统、建筑群子系统。

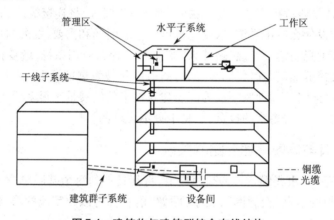

图7-4　建筑物与建筑群综合布线结构

从图中可以看出,这六个部分中的每一部分都相互独立,可以单独设计、单独施工。更改其中一个子系统时,均不会影响其他子系统。下面简要介绍这六个部分的功能。

**1. 设备间**

设备间是在每一幢大楼的适当地点放置综合布线线缆和相关连接硬件及其应用系统设备的场所。为便于设备搬运、节省投资,设备间最好位于每一幢大楼的第二层或第三层。在设备间内,可把公共系统用的各种设备互连起来,如电信部门的中继线和公共系统设备(PBX)。设备间还包括建筑物的入口区的设备或电气保护装置及其连接到符合要求的建筑物接地点。它相当于电话系统中的站内配线设备及电缆、导线连接部分。这方面的详细讨论,读者可参阅参考标准与规范。

## 2. 工作区

工作区是放置应用系统终端设备的地方。它由终端设备连接到信息插座的连线(或接插软线)组成,如图 7-5 所示。工作区用接插软线在终端设备和信息插座之间搭接,相当于电话系统中连接电话机的用户线及电话机终端部分。

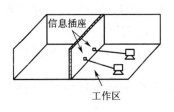

图 7-5　工作区

在进行终端设备和信息插座连接时,可能需要某种电气转换装置。如适配器,可使不同尺寸和类型的插头与信息插座相匹配,提供引线的重新排列,允许多对电缆分成较小的几股,使终端设备与信息插座相连接。但是,按国际布线标准 11801:1995(E)规定,这种装置并不是工作区的一部分。

## 3. 管理区

管理区在配线间或设备间的配线区域内。它采用交连和互连等方式,管理干线子系统和水平子系统的线缆。单通道管理如图 7-6 所示。管理区为连通各个子系统提供连接手段。它相当于电话系统中的每层配线箱或电话分线盒部分。

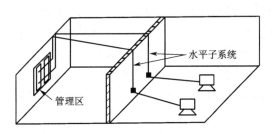

图 7-6　单通道管理及水平子系统

## 4. 水平子系统

水平子系统将干线子系统经楼层配线间的管理区连接到工作区的信息插座,如图 7-6 所示。水平子系统与干线子系统的区别:水平子系统总是处在同一楼层上,线缆一端接在配线间的配线架上,另一端接在信息插座上。在建筑物内,干线子系统总是位于垂直的弱电间,并采用大对数双绞电缆或光缆,而水平子系统多为 4 对双绞电缆。这些双绞电缆能支持大多数终端设备。在需要较高宽带应用时,水平子系统也可以采用"光纤到桌面"的方案。

当水平工作面积较大时,在这个区域可设置二级交接间。这种情况的水平线缆一端接在楼层配线间的配线架上,另一端还要通过二级交接间的配线架连接后,再端接到信息插座上。

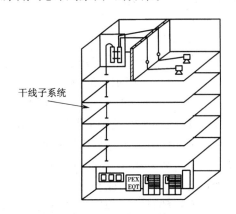

图 7-7　干线子系统

## 5. 干线子系统

干线子系统由设备间和楼层配线间之间的连接线缆组成。采用大对数双绞电缆或光缆,两端分别接在设备间和楼层配线间的配线架上,如图 7-7 所示。它相当于电话系统中的干线电缆。

## 6. 建筑群干线子系统

建筑群是由两个及两个以上建筑物组成。这些建筑物彼此之间要进行信息交流。综合布线的建筑群干线子系统由连接各建筑物之间的线缆组成,如图 7-4 所示。

建筑群综合布线所需的硬件,包括铜电缆、光缆和防止电缆的浪涌电压进入建筑物的电气保护设备。它相当于电话系统中的电缆保护箱及建筑物之间的干线电缆。

## 7.2.2 综合布线的发展过程

综合布线的发展与建筑物自动化系统密切相关。早在 20 世纪 50 年代初期,一些发达国家就在高层建筑中采用电子器件组成控制系统,各种仪表、信号灯以及操作按键通过各种线路接至分散在现场各处的机电设备上,用来集中监控设备的运行情况,并对各种机电系统实现手动或自动控制。由于电子器件较多,线路又多又长,因而控制点数目受到很大限制。随着微电子技术的发展,建筑物功能的日益增多,到了 60 年代末,开始出现数字式自动化系统。70 年代,BA 系统迅速发展,采用专用计算机系统进行管理、控制和显示。80 年代中期开始,随着超大规模集成电路技术和信息技术的发展,出现了智能化建筑物。

1984 年首座智能建筑在美国出现后,传统布线的不足就日益暴露出来,如电话、局域网及 BA 系统等都是各自独立的。各系统分别由不同的厂商设计和安装,布线也采用不同的线缆和不同的终端插座,如闭路电视采用射频同轴电缆,电话和公共广播采用一对双绞线。而且连接这些不同布线的插头、插座及配线架均无法互相兼容。当办公环境改变,需调整办公设备或随着新技术的发展需要更换设备时,就必须更换布线。这样以增加新电缆而留下不用的旧电缆,天长日久,导致了建筑物内包容了一个杂乱无章的线缆"迷宫",因而维护不便,改造也十分困难。

随着全球社会信息化与经济国际化的深入发展,人们对信息共享的需求日趋迫切,就需要一个适合信息时代的布线方案。

美国电话电报(AT&T)公司的贝尔(Bell)实验室的专家们经过多年的研究,在该公司的办公楼和工厂试验成功的基础上,于 80 年代末期在美国率先推出了结构化布线系统(SCS)。

## 7.2.3 综合布线的特点

与传统的布线相比较,综合布线有许多优越性,是传统布线所无法匹敌的。其特点主要表现为它的兼容性、开放性、灵活性、可靠性、先进性和经济性,而且在设计、施工和维护方面也给人们带来了许多方便。

### 1. 兼容性

综合布线的首要特点是它的兼容性。所谓兼容性是指它自身是完全独立的而与应用系统相对无关,可以适用于多种应用系统。

过去,为一幢大楼或一个建筑群内的语音或数据线路布线时,往往是采取不同厂家生产的电缆线、配线插座以及接头等。例如用户交换机通常采用双绞线,计算机系统通常采用粗同轴电缆或细同轴电缆。这些不同的设备使用不同的配线材料,而连接这些不同配线的接头、插座及端子板也各不相同,彼此互不兼容。一旦需要改变终端机或电话机位置时,就必须敷设新的线缆以及安装新的插座和接头。

综合布线将语音、数据与监控设备的信号线经过统一的规划和设计,采用相同的传输介质、信息插座、交连设备、适配器等,把这些不同信号综合到一套标准的布线中。由此可见,这个布线比传统布线大为简化,这样可节约大量的物资、时间和空间。

在使用时,用户可不用定义某个工作区的信息插座的具体应用,只把某种终端设备(如个人计算机、电话、视频设备等)插入这个信息插座,然后在管理间和设备间的交连设备上做相应的接线操作,这个终端设备就被接入到各自的系统中了。

**2. 开放性**

对于传统的布线方式,只要用户选定了某种设备,也就选定了与之相适应的布线方式和传输介质。如果更换另一设备,那么原来的布线就要全部更换。可以想象,对于一个已经完工的建筑物,这种变化是十分困难的,要增加很多投资。

由于采用开放式体系结构,综合布线符合多种国际现行标准。因此它几乎对所有著名厂商的产品都是开放的,如计算机设备、交换机设备等,并对所有通信协议也是支持的。

**3. 灵活性**

传统的布线方式是封闭的,其体系结构是固定的,若要迁移设备或增加设备是相当困难而麻烦的,甚至是不可能的。

综合布线采用标准的传输线缆和相关连接硬件,并采用模块化设计。因此所有通道都是通用的。每条通道可支持终端、以太网工作站及令牌网工作站(采用 5 类连接方案,可支持以太网及 ATM 等)。所有设备的开通及更改均不需改变布线,只需增减相应的应用设备以及在配线架上进行必要的跳线管理即可。另外,组网也可灵活多样,甚至在同一房间可有多用户终端、以太网工作站、令牌网工作站并存,为用户组织信息交流提供了必要条件。

**4. 可靠性**

由于传统布线方式使各个应用系统互不兼容,因而在一个建筑物中往往要有多种布线方案。因此建筑系统的可靠性要由所选用的布线可靠性来保证。当各应用系统布线不当时,还会造成交叉干扰。

综合布线采用高品质的材料和组合压接的方式构成一套高标准的信息传输通道。所有线缆和相关连接件均通过 ISO 认证,每条通道都要采用专用仪器测试链路阻抗及衰减率,以保证电气性能可靠。应用系统布线全部采用点到点端接,任何一条链路故障均不影响其他链路的运行。这就为链路的运行维护及故障检修提供了方便,从而保障了应用系统的可靠运行。各应用系统采用相同的传输介质,因而可互为备用,提高了冗余度。

**5. 先进性**

综合布线采用光纤与双绞线混合布线方式,极为合理地构成一套完整的布线。所有布线均采用世界上最新通信标准,链路均按八芯双绞线配置。5 类双绞线的数据最大传输率可达到 155 Mb/s,对于特殊用户的需求可把光纤引到桌面(Fiber To The Desk)。干线语音部分用电缆,数据部分用光缆,为同时传输多路实时多媒体信息提供足够的裕量。

**6. 经济性**

综合布线在经济性方面比传统的布线系统也有优越性。这部分内容将在 7.2.7 中详细讨论。

通过上面的讨论可知,综合布线较好地解决了传统布线方法存在的许多问题。随着科学技术的迅猛发展,人们对信息资源共享的要求越来越迫切,尤其以电话业务为主的通信网逐渐向综合业务数字网(ISDN)过渡,越来越重视能够同时提供语音、数据和视频传输的集成通信网。因此综合布线取代单一、昂贵、繁杂的传统布线,是信息时代的要求,是历史发展的必然趋势。

### 7.2.4 综合布线适用范围

综合布线采用模块化设计和分层星形拓扑结构。它能适应任何建筑物的布线。建筑物的跨距不超过 3 000 m,面积不超过 1 000 000 m²。综合布线可以支持语音、数据和视频等各种应用。按应用场合,除建筑与建筑群综合布线系统(PDS)外,还有两种先进的综合布线系统,即智能大楼布线系统(IBS)和工业布线系统(IDS)。它们的原理和设计方法基本相同,差别是PDS 以商务环境和办公自动化环境为主;IBS 以大楼环境控制和管理为主;IDS 则以传输各类特殊信息和适应快速变化的工业通信为主。为了便于理解综合布线原理,掌握设计方法,本书侧重讨论 PDS,读者可以举一反三,触类旁通。建筑与建筑群综合布线系统简称为综合布线(GC)。

### 7.2.5 综合布线的标准

智能化建筑已逐步发展成为一种产业,如同计算机、建筑一样,也必须有大家共同遵守的标准或规范。目前,已出台的综合布线及其产品、线缆、测试标准和规范主要包括:

①EIA/TI568—A 商用建筑物电信布线标准;

②ISO/IEC11801:1995(E)国际布线标准;

③EIA/TIA TSB—67 现场测试非屏蔽双绞线布线系统传输性能规范;

④欧洲标准(EN5016,50168,50169 分别为水平布线电缆、工作区布线电缆以及主干电缆标准)。

我国制订了《综合布线系统工程设计规范》(GB/T 50311—2007)和《综合布线系统工程验收规范》(GB 50312—2007),标志着综合布线在我国也开始走向正规化、标准化。

### 7.2.6 综合布线产品的选型原则

选择良好的综合布线产品并进行科学的设计和精心施工是智能化建筑的百年大计。

就我国当前情况看,生产的综合布线产品尚不能满足要求,因而还要进口。由于美国朗讯科技(原 AT&T)公司进入我国市场较早,且产品齐全、性能良好,因此在中国市场占有率较高。法国阿尔卡特综合布线既采用屏蔽技术,也采用非屏蔽技术,在我国应用前景也比较广泛。

目前,我国广泛采用的综合布线还有美国西蒙(SIEMOM)公司推出的 SCS(SIEMON Cabling)、加拿大北方电讯(Northern Telecom)公司推出的 IBDN(Integrated Building Distribution Network)、德国克罗内(KRONE)公司推出的 KISS(KRONE Integrated Structured Solutions)以及美国安普(AMP)公司的开放式布线系统(Open Wirting System)等。它们都有自己相应的产品设计指南和验收方法及质量保证体系。在众多产品当中,大多数外形尺寸基本相同,但电气性能、机械特性差异较大,常被人们忽视。因此在选用产品时,要选用其中具有研究、制造和销售能力并且符合国际标准的专业厂家的产品,不可选用多家产品。否则,在通道性能方面达不到要求,会影响综合布线的整体质量。

综合布线是为将形形色色弱电布线的不一致、不灵活统一起来而创立的。如果在综合布线中再出现机械性能和电气性能不一致的多家产品,则恰好是与综合布线的初衷背道而驰的。因此选择一致性的、高性能的布线材料是实施综合布线的重要环节。

## 7.2.7　综合布线的经济分析

衡量一个建筑产品的经济性,应该从两个方面考虑,即初期投资与性能价格比。一般而言,用户总是希望建筑物所采用的设备在开始使用时具有良好的实用特性,而且还应该有一定的技术储备。在今后的若干年内应保护最初的投资,即在不增加新的投资情况下,还能保持建筑物的先进性。与传统的布线方式相比,综合布线就是一种既具有良好的初期投资特性,又具有很高的性能价格比的高科技产品。

**1. 综合布线的初投特性**

虽然综合布线初期投资比较高,但由于综合布线是将原来相互独立、互不兼容的若干种布线集中成为一套完整的布线体系,统一设计,并由一个施工单位可以完成几乎全部弱电线缆的布线,因而可省去大量的重复劳动和设备占用,使布线周期大大缩短。

综合布线与传统布线方式初期投资的比较可用图 7-8 表示。

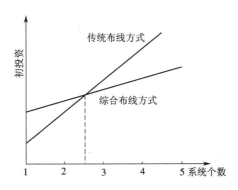

**图 7-8　综合布线与传统布线初期投资比较**

由图 7-8 可见,当应用系统数是一个时,传统的布线方式的投资约为综合布线的一半。但当应用系统个数增加时,传统布线方式投资就增加得很快,原因在于所有布线都是相对独立的,因而每增加一种布线就要增加一份投资。综合布线的初期投资较大,但当应用系统的个数增加时,投资增加很少。其原因在于各种布线是相互兼容的,都采用相同的线缆和相关连接硬件,电缆还可穿在同一管内。例如一座建筑面积 2.8 万平方米,22 层高的办公大厦的语音、数据和保安监控点估计应在 2 800 个点,其中包括 1 100 个语音点、1 100 个数据点、100 个保安监控点及 500 个楼宇监控点等。通常设计应预留 10% ~20% 的裕量。像这样一幢建筑的水平线应采用 5 类电缆,干线采用 6 芯 62.5/125 $\mu$m(微米)多模光纤,其余采用 5 类电缆,综合布线材料费大约需要 240 万元人民币。

从图中还可看到,当一幢建筑物有 2 ~3 种布线时,综合布线与传统布线两条曲线相交,生成一个平衡点,此时两种布线的投资大体相同。

**2. 综合布线性能价格比**

(1)采用标准的综合布线后,只需将电话或终端插入早已敷设在墙壁的标准插座内,然后在同层的弱电井的配线间(用户只租一层的情况)的配线架做相应跳接线操作,就可解决用户的需求。

(2)当建筑使用者需要把设备从一个房间搬迁到另一层的房间时,或者在一个房间中增加其他新的设备时,同样只要在弱电井的配线间或设备间的配线架做跳接线操作,很快就可以实现这些新增加的需求,而不需要重新布线。

（3）如果采用光纤和5类电缆混合的综合布线方式,可以解决诸如三维多媒体的传输和用户对 ISDN、ATM 的需求,可以实现建筑与未来全球信息高速公路的接轨等具有前瞻性的需求,根据计算机技术和通信技术的发展,可以保证在一定的时期内技术上的先进性。

图 7-9 给出传统布线和综合布线的性能价格比曲线。从图 7-9 可以看到,随着时间的推移,综合布线的曲线是上升的,传统布线的曲线是下降的。这样形成一个剪刀差,时间越长,两种布线方式的性能价格比的差距越大。

性能价格比的另一方面体现在远期投资上。一幢大楼竣工后,要花费相当大的费用使大楼正常运转。据美国一家调查公司对 400 家大公司的 4 400 幢办公大楼在 40 年内各项费用的比例情况(图 7-10)的统计结果表明,初期投资(结构费用)只占 11%,而运行费用占 50%,变更费用占 25%。

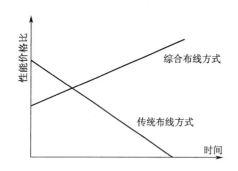

图 7-9　综合布线和传统布线的性能价格比曲线

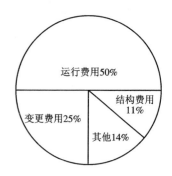

图 7-10　建筑物综合费用统计

如果在初期投资阶段,增加一部分必要的综合布线投资,肯定会减少将来大楼的运行费用和变更费用。在设计布线阶段,每个 5 类信息点为 400 元,3 类信息点为 300 元。而美国一家企业调查公司(Garner Group)调查发现,传统布线在使用阶段只要增加一台终端,平均费用为15 000 元,增加一部电话为 3 000 元。如果在开始设计阶段考虑到今后的发展,并增加一些费用,势必会减少将来的运行费用和变更费用。由此可见在初期投资阶段,建筑物采用综合布线是明智之举。

### 7.2.8　综合布线设计要领

#### 1. 总体规划

一般而言,国际通信技术标准是随着科学技术的发展逐步修订完善的。综合布线也是随着新技术的发展和新产品的问世逐步完善而趋向成熟的。在设计智能化建筑物的综合布线期间,要提出并研究近期和长远的需求是非常必要的。目前,国际上各种综合布线产品都只提出多少年质量保证体系,并没有提出多少年投资保证。为了保护建筑物投资者的利益,可以采取"总体规划、分布实施、水平布线尽量到位"的设计原则。从图 7-4 可以看出,干线大多数都设置在建筑物弱电间,更换或扩充比较省事。水平布线是在建筑物的吊顶内、天花板或管道里,施工费比初始投资的材料费高。如果更换水平布线,要损坏建筑结构,影响整体美观,因此在设计水平布线时,要尽量选用档次较高的线缆及相关连接硬件(如选用 10 Mb/s 的双绞线),尽可能缩短布线距离。

　　但是也要强调,在设计综合布线时,一定要从实际出发,不可脱离实际,盲目追求过高的标准而造成浪费。因为科学技术日新月异。计算机芯片的摩尔定律指出,每 18 个月计算机芯片上集成的晶体管数会增加一倍。按照这个发展速度,很难预料今后科学技术发展的水平。不过,只要管道、线槽设计合理,更换线缆就比较容易。

**2. 系统设计**

　　综合布线是智能建筑业中的一项新兴产业。它不完全是建筑工程中的“弱电”工程。智能化建筑是由智能化建筑环境内系统集成中心利用综合布线连接和控制“3A”的功能。

　　设计一个合理的综合布线系统一般有七个步骤:

　　①分析用户需求;

　　②获取建筑物平面图;

　　③系统结构设计;

　　④布线路由设计;

　　⑤可行性论证;

　　⑥绘制综合布线施工图;

　　⑦编制综合布线用料清单。

　　综合布线的设计过程可用图 7-11 流程图描述。

　　一个完善而又合理的综合布线的目标是,在既定时间以内,允许在有新需求的集成过程中不必再去进行水平布线,以免损坏建筑装饰而影响美观。

**3. 综合管理**

　　上述探讨已表明,一个设计合理的综合布线,能把智能化建筑物内、外的所有设备互连起来。为了充分合理地利用这些线缆及相关连接硬件,可以将综合布线的设计、施工、测试及验收资料采用数据库技术管理起来。从一开始就应当全面利用计算机辅助建筑设计(CAAD)技术进行建筑物的需求分析、系统结构设计、布线路由设计以及线缆和相关连接硬件的参数、位置编码等一系列的数据登录入库,使配线管理成为建筑集成化总管理数据库系统的一个子系统。同时,让本单位的技术人员去组织并参与综合布线的规划、设计以及验收。这对今后管理维护综合布线将大有用处。

## 7.2.9　综合布线工程质量

　　要将一个优化的综合布线设计方案最终在智能建筑中完美实现,工程组织和工程实施是一个十分重要的环节。根据多年经验,应该注意以下几点。

**1. 规范化管理**

　　进行科学设计、精心组织施工并进行规范化管理是十分重要的。所谓“管理”,是要有保证材料品质、保证设计和安装工艺的一套严格的管理制度。有些公司为了推销产品,不管公司状况如何,统统可以代理。综合布线是综合多项技术的工程,实施工程后要保证用户能在一定时期内不断扩展业务。在这里绝不允许掺“假”和粗制滥造行为的发生。

**2. 重视施工**

　　要选择技术实力雄厚的、工程经验丰富的公司施工。一般正规的综合布线公司应有一整套严格的分销代理程序。一个系统集成商必须具有经验丰富的设计工程师和安装工程师,并有齐备的各种测试仪器及测试规程,方能为用户进行工程的设计、安装和测试。

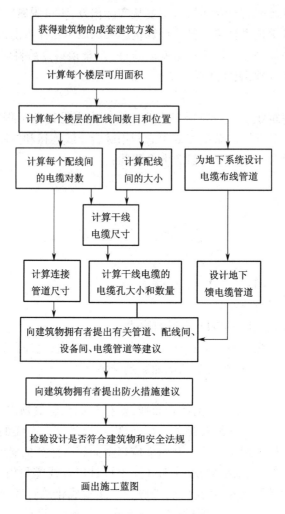

**图 7-11　综合布线设计流程图**

综合布线业务在我国推广已有几年的时间,一般在当地都有相关的布线产品代理和系统集成商。用户完全可以了解到当地这些系统集成商的合法性和技术实力,然后再选择适合用户需求及便于今后维护的公司。当然真正重要的是,必须对系统集成商进行实力考察。

**3. 确定需求**

最关键的一点是业主和用户本身必须真正从实际需求出发,对自己的综合性业务有深入理解,根据自己的财力再委托专业公司进行规划设计和推敲,防止竣工后设备和功能不够用或若干年内用不完的情况。

当然,一般业主的新大楼都由一个筹建处来管理,但真正的应用需求应征求本单位业务部门的意见,或聘请有经验的专家咨询。目前有些业主为避免鱼目混珠,已开始委托专业招标公司完成全过程。这不失为一种较好的尝试。

# 7.3　建筑设备自动化系统(BAS)简介

在大型高等级建筑中,为业主提供舒适、安全的使用环境和高效、完善的管理功能的各种服务设施及装置统称建筑设备。它们的功能强弱、自动化程度高低是建筑物现代化程度的重要标志,因此建筑设备自动化一直是建筑电气技术中最受重视的课题之一。随着智能建筑的兴起,建筑设备自动化也成为智能建筑的重要组成部分。

## 7.3.1　BAS 的基本功能

建筑设备自动化系统 BAS( Building Automation System)是对一个建筑物内所有服务设备及装置的工作状态进行监督、控制和统一管理的自动化系统。它的主要任务是为建筑物的使用者提供安全、舒适和高效的工作与生活环境,保证整个系统的经济运行,并提供智能化管理。因此它包含的内容相当广泛。就一个典型的智能建筑而言,BAS 应具备图 7-12 基本内容。

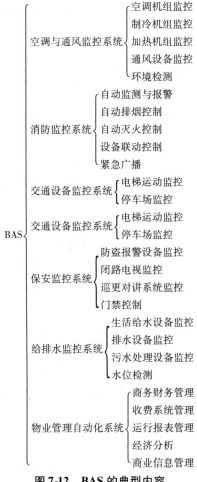

**图 7-12　BAS 的典型内容**

下面分别简要阐述主要部分。

### 1. 电力供应监控系统

电力供应监控系统的关键是保证建筑物安全可靠供电。为此,首先对各级开关设备的状态,主要回路的电流、电压及一些电缆的温度进行检测。由于电力系统的状态变化和事故都在瞬间发生,因此利用计算机进行这种监测时要求采样间隔非常小(几十至几百毫秒),并且应能自动连续记录在这种采样间隔下各测量参数的连续变化过程,这样才能预测并防止事故发生,或在事故发生后及时判断故障点。在此基础上,还可对有关的供电开关通过计算机进行控制。尤其在停电后可进行自动复电的顺序控制。此外对设备用应急发电机进行监测与控制,以及在起用应急发电设备时自动切断一些非主要回路,以保护应急发电机不超载。

在保障安全可靠供电的基础上,系统还可包括用电计量、各户用电费用分析计算、与供电政策有关的高峰时超负荷及分时计价,以及高峰期对次要回路的控制等。

### 2. 照明监控系统

照明监控与节能有重大关系。在大型建筑中它的耗电仅次于空调系统。与常规管理相比,BAS 控制可省电 30% ~ 50%。这主要是对厅堂及其办公室和客房进行"无人熄灯"控制。这些控制可以利用软件在计算机上设定启停时间表和按值班人员运动路线等及建筑空间使用方式设定灯具开环控制的开闭时间,也可以采用门锁、红外线等方式探测是否无人而自动熄灯的闭环控制方式。

### 3. 空调监控系统

空调监控系统控制管理的中心任务是在保证提供舒适环境的基础上尽可能降低运行能耗。系统的良好运行除要对每个设备进行良好控制外,还取决于各设备间的有机协调,并且与建筑物本身的使用方式有密切关系。例如,根据上下班时间适当地提前启动空调进行预冷;提前关闭空调,依靠建筑物的热惯性维持下班前一段时间的室内环境;关闭不使用的厅堂的空调;根据空调开启程度确定冷冻机开启台数及运行模式等。此类协调需由空调监控系统的中央管理计算机通过 BAS 索取到建筑物使用要求与使用状况的信息,再分析决策后才能实现。

### 4. 消防监控系统

消防监控系统,又称 FAS(Fire Automation System),是建筑设备自动化中非常重要的一部分。FAS 主要由火灾自动报警系统和消防联动控制两部分构成。

火灾报警系统是 FAS 中最主要的部分。它要求在火灾萌发时就能及时测知,并准确指出火警位置。同时,对于吸烟等其他原因造成的局部发烟、高温和发光又不误报。这依赖于灵敏的火灾参数探测传感器及计算机智能分析系统。火灾状况可以通过烟感、温感、光感和气体成分的变化进行监测,每种物理量又由不同类型的传感器探测。需要探测的信号种类及适用的传感器类型都取决于建筑物的类型和可能产生的火灾种类。一个探测区域所需要的探测器的数量也有规定。各种探测器的输出一般都是通、断两种状态,分别对应所探测的物理量"超过标准"和"处于正常范围"两种情况。各探测器通过总线连接至区域报警器。总线提供各个探测器的工作电源,并通过脉冲编码的方式接收各个探测器的输出状态。对于用计算机的智能型区域报警器而言,就不仅仅是将各探测器的输出状态按其位置进行显示,而且要进一步进行分析,剔除误报信息。例如,某个传感器偶然报警一次后,又恢复输出正常,或仅一个走廊中的传感器报警,而相邻的传感器一直输出正常状态,这就都属于"无火灾"或"不能最后确定"的状态。增加智能分析可以使火灾报警的误报率和漏报率降低。区域报警器通过通信网还要与 BAS 的消防控制中心连接,使消防中心及时掌握各种火灾报警信息,以便及时做出统一判断和决策。

消防联动控制包括对防火门、防火卷帘和防火阀的控制,排烟和正在送风的控制,消防水泵、喷淋水泵的控制,自动喷洒灭火装置的控制,疏散广播控制,警铃控制及电梯扶梯控制等。这些消防装置中有些与它直接相关的感温或感烟装置连接,当出现火灾信号后自动动作。此时计算机控制系统应能及时测出这些动作,并使其他装置的设备与其协调工作。其他消防装置则是由值班人员手动控制或由计算机系统自动控制,在火灾时产生要求的动作。在火灾误报率较高的情况下,除了使用计算机系统根据报警信息启动自动喷洒装置外,还需要值班人员根据报警信号进行确认后,才能启动这些消防设备,相当多的消防设备还与其他建筑设备系统有关,如正压送风排烟、电梯、扶梯等。这些设备往往是在正常情况下就需要由 BAS 控制管理,按照某种运行模式运行,火灾时转换到消防模式。此时,消防系统只是通过 BAS 向空调、电梯扶梯的控制系统发出向消防模式转换的命令,通过这些设备自己的控制系统来实现消防动作。

**5. 给排水系统**

给排水系统的控制管理主要是为了保证系统能正常运行,因此基本功能是监测给水泵、排水泵、污水泵及饮用水泵的运行状态,监测各种水箱及污水池的水位,监测给水系统压力以及根据这些水位及压力状态启、停水泵。

**6. 安防系统**

安防系统又称 SAS(Security Automation System),亦是建筑设备自动化的重要部分。它一般有如下内容。

(1)出入口控制系统　这是将门磁开关、电子锁或读卡机等装置安装于进入建筑物或主要管理区的出入口,从而对这些通道进行出入对象控制或时间控制,并可随时掌握管理区内人员构成状况。

(2)防盗报警系统　这是将由红外或微波技术构成的运动信号探测器安装于一些无人值守的部位。当发现所监视区出现移动物体时,即发出信号通知 SAS 控制中心。

(3)闭路电视监视系统　这是将摄像机装于需要监视控制的区域,通过电缆将图像传至控制中心,使中心可以随时监视各监控区域的现场状态。计算机技术还可进一步对这些图形进行分析,从而辨别出运行物体、火焰、烟及其他异常状态,并报警及自动录像。

(4)保安人员巡逻管理系统　指定保安人员的巡逻路线,在路径上设巡视开关或读卡机。从而计算机可确认保安人员是否按顺序在指定路线下巡逻,以保证保安人员的安全。

上述各部分都需要将各自的工作状态,尤其是所发现的异常现象及时报至 SAS 控制中心,进而由计算机进行统一分析,帮助值班人员做出准确判断与及时处理。

**7. 交通监控系统**

交通监控系统指对建筑物内电梯、扶梯及停车场的控制管理。电梯、扶梯一般都带有完备的控制装置,但需要将这些控制装置与 BAS 相连并实现它们之间的数据通信,使管理中心能够随时掌握各个电梯、扶梯的工作状况,并在火灾等特殊情况下对电梯的运行进行直接控制。这些已成为愈来愈多的业主对 BAS 提出的要求。

停车场的智能化控制主要包括停车场出入口管理,停车计费,车库内外行车信号指示和库内车位空额显示、诱导等。停车场的计算机系统可以通过探测器检测进入场内的总车量,确定各层或各区的空位,并通过各种指示灯引导进入场内的汽车找到空位。该系统亦需要随时向控制中心提供车辆信息,以利于在火灾、匪警等特殊情况下控制中心进行正确判断和指挥。

**8.BAS 的集中管理协调**

在智能建筑中,上述各种系统都不是完全独立运行的,许多情况下需要系统间相互协调。例如,消防系统在发现火灾报警后,要通知空调系统、给排水系统转入火灾运行模式,以利于人员疏散;电力系统则需要停掉一些供电线路,以保证安全;保安系统在发现匪警时也要求照明系统、交通系统进行一些相应的控制动作。这些协调控制需要在 BAS 控制中心通过计算机和值班人员的相互配合来实现。

在管理方面,上述各系统也有相当多的共同点。

①利用计算机图形方式指出各设备、装置及其传感器在建筑物中的具体位置,给维护管理人员查找提供方便;

②记录管理这些设备、装置的运行和维护信息,在计算机内建立设备档案库;

③显示各系统实时运行情况和历史状况,打印各种运行报表;

④进行各种统计计算,如电耗、水耗、停车场状况、保安系统报警率等,为建筑物管理提供科学依据,并可自动计算各用户需交纳的水电费等各种费用。

当建筑物规模大,各种设备数量种类繁多、用户情况不同时,用计算机完成上述各种管理与统计工作就显得十分必要。它能显著减少管理人员工作量和提高科学管理水平。

## 7.3.2　BAS 中的自动化技术

自动控制是指在没有人直接参与的情况下利用外加的设备或装置(控制器)使机器、设备或生产过程(统称为被控对象)的某个工作状态或参数(即被控量)自动按照预定的规律运行。因此自动控制系统框图可用图 7-13 表示。

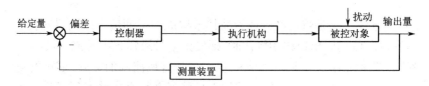

**图 7-13　自动控制系统框图**

这是一个连续控制系统,需要离散化,即将连续信号变成脉冲信号,再将这类离散信号变为数字信号,就可以实现计算机的实时监控。

**1.计算机控制系统的作用**

计算机控制系统是将计算机技术应用于自动控制以实现对被控对象的控制,其基本框图如图 7-14 所示。它利用计算机强大的计算能力、逻辑判断能力和存储容量大、可靠性高、通用性强、体积小等特点,解决常规控制技术解决不了的难题,可实现常规控制技术无法达到的优异性能。

在计算机控制系统中,被控对象的参数(如电压、电流、温度、压力、状态等)由传感器、转换器进行采样并转换成统一的标准信号,在经由模拟量输入通道或数字量输入通道输入计算机。计算机根据这些信息,按照预先设定的控制规律进行运算和处理,并经由输出通道把运算结果以数字量或模拟量的形式输出到执行机构,实现对被控对象的控制。

不同用途计算机控制系统的功能、结构、规模也有一定差别,但都是由硬件和软件组成。

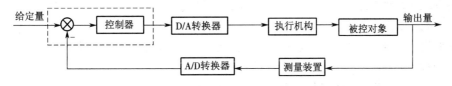

**图7-14　计算机控制系统基本框图**

硬件有计算机主机、接口电路以及各种外围设备,是完成控制任务的设备基础。软件指管理计算机的程序和控制过程中的各种应用程序。计算机系统中的所有动作都是在软件的指挥下进行的,软件质量的好坏不仅影响硬件功能的充分发挥,而且也影响整个控制系统的控制品质和管理水平。计算机控制系统的大致构成如图7-15 所示。

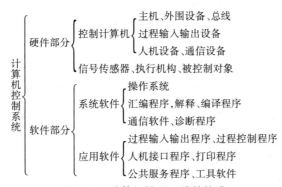

**图7-15　计算机控制系统的构成**

图中各主要部分的作用分述如下。

(1)主机　　主机由中央处理器(CPU)和内存储器(RAM,ROM)组成,是整个计算机控制系统的核心。它根据过程输入通道送来的实时信息,按照预置入计算机中的程序和控制数据自动进行处理和运算,及时选择相应的控制策略,通过过程输出通道发出控制命令。

(2)外围设备　　外围设备简称外设,常用的外设分为输入设备、输出设备和外存储器。输入设备如键盘、鼠标和扫描仪等,主要用来输入程序、数据和操作命令等。输出设备有显示器、打印机等,用来显示、打印各种数据和信息,及时反映过程控制的实际情况。外存储器有软、硬盘存储器,磁带机,光盘存储器等,用来存储和备份程序和数据,兼有输入和输出两种功能。

(3)过程输入和输出设备　　过程输入和输出设备是在计算机和生产过程之间设置的用于信息传递与交换的连接通道设备,包括模拟量通道和开关量通道设备两大类。

(4)人机联系设备　　人机联系设备包括显示器、键盘、专用操作显示面板或操作显示台等,用于显示生产过程状况,供操作人员操作和显示操作结果。操作人员与计算机之间通过人机联系设备交换信息。

(5)系统软件　　系统软件用于管理计算机的硬件设备,使计算机更加充分地发挥效能,为计算机用户使用各种语言创造条件。

(6)应用软件　　应用软件是控制计算机完成某种特定功能所必需的软件,通常由用户自行编制或根据具体情况在商品化软件的基础上进行开发。

**2. 计算机控制系统的类型**

计算机控制系统的构成与它所控制的生产过程的复杂程度密切相关。控制对象不同,计算机控制系统采用的控制方案也不一样。下面介绍几种典型的形式。

（1）数据采集和操作指导控制系统

数据采集和操作指导控制系统的结构框图如图7-16所示。系统中计算机并不直接对生产过程进行控制，而只是对过程参数进行巡回检测、收集，经加工处理后进行显示、打印或报警，操作人员据此进行相应的操作，实现对生产过程的调控。

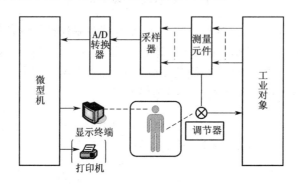

**图7-16　数据采集和操作指导控制结构**

数据采集和操作指导控制系统是开环系统，它结构简单、安全可靠，但由于仍要进行人工操作，因而速度不快，被控制对象的数量也受到限制。

（2）直接数字控制系统

直接数字控制（Direct Digital Control—DDC）系统的结构框图如图7-17所示。计算机对生产过程的若干参数进行循环检测，再根据一定的控制规律进行运算，然后通过输出通道直接对生产过程进行控制。

DDC系统中，一台计算机可代替模拟调节器，实现多回路控制，并可实现较复杂的控制操作。另一方面，由于系统的调控参数已设定好，并输入计算机，控制系统不能根据现场实际进行相应调整，故使用DDC系统无法实现最优控制。

（3）监督控制系统

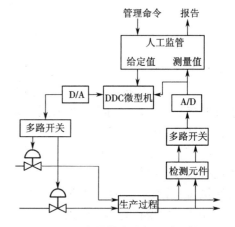

**图7-17　直接数字控制系统结构**

在监督控制（Supervisory Computer Control—SCC）系统中，计算机根据工艺信息和相关参数，按照描述生产过程的数学模型或其他办法，自动地调整模拟调节器或改变以直接数字控制方式工作的计算机中的设定值，从而使生产过程始终处于最优工况。监督控制系统有两种结构方式。

①监督控制加模拟调节器的控制系统　在此系统中，计算机对生产过程的有关参数进行巡回检测，并按一定的数学模型进行分析、计算，然后将运算结果作为给定值输出到模拟调节器，由模拟调节器完成调控操作，其结构如图7-18所示。

②监督控制加直接数字控制的分级控制系统　这是一个两极控制系统。SCC计算机进行相关的分析、计算后得出最优参数，并将它作为设定值送给DDC级，执行过程控制。如果DDC计算机无法正常工作，SCC计算机可完成DDC的控制功能，使控制系统的可靠性得到提高。

SCC + DDC 分级控制系统结构图如图 7-19 所示。

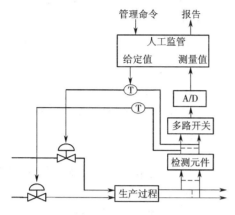

图 7-18　SCC + 模拟调节器控制系统结构

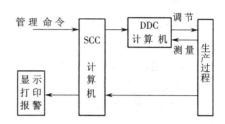

图 7-19　SCC + DDC 分级控制系统结构

（4）集散型控制系统

集散型控制系统（Distributed Control System—DCS）又称为分布或分散控制系统，是按照总体协调、分散控制的方针，采用自上而下的管理、操作模式和网络化的控制结构，实现对生产过程的控制。集散型控制系统是由基本控制器、高速数据通道、CRT 操作站和监督计算机组成，它将各个分散的装置有机地联系起来，具有较高的灵活性和可靠性。

（5）现场总线控制系统

现场总线控制系统是在集散控制系统的基础上发展起来的。现场总线优越性主要表现在以下几个方面。

①提高系统的开放性　现场总线产品可以很方便地配合各种计算机和总线系统，因而可以方便地构成过程测控系统，并将实时系统纳入生产管理信息系统，实现管控一体化。

②系统结构更为分散，可靠性增强　现场总线产品的应用彻底改变了 I/O 模件集中布置的测控站结构模式，采用现场智能仪表取代过程 I/O 装置，大大减轻了主机负荷，并可避免多个 I/O 共地引起的地线回流干扰，任何故障和危险都被限制在局部范围内，从而使得各个系统的可靠性大为增强。

③节省电缆，经济效益显著　信号与控制电缆占集中测控总投资的比例很大，可达 30% 以上。在采用现场总线产品以后，现场智能仪表和执行机构可就近处理信号与控制，然后经现场总线与主控系统连接，可以大大节省信号和控制电缆，具有明显的经济效益。

④提高系统的抗干扰能力和测控精度　现场总线产品可以就近处理信号，并采用数字通信方式与主控系统交换信息，不仅具有较强的抗干扰能力，而且处理精度也得到很大提高，同时数字通信的检错功能，可以检测出数字信号传输中产生的误码。

⑤智能化程度高　现场总线产品都具有较高的运算处理能力，它不仅可以在正常工作时对被控生产过程发挥出更强的智能测控功能（如一些智能变速器本身已带有 PID 运算功能，它不仅可以作为信号检测元件，而且可以直接构成调节控制回路，实现单参数调节，如作为基地式调节器使用），而且它们都具有自检、自诊断及报警处理等功能，因此它还具有智能维护与管理能力。

⑥组态简单　由于所有现场仪表都使用功能模块，组态变得非常相似和简单，不需要因现

场仪表种类的不同或组态方法的不同而进行培训或学习编程语言。

⑦简化设计和安装　在现场总线的一根双绞线上,可以连接许多现场仪表,与 DCS 相比,节省了大量电缆和 I/O 组件等,使布线设计和接线图大大简化。

⑧维护检修方便　现场总线的数字双向通信功能保证了控制系统对现场仪表的管理和维护能力。

⑨操作简单　由于现场总线产品具有模块化、智能化、装置化的特点,且具有量程比大、适应性强、可靠性高、重复性好等特点,因而为用户选型、使用和备品备件储备等方面都带来极大的好处。

**3. 楼宇自动化控制系统的类型**

楼宇自动化控制系统实质上是一套中央监控系统,为了实现对电器控制系统、环境控制管理系统、交通运输监控系统、广播系统、消防系统、安保系统等多机子系统的集成,一般组成计算机网络。楼宇自动化是整个智能建筑的重要组成部分之一(子网络),网络原则上采用带服务器的微机局域网(LAN)。局域网常见类型有以太网(Ethernet)、令牌网(Token Ring)、光纤分布数据接口(FDDI)网及异步传输模式(ATM)网等。楼宇自动化控制系统网络结构示意图如图 7-20 所示。

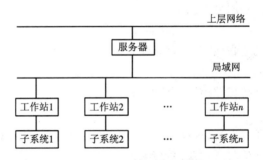

**图 7-20　楼宇自动化控制系统网络结构示意图**

楼宇自动化控制系统一般可分为三种类型,即基本型、综合型、开放型楼宇自动化控制系统。

(1)基本型楼宇自动化控制系统

基本型楼宇自动化控制系统是在局域网(LAN)中将各类楼宇自动化控制子系统配置成文本显示中央工作站或配置成全功能化的图形终端,形成独特的"即插即用"的网络系统。

基本型楼宇自动化控制系统的特点:①工作环境简单,可以是简单的 PC386~PC586,支持高速控制器总线,支持 Microsoft Windows/Windows NT;②规模结构大小可调,从单台 PC 直至整个局域网;③由于采用"即插即用"的模块,能使系统在线快速投入工作,从而减少安装工时,节省系统启动费用。

系统应用了先进的高科技,如采用开放的系统结构,支持 Open Link,DDE 接口及支持各种网络通信协议;适应主流的计算机结构及主流网络工作环境;方便用户与控制总线、局域网、广域网及其他控制方式连接。为此,系统具有极大的灵活性,同时还能提供点的显示和命令,图形、报表打印及历史数据采集等功能,便于安装、学习、使用和维护。

(2)综合型楼宇自动化控制系统

综合型楼宇自动化控制系统是在基本型楼宇自动化控制系统的功能平台上加以引延,使各"分立"子系统"模块"互相关联,综合一体。它可以监控来自系统的数据,包括同层总线或其他子系统总线设备等,可以将多个工作站连接至局域网,以提供与其他分支维护管理连接的接口。

（3）开放型楼宇自动化控制系统

开放型楼宇自动化控制系统是将各子系统设备设计分布式结构（集散型系统）,采用分站（单元控制器）实时控制调节,将控制器连接成网络,由中央站进行监控管理;或采用无中心结构的完全分布式控制模式,利用微型智能节点,实现对子系统点对点的直接通信,并可以把其他公司的系统综合在同一网络系统中。它采用符合工业标准的操作系统、LAN 通信、相关数据库系统和图形系统。它在设计使用方面,已充分考虑到与未来楼宇自控技术接轨。

### 4. 楼宇自动化系统设计考虑

（1）采用集散型控制系统（DCS）;

（2）采用局域网技术。

这两条规定反映了当今计算机网络技术的迅猛发展,是信息时代的特点。国家标准推荐的总线形网络拓扑结构——以太网作为局域网的干线,并支持多种网络操作系统,如 Unix、Windows 以及 Netware 等。

目前,智能自动化系统不论技术水平,还是功能范围,都处在发展之中,所以在 BAS 设计时,需要考虑以下内容:

①以系统监控点的多少确定 BAS 的规模;

②确定何种局域网;

③确定各子系统的组成方案、子系统的功能以及技术要求;

④确定各子系统之间的关联方式;

⑤确定 BAS 中各子系统与智能楼宇其他各部分之间的接口;

⑥确定各子系统选用的部件,如探测器、执行器、控制器等。

智能楼宇自动化系统 BAS 设计的首要任务是对各子系统功能的划分和规划。要保证系统具有完整而又先进的功能,为实现楼宇的通信自动化、办公自动化以及物业管理打下良好的基础。

### 5. 楼宇自动化系统结构

智能楼宇自动化系统（BAS）是建立在计算机技术基础上的采用网络通信技术的分布方式集散控制系统,它允许实时地对各子系统设备的运行进行自动监控和管理。网络结构可分为三层:最上层为信息域的干线,可采用因特网（Internet）结构,执行 TCP/IP 协议,以实现网络资源的共享以及工作站之间的通信;第二层为控制域的干线,即完成集散型控制的分站总线,它的作用是以不小于 10 Mbit/s 的通信速率把各分站连接起来,在分站总线上还必须设有与其他厂商设备连接的接口,以便实现与其他设备的联网;第三层为现场总线,它是由分散的卫星控制器相互连接使用,现场总线通过网关与分站局域网连接。

BAS 结构的组成:

①中央控制站;

②区域控制器;

③现场设备;

④通信网络。

BAS 结构如图 7-21 所示,下面对上述四部分详细说明。

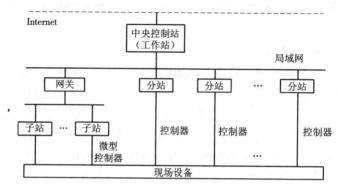

**图 7-21 BAS 结构**

(1)中央控制站

中央控制站直接接入计算机局域网,是楼宇自动通话系统的"主管",是监视远方控制、数据处理和中央管理的中心。此外,中央控制站对来自各分站的数据和报警信息进行实时检测,同时向各分站发出各种各样的控制指令,并进行数据处理,打印各种报表,通过图形控制设备的运行和确定报警信息等。

(2)区域控制器(DDC 分站)

区域控制器必须具有能独立完成与现场机电设备的数据采集和监控设备的直接连接,向上通过网络介质与中央控制站相连,进行数据的传输。区域控制器通常设置在所控制设备的附近,因而运行条件必须适合于较高的环境温度(50 ℃)和较大相对湿度(95%)。

软件功能:

①具有在线编程功能;

②具有节能控制软件,包括最佳启、停程序,节能运行程序,最大需要程序,循环控制程序,自动上电程序,焓值控制程序,DDC 事故诊断程序,PID 算法程序等。

(3)现场设备

①传感器　如温度、湿度、压力、压力差、液位、流量等传感器;

②执行器　如风门执行器、电动阀门执行器;

③触点开关　如继电器、接触器、断路器等。

上述设备应安全可靠并满足实际要求的精度。

现场设备直接与分站相连,它的运行状态和物理模拟量信号将直接送到分站,反过来分站输出的控制信号也直接应用于现场设备。

(4)通信网络

中央控制站与分站通过屏蔽或非屏蔽双绞线连接在一起,组成局域网(分站总线),以数字传输信号。通信协议应尽量采用标准形式,如 RS-485 或 Lonworks 现场总线。

对于 BAS 的各子系统,如安保、消防、楼宇机电设备、监控等子系统,可考虑采用以太网将各子系统的工作站连接起来,构成局域网,从而实现网络资源(如硬盘、打印机等)的共享以及各个工作站之间的信息传输。通信协议采用 TCP/IP。

除了以上介绍的 4 部分外,通常可在需要的时候增加操作站,其主要功能用于企业管理和工程计算。它直接接在局域网的干线上。

**6.综合布线系统知识**

建筑综合布线系统(GCS)是实现智能楼宇的最基本又最重要的组成部分,是智能楼宇的神经系统。综合布线系统采用双绞线和光缆以及其他部件在建筑物或建筑群内构成一个高速信息网络,共享话音、数据、图像、监控、消防报警以及能源管理等信息,它涉及建筑、计算机与通信三大领域。AT&T,IBM,Seimon等公司提供的结构化综合布线系统都支持智能楼宇内几乎所有的弱电系统,包括支持采暖通风、空调自控、安保、电气设备等。

由于传输介质统一,采用结构化综合布线不仅节省楼内竖井空间,而且无须进行复杂的不同布线系统的协调工作。

由于结构化综合布线的灵活性,在符合国家规范的允许范围内,根据不同情况,可以将不同的楼宇自动化子系统考虑纳入综合布线系统中去。

## 7.3.3 给排水监控系统

给排水系统是楼宇中不可缺少的组成部分,它由生活供水系统、中水系统和污水系统组成,如图7-22所示。

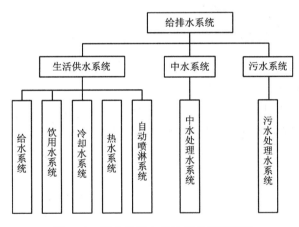

**图 7-22 楼宇给排水系统组成原理框图**

**1.楼宇给排水系统的基本组成**

楼宇内的供水系统有两种:一是传统的供水系统,即高位水箱方式;二是恒压供水方式,这是随着科学技术的进步及人们对供水要求的提高,近年来出现的新型供水方式。它最大的特点是取消了水箱,并采用变频调速技术,实现智能楼宇恒压供水。

(1)水箱供水

水箱供水如图7-23所示,通常的供水系统从原水池取水,通过水泵把水注入高位水箱,再从高位水箱靠自然压力将水送到各用水点。系统的控制要求如下。

①水泵的控制 假设供水系统有两台水泵(一用一备),平时它们是处于停止状态。当高位水箱的水位低到下限水位时,下限水位开关发出信号送入楼宇自控系统的DDC控制器内,DDC通过判断后发出开水泵信号,开启水泵,向高位水箱注水。当高位水箱水位达到上限水位时,上限水位开关发出信号送入楼宇自控系统的DDC控制器内,DDC通过判断后发出停水泵信号,水泵停止向高位水箱注水。

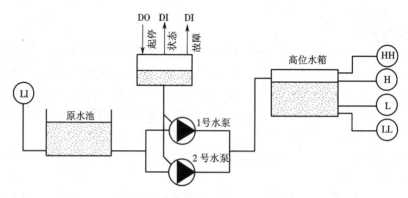

图7-23　生活给水系统控制原理框图

②其他监测要点　楼宇自控系统对水泵的运行状态及故障状态信号实施监视,若水泵出现故障,系统将自动切换到备用水泵。

高位水箱还设有上上限及下下限水位开关。当高位水箱的水位达到上上限水位时,说明水泵在水箱水位到达上限时没有停止,此时上上限水位开关发出报警信号送到楼宇自控系统报警,提示值班人员注意,并做紧急处理。当高位水箱的水位到达下下限水位时,说明水泵在水箱水位到达下限时没有开启,此时下下限水位开关发出报警信号送到楼宇自控系统报警,提示值班人员注意,并做紧急处理。

系统对水泵运行时间及累计运行时间进行记录,为维护人员提供数据,使他们便于对设备进行维护、维修。

原水池的水是由城市供水网提供的。原水池中设有水位计,楼宇自控系统实时监视水位的情况。若水位过低,则应避免开启水泵,防止水泵损坏。原水池的水位信号送入楼宇自控系统,系统可对水位连续记录,这样可以知道智能楼宇的用水情况,为物业管理人员提供数据。

（2）恒压供水

随着智能楼宇的迅速发展,各种恒压供水系统的应用越来越多。最初的恒压供水系统采用继电接触器控制电路,通过人工启动或停止水泵和调节泵出口阀开度实现恒压供水。该系统路线复杂、操作麻烦、劳动强度大、维护困难、自动化程度低。后来增加了微机加 PLC 监控系统,提高了自动化程度。但由于驱动电动机是恒速运转,水流量靠调节泵出口阀开度实现,所以浪费大量能源。变频调速可通过变频改变驱动电动机的转速改变泵出口流量。由于流量与转速成正比,而电动机的消耗功能与转速的三次方成正比,因此当需要水量少时,电动机转速降低,泵出口流量减少,电动机的消耗功率大幅度下降,从而达到节约能源的目的。因此现在出现了节能型的由 PLC 和变频器组成的变频调速恒压供水系统。

恒压供水系统由压力传感器、可变程序控制器(PLC)、变频器、供水泵组等组成,原理图如图7-24 所示。系统采用压力负反馈控制方式。压力传感器将供水管道中的水压变换成电信号,经放大器放大后与给定压力比较,其差值进行 Fuzzy-PID 运算后,去控制变频器的输出频率,再由 PLC 控制并联的若干台水泵在工频电网与变频器间进行切换,实现压力调节。一般并联水泵的台数视需求而定,如设计采用 3 台并联水泵,现有变频器带动水泵 1 进行供水运行。当需水量增加时,通过系统调节,变频器输出频率增加,水泵的驱动电动机的转速增加,泵出口流量亦增加。当变频器的输出频率增至工频 50 Hz 时,水压仍低于设定值,可变程序控制器发出指令,水泵1切换至工频电网运行,同时又使水泵2接入变频器并启动运行直到管道水压达到设定值为止。若水泵1与水泵2仍不能满足供水需求,则将水泵2亦切换至工频电网运行,同时使水泵3接入变频器,并启动运行。若变频器输出到工频时,管道压力仍未达到设定时,PLC发出警报。当需求水量减少时,供水管道水压升高,通过系统调节,变频器输出频率减低,水泵驱动电动机的转速降低,泵出口流量减少。当变频器输出频率减至启动频率时,水压仍高于设定值,可编程序控制器发出指令,接在变频器上的水泵3被切除,水泵2由工频电网切换至变频器。依此类推,直至水压降至需求值为止。

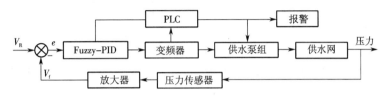

**图7-24　恒压供水系统原理框图**

(3)排水系统

排水系统包括中水系统、污水系统。中水是指普通的下水,如卫生间洗手盆的下水和其他下水;而这里所说的污水是指从坐便器排除的脏水。中水与污水排水管道分开,这样污水难闻的气味不会进入到中水系统。中水可以通过中水管道排入地下中水池,再排除至城市污水管网。也可以设计成半循环,就是将水简单处理一下,然后利用处理后的水冲洗坐便器,这样可以节省不少的水。污水通过污水管道排入地下化粪池中,经过化粪处理后再排入城市污水管网。排水系统控制原理如图7-25所示。当污水水位达到高水位时,液位开关发出信号给自控系统DDC,DDC发出开启水泵命令,打开水泵;若水位低于低水位时,液位开关发出信号给自控系统DDC,DDC发出停泵信号;如果污水水位超过高水位时,液位开关发出报警信号给DDC,通知维护人员护理。

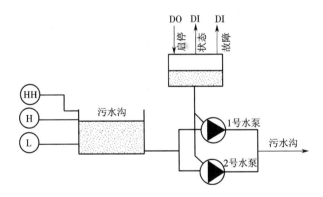

**图7-25　排水系统控制原理图**

(4)消防供水

智能楼宇临时高压消火栓和湿式自动喷水灭火系统的高位消防水箱经常受建筑结构的影响,致使高位消防水箱的静水压力无法满足系统最不利点的要求。为此,需专门设置消防系统增压设施。每个系统(消火栓或湿式自动喷水灭火系统)常用的增压设施由一只气压水罐和两台稳压泵(一用一备)组成。稳压泵的启动和停止由设在气压水罐上的压力传感器根据上限和下限压力值控制。运行方式多采用如下形式:压力传感器上压力显示值降到所限制的下限压力时,自动启动一台作为常用的稳压泵向系统供水,直至压力传感器上压力显示值升至上限压力值时自动停泵。如果常用的那台稳压泵接到启动信号后,因故未投入运转则备用泵自动开机投用。此种自动控制动作程序存在着发生火灾放水灭火后,气压水罐的供水压力值下降到不能满足系统灭火要求后,不能自动直接启动消防水泵并向消防控制室报警的缺陷,故智能楼宇临时高压消火栓和湿式自动喷水灭火系统增压设施控制合理动作程序应按图7-26进行。即在气压水罐压力传感器上设一个上限值和三个下限值(下限值1>下限值2>下限值3)。如果一

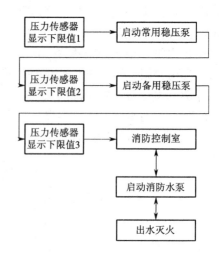

**图7-26 智能楼宇临时高压消火栓和湿式自动喷水灭火系统增压设施电气控制合理动作程序**

只压力传感器的触点不够用,则可设置几只传感器来解决。当压力传感器上的压力值降到下限值1时,则自动启动常用稳压泵;常用稳压泵启动后,压力传感器压力显示值仍然向下降,当降到下限值2时则自动启动备用稳压泵。如果两台稳压泵均启动后,压力传感器压力显示值仍然向下降,当降到下限值3时应自动直接启动消防水泵,并同时向消防控制室报警。因为如果两台稳压泵启动后都不能稳住灭火系统的水压,则说明系统正大规模的放水,即扑救火灾。这些信息可以通过网络传至楼宇自动控制系统的中央控制室,让操作人员了解当前的水位和压力情况。

**2. 给排水自动控制的方案**

(1)给水、排水系统

①市政进户水进行管道压力、流量的监测,流量累计计量监测;

②生活给水系统监测机组运行及水池水位、系统水压状态,控制水泵及机组设备工作以及监测生活给水减压阀压力监测和Y形过滤器压差;

③地下室排水系统监测机组和水泵运行及井水位状态;

④热水给水系统监测热媒水及被加热水的进、出、回水温度,系统压力和机组泵机的运行状态,控制热媒及被加热水回水泵机的工作;

⑤水处理系统监测水处理设备及泵机运行以及水池水位、水质状态;

⑥冷却塔系统控制冷却水泵及塔风机启停,监测冷却水泵、塔风机的运行状态,监测送、回水温度。

(2)热力站给水、排水系统

①调节城市管网供热量,显示二通阀阀位状态,监测供、回水的温度、压力、流量;

②二次水二通阀调节、阀位状态,监测供、回水的温度、压力、流量;

③水泵启停控制,手自动状态、运行状态、故障报警监测;

④监测水箱液位状态;

⑤二次水软化设备运行状态监测、故障报警。

（3）给排水自动控制实例

①冷却水循环系统控制

冷却水循环系统工作原理如图 7-27 所示，智能节点监控表如表 7-1。按表 7-1，冷却水循环系统控制的说明如下：

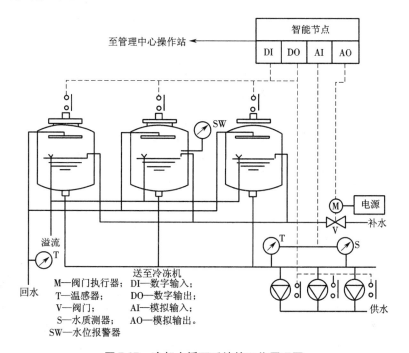

M—阀门执行器；DI—数字输入；
T—温感器；DO—数字输出；
V—阀门；AI—模拟输入；
S—水质测器；AO—模拟输出。
SW—水位报警器

**图 7-27 冷却水循环系统的工作原理图**

a. 冷却塔风机、冷却水泵的启停控制，采集运行状态、报警信号，并送至管理中心操作站进行监视；

b. 智能节点根据冷却塔水位给出报警信号，控制补水阀开关；

c. 智能节点根据回水温度与设定值比较，控制冷却塔风扇的启停；

d. 智能节点根据循环的水质与设定值比较，控制自动加药系统，如要控制水质；

e. 与制冷机组联动。

②热水交换系统控制

热水交换系统的工作原理如图 7-28 所示，智能节点监控表如表 7-1。按表 7-1，热水交换系统控制的说明如下：

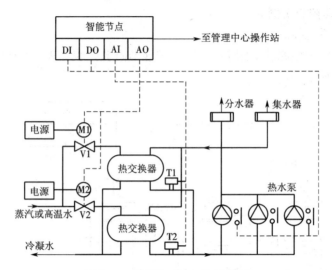

**图 7-28　热交换系统工作原理图**

**表 7-1　给排水智能节点监控明细表**

| 系统名称 | 设备名称 | 数字量输出 DO | 数字量输入 DI | | | 模拟量输入 AI | | | | 模拟量输出 AO | | | 设定 SP |
| --- | --- | --- | --- | --- | --- | --- | --- | --- | --- | --- | --- | --- | --- |
| | | 开关控制 | 运行状态 | 故障报警 | 高低水位报警 | 水流检测 | 压差检测 | 温度检测 | 调节阀控制 | 开关阀控制 | 流量计量 | 设定温度压力流量水质参数 | |
| 冷却水循环系统 | 冷却水循环水泵 | 6 | 3 | 3 | | | | | | | | | |
| | 冷却塔风机 | 6 | 3 | 3 | | | | | | | | | |
| | 冷却水回水 | | | | | | | 1 | 1 | | | | 2 |
| | 冷却塔补水 | | | | | | | | | 1 | | | |
| | 冷却塔水位 | | | | | 1 | | | | | | | |
| | 小计 | 12 | 6 | 6 | | 1 | | 1 | 1 | 1 | | | 2 |
| 热水交换系统 | 电动二通阀 M1 | | | | | | | | 1 | | | | |
| | 电动二通阀 M2 | | | | | | | | 1 | | | | |
| | 回水温度 T1 | | | | | | | 1 | | | | | 1 |
| | 回水温度 T2 | | | | | | | 1 | | | | | 1 |
| | 热水泵 | 3 | 3 | 3 | | 1 | | | | | | | |
| | 小计 | 3 | 3 | 3 | | 1 | | 2 | | 2 | | | 2 |

　　a. 水泵的启停控制,节点采集状态、报警信号并送至管理中心操作站进行监视,当其中一台热水泵停止工作时,备用热水泵自动投入工作;

　　b. 在智能节点通过水温和设定值比较控制热媒电动二通阀的开度,并将供、回水温度送至管理中心操作站进行监视;

c. 当热水泵停止工作时, 热媒电动二通阀恢复全关位置。

**3. 水泵机组节能控制**

作为一项节能技术产品, 恒压变量变频调速供水装置已在国内得到广泛的应用。由于其压力传感器设置在靠近水泵的压力水管上, 致使装置实际取得的节能数量大大低于理论值。为了改变这种情况, 一种方式是开发、研制新一代变压、变量、变频调速供水装置, 使水泵的工作点接近该给水系统的管路特性曲线运行; 另一种较简单的方式便是将压力传感器的安装位置挪至给水系统的最不利点。这样做系统虽然是恒压运行, 实际上已扣减非额定流量条件下的水头损失, 对水泵而言已为实际变压、变量给水, 从而使节能效果向理论值大大靠近了一步。

由于水泵的轴功率与转速三次方成正比, 转速下降时, 轴功率下降极大, 故采用变速调节流量, 在提高机械效率和减少能源消耗方面是最为经济合理的。用 $P$ 表示额定转速 $n$ 下的轴功率, 用 $P_1$ 表示某一转速 $n_1$ 下的轴功率, 则轴功率与转速关系为 $P_1/P = n_1^3/n^3$。从理论上看, 恒速泵与变频调速器控制的变速泵的轴功率、节能功率与流量 $Q$ 的关系曲线如图 7-29 所示。

由图 7-29 得知, 当水泵转速降低 10% 时, 轴功率降低 27.1%; 当水泵转速降低 20% 时, 轴功率降低 48.8%; 当水泵运行的平均流量为额定流量的 80% 左右时, 变频调泵节能可能达50%; 平均流量为 50% ~ 60% 时, 节能可达 70%, 效果特别显著。调速补水系统采用 PLC 控制变频调速装置, 通过检测安装在水泵出口的压力传感器, 把出口压力变成 0 ~ 5 V 或 4 ~ 20 mA的模拟信号, 进而控制变频器的输出功率, 调节水泵电动机的转速, 使其自动适应水量的变化, 稳定供水压力。这是一个既有逻辑控制又有模拟控制的闭环控制系统。

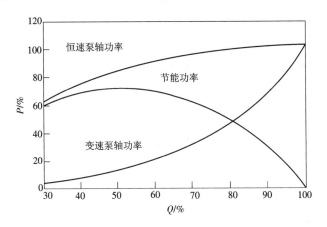

**图 7-29　恒速与变速泵的轴功率变化比较**

该系统可控制 3 台(或多台)性能相同的水泵, 其中有一台(任意一台)处于变频调速状态, 而其他为工频恒速或停机等待状态。

水泵切换程序是根据设定的压力与压力传感器测定的现场压力信号之差 $\Delta p$ 控制的(图7-30)。当 $\Delta p > 0$ 时, 增加输出电流, 提高变频器的输出频率, 从而使变频器泵输出加快, 实际水压提高。如果 $\Delta p < 0$ 时, 则降低转速, 使实际压力减小, $\Delta p$ 减小。这种调速要经历多次, 直到 $\Delta p = 0$。这样, 实际压力在设定附近波动, 保证了压力恒定, 其中控制参量的 PID 算法是工程中常用的比例、积分、微分算法, 可消除环境控制参量的静差、突变、滞后等现象, 减少控制误差和缩短系统稳定时间。

如果实际压力太小, 本台调速泵调整到最大供水量仍不足以使 $\Delta p = 0$, 则将本台变频泵切

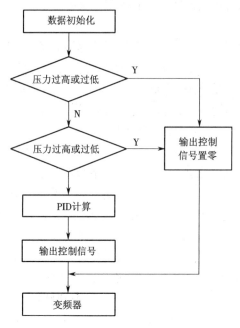

图 7-30　软件流程图

换至工频,而增加下一台泵为变频工作;反之,如果实际压力过大,本台调速泵调整到最小供水量仍不足以使得 $\Delta p = 0$,则关闭上次切换成工频的水泵,再进行调整。这样,使每台泵在工频和变频之间切换,做到先开先停,后开后停,即所谓的循环调频,合理利用资源。

### 7.3.4　DDC 构建的变风量空调集散式控制系统

**1. 变风量空调控制系统结构**

　　HONEYWELL 公司的 EXCEL5000 开放型建筑物自动化系统,为三级构架的分布式集散型计算机过程控制系统。第一级为中央监控工作站,是集中监控、远程控制、数据处理和中央管理的中心;第二级为直接数字控制器(DDC),能独立完成对现场机电设备的数据采集和控制;第三级为现场传感探测元件及控制执行元件。它可以构成空调自动化系统,用 EXCEL5000 构成的变风量空调系统结构如图 7-31 所示。

　　一般情况下,空调自控系统中常见的模拟量输入有温度、湿度、压力、流量、压差等。模拟量输出要对电动水阀和风阀进行 P,PI,PID 控制。数字量的输入有电动机状态、水泵和风机状态、过滤器报警状态、压差开关状态、水位开关状态和防冻保护状况等。数字量的输出有电磁阀控制、两位电机水阀控制、水泵及风机等设备的启停控制。

　　图 7-32 是 DDC 系统框图。该系统利用多路采样器按顺序对多路被测参数进行采样。经 A/D 转换输入到计算机,再按预先编制的控制程序对各参数进行比较、分析和计算,最后将计算结果经 D/A 转换器、输出扫描器,按程序送至相应的执行器。实现对空气调节过程各被控参数的调节和控制,使其保持在预定值或最佳值上,以收到预期的控制效果。

　　DDC 系统还具有巡回检测功能,能显示、修改参数值,打印制表,越限报警和进行故障诊断和故障报警。当计算机或系统的某个部件发生故障时,能及时通知操作人员切换至手动位置或更换部件。

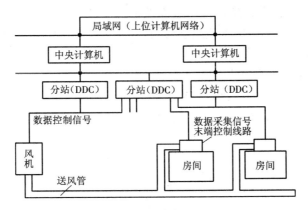

图 7-31　变风量空调控制系统结构图

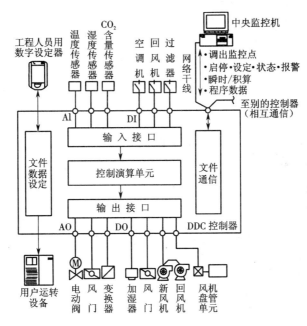

图 7-32　DDC 系统框图

**2. DDC 系统中主要软件的功能**

要求软件能够有效利用 DDC 系统控制设备,创造舒适的室内环境,达到节能的目的。DDC 系统中软件设置直接影响空调系统的正常运行和业主对设备投资的回收周期。控制软件包括操作软件和应用软件。

(1)操作软件

操作软体是用来控制 DDC 基本操作的。自控设备生产厂家均配置了较为完善的操作软件系统。

(2)应用软件

应用软件是用来对各项专业设备进行控制的软件。

①直接数字控制软件,包括提供 P,PI,PID 控制,即比例控制、比例微分控制、比例微积分控制以及自适应等功能;

②能量管理软件,其优劣直接影响 DDC 系统的应用效果,用于空调系统的专用软件有换热站的管理与控制、制冷站及冷水系统的管理与控制、空调系统的管理与控制、能源系统的管理与分析、故障分析和故障库管理。

**3. DDC 系统在空调系统中的应用**

图 7-33 是具有一次回风的空调器 DDC 系统图。DDC 为 C500 型。它有 5 个模拟信号输入口(AI),其中湿度 2 个,温度 3 个。L1 输出总线(bus)可输出数字信号,驱动 4 台数字电动机控制风门、阀门的开度。空调系统 DDC 具有以下控制功能。

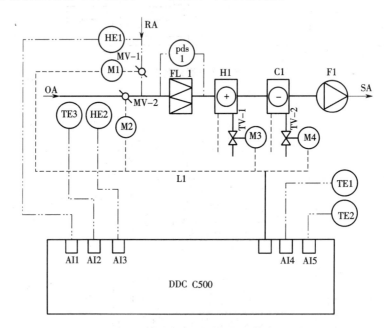

**图 7-33　具有一次回风空调器的 DDC 系统**

TE1,TE2,TE3—1 号房间、2 号房间、新风温度传感器;HE1,HE2—回风、新风湿度传感器;

H1—热水加热器;MV－1,MV－2—回风、新风阀;FL－1 过滤器;C1 表冷器;

TV－1,TV－2—电动双通阀;F1—送风机;DDC－C500 型直接数字控制器;L1—总线

(1)焓值调节

焓值调节是 DDC 根据温、湿度传感器 TE1(或 TE2)、HE1 送来的室内温度、湿度信号,计算出室内空气焓 $i_N$,根据温度、湿度传感器 TE3、HE2 送来的室外温度、湿度信号计算出室外空气的焓值 $i_W$。然后比较 $i_N$ 和 $i_W$ 的大小,结合室内温度值,发出控制指令,驱动数字电动机 M1,M2,控制回风阀 MV－1 和新风阀 MV－2 的开度,改变新风量与回风的混合比。图 7-344 是焓控过程的示意图。从图中可以看出,$i_N > i_W$ 时,焓值控制要充分利用室外新风(100% 新风),以达到节能的目的。当 $i_N < i_W$ 时,新风阀处在最小开度位置,以保证送风量中有 15% 新风,满足卫生要求。

(2)空调器最佳启停控制

为了保证工作人员在上班时,室内达到预定的温度,空调器应提前运行。这就有一个空调最佳提前运行时间问题。这个最佳提前运行时间实际上就是从空调器投入运行至室内温度达到控制值这段过渡过程的时间。同样,在下班时,空调器应提前关闭,以减少能源消耗。空调

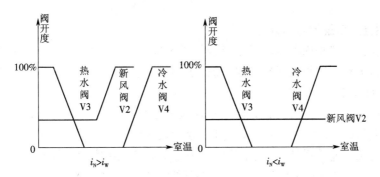

**图 7-34 焓控过程示意图**

器的最佳启停时间是随季节、天气(室外气温)变化而变化的。在常规控制系统中,启停控制全靠操作者的感觉、经验,这种人工控制无法实现最佳。真正的最佳启停控制只能在计算机控制系统中实现。其控制程序是根据现场操作经验、运行记录数据,综合、归纳出最佳启停时间的数字模型后编制出的。

(3)温度控制

温度控制是空调器最基本的控制。在 DDC 系统中,室温由温度传感器 TE1,TE2 将室温信号通过两个模拟信号输入口 AI 送 DDC 中。经采样、A/D 转换将模拟温度信号变成数字信号,与给定温度值比较得出偏差。经 DDC 运算,在 L1 总线输出与偏差成一定关系的数字信号。在冬季去驱动数字电动机 M3 和控制热水阀 TV - 1 的开度,调节进入到空气加热器 H1 的热水量,以适应热负荷的变化。在冬夏过渡季节,则驱动数字电动机 M1,M2 和 M4,一方面控制回风阀 MV - 1 与新风阀 MV - 2 的开度,调节新回风比例;另一方面控制电动双风阀 TV - 2 的开度,以调节进入表冷器 C1 的冷水量,适应室内负荷的变化。在夏季一方面要控制新风阀、回风阀开度,使新风量控制在 15%,同时通过电动机 M4 控制冷水阀 TV - 2 的开度,控制冷水量。在 DDC 中,可以根据控制对象的不同选用最合适的控制算法程序,如新风温度补偿控制、自动整定最佳 PID 参数控制或模糊控制等,在满足室内环境控制要求的前提下,实现最大的节能效果。

DDC 除了能完成现场控制任务外,还可挂在 BAS 系统的中央处理单元通信干线上和中央控制单元进行通信,把采集到的温、湿度等数据送到中央控制单元,并按中央控制单元发来的控制命令执行。

**4. DDC 对空调总风量的控制流程及中央计算机的功能**

DDC 设备从现场通过末端控制线路采集各个房间的设定风量值经过 PID 转换后与 DDC 预先储存对应房间的设计风量,计算出各点相对设定风量 R(i),然后再计算出所有点的总的平均相对设定风量,计算出均方差,并计算出相应的风机转速控制信号再到风机。中央计算机根据 DDC 设备传来的数据进行监控、报警,做出历史趋势图。

## 7.3.5 BAS 中的照明监控系统

智能大厦是多功能的建筑,不同用途的区域对照明有不同要求,因此需要根据使用性质及特点不同,对照明灯具进行控制。通常在 BAS 系统中应包含一个智能分站(或 DDC 装置),对整个建筑物中的照明设备进行集中的管理控制。这个系统是 BAS 的一个子系统,称为照明监控子系统。

### 7.3.5.1　照明监控系统的基本功能

一是为了保证建筑物内各区域的照度及视觉环境对灯光进行的控制,称为环境照度控制;二是以节能为目的对照明设备进行控制,简称照明节能控制。

**1. 环境照度控制**

智能建筑的视觉环境必须与建筑师的总体构思相符合,应当与室内的色彩、家具等环境相协调。要达到此目的,除了在设计时确定灯具数量及布置、照明方式外,还必须对光源进行控制。在智能化的照明监控系统中,通常采用以下方法对环境照度进行控制。

(1)定时控制　这种方式是事先设定好各照明灯具的开启和关闭时间,以满足不同阶段的照度需要,如图7-35所示。由于监控装置是计算机系统,具有软件编程能力,因此这种控制实现较易,但灵活性差。例如,遇到天气变化或临时更改作息时间,则需要重新修改设定时间,不够方便。

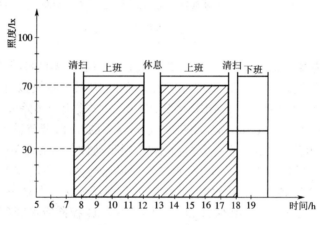

**图7-35　定时照明控制示例**

(2)合成照度控制　这种方式是根据自然光的强弱对照明灯具的发光亮度进行调节,即可充分利用自然光,达到节能的目的,又可提供一个基本不受季节与外部气候影响的相对稳定的视觉环境,满足舒适感的需要。照明灯具调光有两种方式。图7-36(a)是分段调光,根据照度监测信号或预定的时间分段改变人工光的强弱;图7-36(b)是连续调光,光电感应开关通过测定环境照度并与设定值比较,连续改变人工光的强弱。由图中可见,越靠近窗户自然光照度越高,则人工照明提供的照度应低一些。随着距窗距离的增加,自然光减弱,则应连续增加人工照度,从而使合成照度满足设计要求。

**2. 照明节能控制**

从节约照明电能角度出发,需要根据一定的外界情况及预定的规律对照明灯具进行开启/关断控制,有以下方式。

(1)区域控制　将照明范围划分为若干区域,在照明配电盘上对应于每个区域均有开关装置。这些装置接受照明监控DDC系统的控制。这样就可根据不同区域的使用情况合理地开启或关闭该区域的照明灯具,对于那些未使用的区域用指令及时进行关断控制,达到节能目的。

(2)定时控制　对于那些有规律的使用场所,以一天为单位设定照明控制程序,自动地定

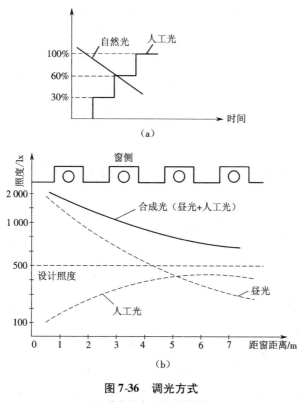

**图 7-36　调光方式**

(a)分段调光;(b)连续调光

时开启、关断照明灯具,防止能源浪费。

(3)室内检测控制　利用光电、红外等传感器检测照明区域的人员活动情况,一旦人离开该区域,照明 DDC 监控装置依程序中预先设定的时间延时后自动切断照明配电盘中相应的开关设备,达到节能目的。

### 7.3.5.2　照明监控系统的构成形式

作为 BAS 的子系统,照明监控系统既要能对各照明区域的照明配电柜(箱)中的开关设备进行监控,又要与上位计算机进行通信,接受其管理控制,因此它也是典型的计算机监控装置。这类监控装置有多种产品,虽原理、结构有所区别,但以计算机为核心和具备实时通信的特点是共同的。为便于直接理解起见,图 7-37 给出一种原理结构框图。

图 7-37 中,设 1#~4#照明配电柜分别控制 4 个照明区域的照明设备。每个配电柜中的交流接触器作为执行装置,由安装于柜中的单片机最小应用系统进行控制,因此配电柜为强弱电一体化的控制装置。监控主机为一台功能较强的工业微机,以串行通信的方式与各配电柜中的单片机进行数据通信。由于一般主机只有一个串行口,要控制多个配电柜,因此安装多用户接口卡将串行口扩展。本例中采用四用户卡,即将串行口扩展为 4 个,主机与单片机之间采用 RS—232 接口进行连接,可以实现双向全双工通信。本例中,设备柜的控制通道数为 48 个,如直接用单片机的 I/O 口控制难以满足,必须用并行扩展口进行扩展。功率驱动单元主要由功率电路和继电器构成,它将来自扩展 I/O 的输出信号放大后驱动继电器,进而控制照明配电用的交流接触器动作。用 C 语言编制主机和单片机的应用软件可以按不同要求实现前述的照

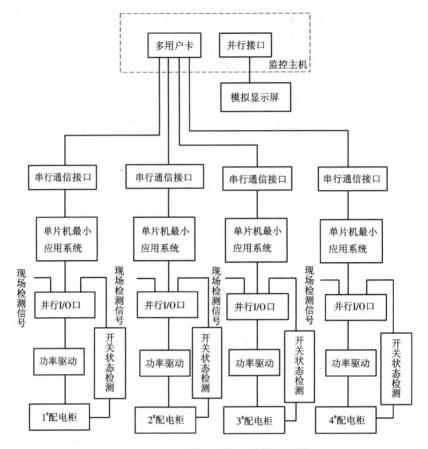

**图 7-37　一种照明监控系统的原理图**

明系统的监控功能。

# 7.4　建筑中的通信自动化系统

## 7.4.1　通信自动化系统的组成

通信自动化系统的功能是处理智能型建筑内外各种语言、图像、文字及数据之间的通信。这些可分为语音通信、卫星通信、图文通信及数据通信等四个子系统,如图 7-38 所示。

**1. 语音通信**

语音通信是智能化建筑通信的基础,应用最广泛且功能日趋增多,主要包括以下几方面。

（1）程控电话

这是电子式自动化电话交换机组成的电话通信,兴起于 20 世纪 70 年代。程控电话是数字电子计算机程序控制接续的交换设备。即把各种控制功能、步骤、方法编成程序,放入存储器,利用存储器中存储的程序控制整个电话交换机的工作。程控电话交换机主要由话路部分和控制部分组成。其话路部分与纵横制交换机的话路部分相似,而控制部分则是一台电子计算机,包括中央处理机、存储器和输入/输出设备。程控电话具有体积小、质量轻、可靠性高、接

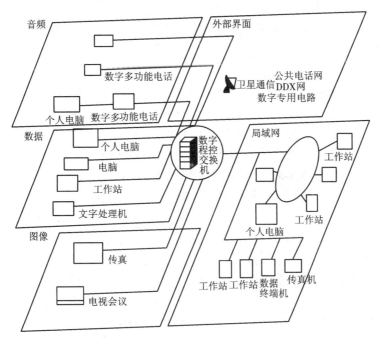

**图 7-38　通信自动化系统组成**

续速度快、服务功能全、便于维护管理、便于向综合业务数字网方向发展等优点,已成为目前城市电话通信建设的主要设备。

(2)移动通信

这是通信的一方或双方在移动中利用无线电波实现通信。它包括移动台(在汽车、火车、飞机、轮船等移动体上)与另一移动台之间通信。移动通信系统包括移动电台、控制终端、无线入网交换、计算机集中控制等并可与公用电话网连接,是在城市中特别是大城市中被广泛使用的一种方便灵活的通信手段。蜂窝状移动通信是 20 世纪 80 年代发展起来的小区制大容量公用移动通信系统。它是目前发展最为迅速的移动通信系统,具有容量大、覆盖区域广、功能齐全、可提供呼叫转移、三方通话、遇忙回叫、无人接话自动转移、追查恶意呼叫等新的服务项目,并具有自动诊断、维护方便、性能可靠、小型轻便、低功耗等特点。

**2. 卫星通信**

卫星通信是近代航空技术和电子技术相结合产生的一种重要通信手段。它利用赤道上空 35 739 km 高度、装有微波转发器的同步人造地球卫星作为中继站,把地球上若干个信号接收站构成通信网,转接通信信号,实现长距离、大容量的区域通信乃至全球通信。卫星通信实际是微波接力通信的一种特殊形式。在地球同步轨道上的通信卫星可覆盖 18 000 km$^2$ 范围的地球表面,即在此范围内的地球站经卫星一次转接便可通信。卫星通信系统主要由同步通信卫星和各种卫星地球站组成。此外,为保证系统正常运行,还必须有监测、管理系统和卫星测控系统。卫星通信的主要特点是通信距离远、覆盖面积大、通信质量高、不受地理环境限制、组网灵活、便于多址连接,以及容量大、投资省、见效快等优点。它适用于远距离的城市之间的通信。

### 3. 图文通信

图文通信主要是传送文字和图像信号。传统的文字通信有用户电报和传真;新发展有电子信箱(E-mail)。

#### (1)移动即时通信

即时通信(instant message,IM)是指能够即时发送和接收互联网消息等的业务。自1998年面世以来,特别是近几年的迅速发展,即时通信的功能日益丰富,逐渐集成了电子邮件、博客、音乐、电视、游戏和搜索等多种功能。即时通信不再是一个单纯的聊天工具,它已经发展成集交流、资讯、娱乐、搜索、电子商务、办公协作和企业客户服务等为一体的综合化信息平台。微软、腾讯、AOL、Yahoo等重要即时通信提供商都提供通过手机接入互联网即时通信的业务,用户可以通过手机与其他已经安装了相应客户端软件的手机或电脑收发消息。

#### (2)传真通信

传真通信是利用扫描技术,通过电话电路实现远距离精确传送固定的文字和图像等信息的通信技术。形象地说,这是一种远距离复印技术。传真通信按照不同的传送内容分为真迹传真、相片传真和报纸传真;根据不同的业务处理程序可分为用户传真和公众传真。用户传真是用户经批准在本单位的普通电话线路或专线上加装传真终端设备,通过市内电话网和长途电话网,与对方装有传真终端设备的用户直接通报的一种通信方式。公众传真是经手写和印刷材料,特别适合中国的汉字和少数民族文字的传送。当今各种用途、形式的传真机相继问世,如磁盘信息传真机、电脑录像传真机、信息查询传真机、仿真传真机、彩色传真机、便携式传真机、家用传真机等。

#### (3)电子信箱

电子信箱(或电子邮件,又称消息处理系统)是一种基于计算机网络的信息传递业务。消息可以是一般的电文、信函、数字传真、图像、数字化语音或其他形式的信息。按处理的信息不同,分为语音邮箱、电子邮箱和传真邮箱等。消息处理系统的每个注册用户在本地可以连接现有的各种共用电信网或专线,经过系统的处理和传输,最后送到被叫用户的电子信箱并通知收信人。被叫用户通过一定的指令即可以从邮箱中取出信息。这种业务的特点是在通信过程中不要求收信人在场,也不需要将每一收到的信息都以拷贝的形式出现,可具有转发和同时向多个用户发送消息的能力,可以进行迟延投递、加密处理等,并避免了用户占线和无人应答等问题。

图像通信与文字通信相结合产生了图文通信。它是近十多年来发展起来的新型综合通信业务。它将卫星通信、计算机、电话、电视技术结合在一起形成开放式的信息服务系统。通常由信息处理中心、数据库、电话网(或数据网)和用户终端设备组成,实现最大范围的信息资源共享。利用可视图文系统可以传送或接收文本文件和图像信息,用户可以与数据库进行通信。可视图文分为交互型、广播型和计算与信息处理型。目前应用广泛的是第一种。交互型可视图文是一种双向通信业务,用户可直接通过菜单检索等方式向数据库索取各种数据资料,如查询新闻、法律、文化艺术、体育消息、市场动态、科技资料、专科目录、图书情报、火车时刻、飞机航班、天气预报、电话号码等;也可在索取信息的同时,修改数据库的内容,进行"既读又写"的操作,如银行储蓄、电子购物、预订票证、旅馆、证券交易等。广播型可视图文是一种单向通信业务,利用广播电视信号空隙传送文字或图形,即可与电视节目同时收看,也可单独收看。计算机与信息处理型可视图文是用户要求服务主机提供用户本身难以完成的计算机或特殊处理功能,如大型科学计算、大型数据处理、复杂翻译、各类专家咨询系统等。

**4. 数据通信**

数据通信技术是计算机与电信技术相结合的新兴通信技术。操作人员使用数据终端设备与计算机,或计算机与计算机,通过通信线路和按照通信协议实现远程数据通信,即所谓"人—计算机"或"计算机—计算机"之间的通信。数据通信实现了通信网资源、计算机资源与信息资源等共享以及远程数据处理。按照服务性质可分为公用数据通信和专用数据通信;按组网形式可分为电话网上的数据通信、用户电报网上的数据通信和数据通信网通信;按交换方式可分为非交换方式、电路交换数据通信和分组交换数据通信。

分组交换数据通信是公用数据通信网采用统计复用存储转发的信号交换技术。它将数据分解为若干个分组,每个分组中除了要传送的数据外还有地址信息及其他控制信息。交换节点对所收到的各个分组分别处理,按其中的地址信息选择路由,以发送到能到达目的地的下一节点。分组交换通信网有许多优点:统计复用技术可以提高网络资源的利用率并可适应不同类型用户的需要,提供多种服务;存储转发方式和网处理技术可进行速率、码型转换,允许不同型号的计算机和终端设备之间互通,并可安排不同的优先级和多址发送,具有较高的灵活性、适应性;网内差错检测、纠正和控制设施,可以保证传输质量,使差错率极低。另外,它还具有低成本数据交换服务和网络管理的高度集中、自动诊断监控等功能,特别适合于可视图文、电子信箱、电子票据交换、智能用户电报、远程监测、数据库检索等业务的发展。

## 7.4.2　智能建筑与综合业务数字网

随着社会信息量的爆炸式增加,通信业务范围越来越大。从技术经济方面考虑,要求将用户的话音与非话音信息按照统一的标准以数字形式综合于同一网络,构成综合业务数字网 IS-DN(Integrated Services Digital Network)。

智能建筑中的信息网络应是一个以话音通信为基础,同时具有进行大量数据、文字和图像通信能力的综合业务数字网,并且是智能建筑外广域综合业务数字的用户子网。

**1. 综合业务数字网**

简单地说,综合业务数字网就是具有高度数字化、智能化和综合化的通信网。它将电话网、电报网、传真网、数据网和广播电视网用数字程控交换机和数字传输系统联合起来,实现信息收集、存储、传送、处理和控制一体化。综合业务数字网是一种新型的电信网。它可以代替一切系列专用服务网络,即用一个网络就可以为用户提供包括电话、高速传真、智能用户电报、可视图文、电子邮政、会议电视、电子数据交换、数据通信、移动通信等多种电信服务。用户只需通过一个标准插口就能接入各种终端,传递各种信息,并且只占用一个号码,就可以在一条用户线上同时打电话、发送传真、进行数据检索等。综合业务数字网的服务质量和传输效率都远优于一般电信网,并且具有开发和承受各种电信业务的能力。

**2. 窄带综合业务数字网**

窄带综合业务数字网是 ISDN 的初期阶段,可称窄带 ISDN(N-ISDN,即 Narrow-ISDN)。它只能向用户提供传输速率为 64 kb/s 的窄带业务,其交换网络也只具备 64 kb/s 的窄带交换能力。窄带综合业务数字网主要集中处理各个数字用户环路和信号方式,接口规程的实现来满足端到端(end to end)的数字连接。连接关系见图 7-39。

图 7-39 中 NT1(Network Termination 1)为网络终端 1。它是用户传输线路终端装置,拥有

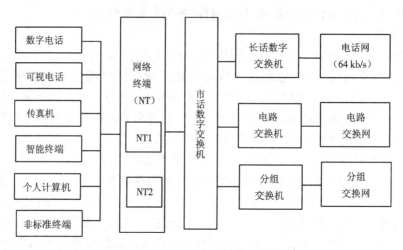

**图 7-39　窄带 ISDN 的基本连接关系**

相当于开放式系统互联(OSI)参考模型第 1 层的功能,实现线路连接,馈电、定时与同步,多路复用和维护监测等。图中 NT2(Network Termination 2)为网络终端2。它拥有相当于开放式系统互联(OSI)参考模型第 1~3 层功能,相当于专用小交换机(PABX)、局域网(LAN)及终端控制器等。

**3. 宽带综合业务数字网**

宽带综合业务数字网是在窄带综合业务数字网上发展起来的,可称宽带 ISDN(B-ISDN,即 Broadband-ISDN)。

随着信息时代的发展,人们日益增加对可视性业务的需求,如影像、视听觉、可视图文等业务。由于可视性业务的信息简明易懂,它们不但具有背景、情绪信息,而且便于人们对信息的识别、判断和交流,为人们广泛接受。但是,可视性业务的数据速度通常均超过 64 kb/s,如电视会议为 2 Mb/s、广播电视为 34~140 Mb/s、高清晰度电视为 140 Mb/s、高保真立体声广播为 768 Mb/s、文件检索为 1~34 Mb/s、高速文件传输为高于 1 Mb/s 等。显而易见,这些宽带业务无法在窄带 ISDN 上得到满足。

窄带 ISDN 向宽带 ISDN 的发展一般可以分为三个阶段:

①B-ISDN 结构的第一个发展阶段是以 64 kb/s 的电路交换网、分组交换网为基础,通过标准接口实现窄带业务的综合,进行话音、高速数据和运动图像的综合传输,见图 7-40;

②B-ISDN 结构的第二个发展阶段是用户或网络接口的标准化,且终端用户也采用光纤传输,并使用光纤交换技术,达到向用户提供 500 多个频道以上的广播电视和高清晰度电视节目等宽带业务,见图 7-41;

③B-ISDN 结构的第三个发展阶段是从第二阶段电路分组交换网、宽带数字网和多个频道广播电视网的基础上引入了智能管理网,并且由智能网络控制中心管理这三个基本网,同时还会引入智能电话、智能交换机以及工程设计、故障检测与诊断的各种智能专家系统,所以可称为智能化宽带综合业务数字网,见图 7-42。

## 7.4.3　国际互联网(Internet)

信息社会瞬息万变,当昨天还在宣传信息高速公路的时候,今天它已经走进了我们的生

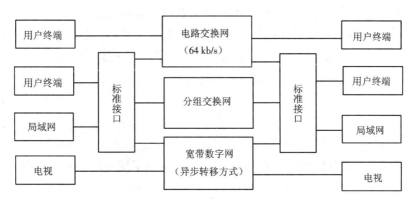

图 7-40　第一个发展阶段 B—ISDN 结构

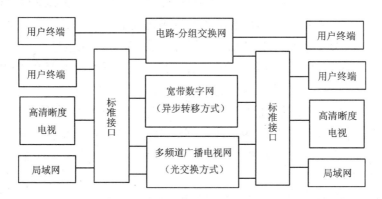

图 7-41　第二个发展阶段 B—ISDN 结构

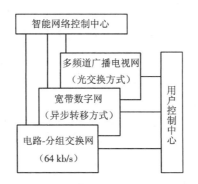

图 7-42　第三个发展阶段 B—ISDN 结构

活。在美国,Internet(国际互联网)已经成为人们生活的一部分,科技人员利用它查询资料、寻求合作与帮助,公司经理则利用它来介绍产品、拓展国际市场,学生利用它来发送电子邮件、获取最新免费软件等。

　　Internet 网是当今信息高速公路的主干网,同时也是世界上最大的信息网。它来源于 1969年美国国防部高级研究计划局(ARPA)的 ARPANET。到 20 世纪 80 年代初,在美国国家自然科学基金会(BSF)的支持下,用高速线路把分布在各地的一些超级计算机连接在一起,经过十多年的发展,形成了当今的 Internet 网。

Internet 网称为国际互联网,是通过 TCP/IP 协议将各种网络连接在一起的网络。Internet 网除了具有资源共享和分布式处理的特点以外,它最大的特点是交互性,即每一个联网终端既可以接受信息,又可以在网上发送自己的信息,每个入网的用户既是网络的使用者,同时也是信息的提供者。因而连接的网络越多,Internet 网提供的信息也就越丰富,Internet 网也就越有价值。由于 Internet 网的入网方式简单,不需要用户了解网络的具体形式,也不需要考虑用户使用的机型,只要具有一台计算机和一个调制解调器,就可以进入到世界上的任何一个网络,和其他网上的用户进行联系。因此它已逐渐成为人们与现代社会密切联系的重要手段。

Internet 网之所以取得如此广泛地影响,是因为它采用了统一的通信协议把为数众多的局域网和广域网连成了一片,因而 Internet 网也称为网络的网络。Internet 像是一棵大树,它的树干是具体的物理链接,分支是校园网、区域网、广域网、专业网等,树叶是传真机、计算机等信息发送和接收设备。它们作为现代信息社会的命脉,使整个信息产业随着这棵大树的生长而枝繁叶茂。随着 Internet 网的发展,新兴的服务项目无止境地从枝叶上冒了出来,如电子邮件、资料检索、网上购物、交互电视、数据通信、电子数据交换、可视图文信息等。

随着 Internet 网的发展,人们之间的距离正在缩短。通过网络人们还可以进行以下操作。

(1)电子邮件(E-mail)　在 Internet 网中,这是使用最广泛的功能。通过 E-mail 人们可以向世界各地的 Internet 网用户发送信件,既可以是文本格式,也可以是图形或照片,甚至可以获得需要的软件。利用电子邮件发送信件,一般只需几秒钟,而价格仅有长途电话的 1/20。对于一些致力于海外求学的学子来说,可以通过向各个大学发电子邮件的途径介绍自己,或者获得有关大学的帮助。

(2)远程登录(Telnet)　这可使人们做到"秀才不出门,便知天下事",使人们方便地进到另一个入网的计算机。这个计算机既可以是同一局域网内的,也可以是世界上任何一个角落的计算机。一旦登录成功,该计算机在当地享有的一切服务都可以被提供。

(3)文件传输(FTP)　这是通过 Internet 网使人们可以与网络上的其他人进行信息交流。一些追星族甚至可以利用 Internet 把所喜爱的明星个人资料、音像资料、CD 等收集起来。

由于 Internet 网具有如此强大的功能,它的用户已不局限于科研工作者。目前,Internet 网的 48% 的使用与研究工作有关,20% 与商业活动有关,10% 与军事有关,7% 与政府活动有关,6% 与教育有关。Internet 网给全世界的用户提供了丰富多彩的信息服务,任何用户都可以借助于带有调制解调器的计算机,从一个网络进入到另一个网络,从一个国家的计算机进入到另一个国家的计算机,实现全球范围内的信息传输和接收。通过 Internet 网,用户可以得到新闻、天气预报、公论、官方的经济数据统计、学术报告、科学数据等各种类型的信息。通过远程登录,用户还可以从自己的计算机出发,在几分钟内进入到美国 350 多家图书馆、全球 5 000 多个数据库中,调阅、打印或经允许存取图书资料、数据信息和文件。目前在美国已有 40% 的个人计算机同 Internet 网相连。在美国各大学,大多数学生都有自己的电子邮件地址,利用电子邮件写信、交作业或者进行专业讨论已经成为一种时尚。

Internet 网作为信息革命的先锋,正在逐步改变着人们的生活方式。

# 7.5　建筑中的办公自动化系统（OAS）

在当今世界,浩繁信息的获取、处理、存贮和利用已成为社会管理必要手段。一个国家的经济现代化,取决于管理现代化和决策科学化。办公自动化（Office Automation,OA）是构成智能化建筑的重要组成部分。它是一门综合了计算机、通信、文秘等多种技术的新型学科,是办公方式的一次革命,也是当代信息社会的必然产物。

## 7.5.1　办公自动化的形成和发展

办公自动化的概念最早是由美国人在 20 世纪 60 年代提出的。发展至今,大体经历了三个阶段。

第一阶段（1975 年以前）为单机阶段。即采用单机设备,如文字处理机、复印机、传真机等,在办公程序的某些重要环节上由机器来执行,局部地、个别地实现自动操作以完成单项业务的自动化。

第二阶段（1975～1985 年）为局域网阶段。这一阶段办公自动化的特点是个人计算机开始进入办公室,并形成局域网系统,实现了办公信息处理网络化。在办公室业务的处理中采用信息采集、处理、保存的综合系统,并广泛利用局域网络、城域网络和远程网络,加强了办公信息的通信联系和办公信息资源的共享。这一阶段的另一个特点是广泛利用数据库技术,把办公自动化从事务处理级向信息管理级和计算机辅助决策级方向发展。人们在利用各种现代化办公设备的同时,还加强对办公自动化系统软硬件及有关办公管理科学方面的研究,如分析办公流程,研究办公自动化系统模型,开展对办公自动化系统的分析及系统效益、系统评估等理论方面的研究。

第三阶段（1985 年至今）为计算机办公自动化一体化阶段。此时,由于计算机网络通信体系的进一步完善及综合业务数字网通信技术的发展和实施,计算机技术与通信技术相结合,办公自动化进入了一体化阶段,即办公自动化系统向着综合化和信息处理一体化方向发展。

## 7.5.2　办公自动化的概念和任务

办公自动化有多种解释,有人认为用文字处理机进行办公中的文字编排就是办公自动化,也有人认为办公室自动化就是实现无纸办公。目前比较一致的意见:办公自动化是利用先进的科学技术,不断使人的部分办公业务活动物化于人以外的各种设备中,并由这些设备与办公人员构成服务于某种目标的人机信息处理系统,目的是尽可能充分利用信息资源,提高劳动生产率和工作质量,辅助决策,求得更好的效果,以达到既定目标,即在办公室工作中,以微型计算机为中心,采用传真机、复印机、打印机、电子信箱（E-mail）等一系列现代化办公及通信设备,全面、广泛、迅速地收集、整理、加工和使用信息,为科学管理和科学决策提供服务。

办公自动化是用高新技术来支撑的、辅助办公的先进手段,它主要有三项任务。

（1）电子数据处理（Electronic Data Processing,即 EDP）即处理办公中大量烦琐的事务性工作,如发送通知、打印文件、汇总表格、组织会议等。将上述烦琐的事务交给机器完成,以达到提高工作效率,节省人力的目的。

（2）信息管理（Message Information System,即 MIS）对信息流的控制管理是每个部门最本质的工作,OA 是信息管理的最佳手段,它把各项独立的事务处理通过信息交换和资源共享联系起来以获得准确、快捷、及时、优质的功效。

(3)决策支持(Decision Support Systems 简称 DS)决策是根据预定目标行动的决定,是高层次的管理工作。决策过程是一个提出问题、搜集资料、拟订方案、分析评价、最后选定等一系列活动环节。OA 系统的建立,能自动地分析、采集信息、提供各种优化方案,辅助决策者做出正确、迅速的决定。包括上述三项任务的智能型 OA 系统功能示意图,如图 7-3 所示。

### 7.5.3 办公自动化的主要技术和主要设备

办公自动化技术是一门综合性、跨学科技术,它涉及计算机科学、通信科学、系统工程学、人机工程学、控制论、经济学、社会心理学、人工智能等,但人们通常把计算技术、通信技术、系统科学和行为科学称作 OA 的四大支柱。目前,应以科学为主导、系统科学为理论,结合运用计算技术和通信技术来帮助人们完成办公室的工作,以实现办公自动化。

**1. 办公自动化的主要技术**

(1)计算机技术

计算机软硬件技术是办公自动化的主要支柱。办公自动化系统中信息采集、输入、存储、加工、传输和输出均依赖于计算机技术。文件和数据库的建立和管理,办公语言的建立和各种办公软件的开发与应用也依赖于计算机。另外,计算机高性能的通信联网能力,使相隔任意距离、处于不同地点的办公室之间的人可以像在同一间办公室办公一样。因而在众多现代化办公技术与设备中,对办公自动化起关键作用的是计算机信息处理设备和构成办公室信息通信的计算机网络通信系统。

(2)通信技术

现代化的办公自动化系统是一个开放的大系统,各部分都以大量的信息纵向和横向联系,信息从某一个办公室向附近或者远程的目的地传送。所以通信技术是办公自动化的重要支撑技术,是办公自动化的神经系统。从模拟通信到数字通信,从局域网到广域网,从公共电话网、低速电报网到分组交换网、综合业务数字网,从一般电话到微波、光纤、卫星通信等各种现代化的通信方式,都缩短了空间距离、克服了时空障碍、丰富了办公自动化的内容。

(3)其他综合技术

支持现代化办公自动化系统的技术还包括微电子技术、光电技术、精密仪器技术、显示技术、自动化技术、磁记录和光记录技术等。

**2. 办公自动化的主要设备**

第一类是图文数据处理设备,包括计算机设备、打印机、复印机、图文扫描机、电子轻印刷系统等;第二类是图文数据传送设备,包括图文传真机、电传机、网络交换机、无线路由器以及各种新型的通信设备。

# 习 题

7-1 智能建筑的主要特征是什么?

7-2 为什么说智能建筑的核心是系统集成?

7-3 叙述智能建筑与综合布线的关系?

7-4　综合布线划分为几个部分？

7-5　叙述综合布线的特点。

7-6　叙述综合布线的适用范围。

7-7　综合布线的设计要点是什么？

7-8　BAS 包括哪些内容？

7-9　简述智能化照明系统的主要控制内容和方式。

7-10　给排水自动控制的主要内容是什么？如何实现高层建筑所有与水有关的自动控制？

7-11　如何实现变风量空调系统（VAV）的自动控制？

# 附录 1  常用照明电光源技术参数

附表 1-1  常用普通照明灯泡额定值

| 灯泡型号 | 电压/V | 功率/W | 光通量/lm |
|---|---|---|---|
| PZ220 – 15 | | 15 | 110 |
| PZ220 – 25 | | 25 | 220 |
| PZ220 – 40 | | 40 | 350 |
| PZ220 – 60 | | 60 | 630 |
| PZ220 – 100 | 220 | 100 | 1 250 |
| PZ220 – 200 | | 200 | 2 920 |
| PZ220 – 500 | | 500 | 8 300 |
| PZ220 – 1000 | | 1 000 | 18 600 |

附表 1-2  照明管型卤钨灯额定值

| 灯泡型号 | 电压/V | 功率/W | 光通量/lm |
|---|---|---|---|
| LZG220 – 500 | | 500 | 9 750 |
| LZG220 – 1000 | 220 | 1 000 | 21 000 |
| LZG220 – 1500 | | 1 500 | 31 500 |
| LZG220 – 2000 | | 2 000 | 42 000 |

附表 1-3  荧光灯的型号、参数及尺寸表

| 型号 | | 额定功率/W | 工作电压/V | 工作电流/mA | 启辉电流/mA | 额定光通量/lm | 平均寿命/h | 灯管主要尺寸/mm | | |
|---|---|---|---|---|---|---|---|---|---|---|
| 统一型号 | 工厂型号 | | | | | | | 直径 | 总长 | 管长 |
| YZ4 | | 4 | 35 | 10 ± 5 | 170 | 70 | 700 | | 150 ± 1 | 134 |
| YZ6 | — | 6 | 55 | 135 ± 5 | 200 | 150 | 1 000 | 15. 5 | 226 ± 1 | 210 |
| YZ8 | | 8 | 65 | 145 ± 5 | 220 | 250 | | | 301 ± 1 | 285 |

附表 1-3（续）

| 型号 | | 额定功率/W | 工作电压/V | 工作电流/mA | 启辉电流/mA | 额定光通量/lm | 平均寿命/h | 灯管主要尺寸/mm | | |
|---|---|---|---|---|---|---|---|---|---|---|
| 统一型号 | 工厂型号 | | | | | | | 直径 | 总长 | 管长 |
| — | RR - 15S | 15 | 58 | 300 | 500 | 665 | | 25 | 451 | 436 |
| | RR - 30S | 30 | 96 | 320 | 560 | 1 700 | | | 909 | 849 |
| YZ15 | RR - 15 | 15 | 50 | 320 | 440 | 580 | 3 000 | 38 | 451 | 436 |
| | RL - 15 | | | | | 635 | | | | |
| YZ20 | RR - 20 | 20 | 60 | 350 | 500 | 930 | | | 604 | 589 |
| | RL - 20 | | | | | 1 000 | | | | |
| YZ30 | RR - 30 | 30 | 81 | 350 | 560 | 1 500 | | | 909 | 894 |
| | RL - 30 | | | | | 1 700 | | | | |
| YZ40 | RR - 40 | 40 | 108 | 410 | 650 | 2 400 | | | 1 215 | 1 200 |
| | RL - 40 | | | | | 2 640 | | | | |
| YZ100 | RR - 100 | 100 | 87 | 1 500 | 1 800 | 5 000 | 2 000 | | 1 215 | 1 200 |
| | RL - 100 | | | | | 6 100 | | | | |
| YH20 | CRR20 | 20 | 60 | 350 | 500 | 970 | | 32 | — | — |
| YH30 | CRR30 | 30 | 95 | 350 | 560 | 1 550 | 2 000 | | | |
| YH40 | CRR40 | 40 | 108 | 410 | 650 | 2 200 | | | | |
| YU30 | URR30 | 30 | 80 | 350 | 560 | 1 550 | | 38 | 417.5 | 410 |
| YU40 | URR40 | 40 | 108 | 410 | 650 | 2 200 | | | 620.5 | 619 |

附表 1-4　常用高压汞灯的技术数据

| 灯泡型号 | 光电参数 | | | | | | | |
|---|---|---|---|---|---|---|---|---|
| | 电源电压/V | 灯泡功率/W | 灯泡电压/V | 工作电流/A | 启动时间/min | 再启动时间/min | 配用镇流器阻抗/Ω | 寿命/h |
| GGY125 | 220 | 125 | 115 ± 15 | 1.25 | 4 ~ 8 | 5 ~ 10 | 134 | 2 500 |
| GGY250 | 220 | 250 | 130 ± 15 | 2.15 | 4 ~ 8 | 5 ~ 10 | 70 | 5 000 |
| GGY400 | 220 | 400 | 135 ± 15 | 3.25 | 4 ~ 8 | 5 ~ 10 | 45 | 5 000 |
| GGY1 000 | 220 | 2 000 | 145 ± 15 | 7.5 | 4 ~ 8 | 5 ~ 10 | 18.5 | 5 000 |

附表 1-5　自镇流高压汞灯的技术数据

| 灯泡型号 | 电源电压/V | 灯泡功率/W | 工作电流/A | 启动电压/V | 再启动时间/min | 寿命/h |
|---|---|---|---|---|---|---|
| GLY250 | 220 | 250 | 1.2 | 180 | 3 ~ 6 | 2 500 |
| GLY450 | 220 | 450 | 2.25 | 180 | 3 ~ 6 | 3 000 |
| GLY750 | 220 | 750 | 3.56 | 180 | 3 ~ 6 | 3 000 |

附表 1-6　内触发高压钠灯光电参数表

| 灯泡型号 | 光 电 参 数 | | | | | | |
|---|---|---|---|---|---|---|---|
| | 额定电压 /V | 额定功率 /W | 启动电压 /V | 灯电压 /V | 启动电流 /A | 灯工作电流/A | 额定光通量 /lm |
| NG – 250 | 220 | 250 | 187 | 100 ± 20 | 4.5 | 3.0 | 23 750 |
| NG – 400 | | 400 | | | 5.2 | 4.6 | 42 000 |

附表 1-7　外触发高压钠灯光电参数表

| 灯泡型号 | 光 电 参 数 | | | | | | |
|---|---|---|---|---|---|---|---|
| | 额定电压 /V | 额定功率 /W | 启动电压 /V | 灯电压 /V | 启动电流 /A | 灯工作电流/A | 额定光通量 /lm |
| NG – 250 | 220 | 250 | 187 | 100 ± 20 | 3.8 | 3.0 | 23 750 |
| NG – 400 | | 400 | | | 5.7 | 4.6 | 42 000 |

附表 1-8　各种电光源的技术指标

| 光源种类 | 额定功率 范围/W | 光效/（lm/W） | 显色指数 （Ra） | 色温 /K | 平均寿命/h |
|---|---|---|---|---|---|
| 普通照明用白炽灯 | 10 ~ 1 500 | 7.3 ~ 25 | 95 ~ 99 | 2 400 ~ 2 900 | 1 000 ~ 2 000 |
| 卤钨灯 | 60 ~ 5 000 | 14 ~ 30 | 95 ~ 99 | 2 800 ~ 3 300 | 1 500 ~ 2 000 |
| 普通直管形荧光灯 | 4 ~ 200 | 60 ~ 70 | 60 ~ 72 | 全系列 | 6 000 ~ 8 000 |
| 三基色荧光灯 | 28 ~ 32 | 93 ~ 104 | 80 ~ 98 | 全系列 | 12 000 ~ 15 000 |
| 紧凑型荧光灯 | 5 ~ 55 | 44 ~ 87 | 80 ~ 85 | 全系列 | 5 000 ~ 8 000 |
| 荧光高压汞灯 | 50 ~ 1 000 | 32 ~ 55 | 35 ~ 40 | 3 300 ~ 4 300 | 5 000 ~ 10 000 |
| 金属卤化物灯 | 35 ~ 3 500 | 52 ~ 130 | 65 ~ 90 | 3 000/4 500/5 600 | 5 000 ~ 10 000 |
| 高压钠灯 | 35 ~ 1 000 | 64 ~ 140 | 23/60/85 | 1 950/2 200/2 500 | 12 000 ~ 24 000 |
| 高频无极灯 | 55 ~ 85 | 55 ~ 70 | 85 | 3 000 ~ 4 000 | 40 000 ~ 80 000 |

附表 1-9　国产 36 W 荧光灯用镇流器性能对比表

| 比较对象 | 普通电感镇流器 | 节能型电感镇流器 | 电子镇流器 |
|---|---|---|---|
| 自身功耗/W | 8 ~ 9 | < 5 | 3 ~ 5 |
| 系统光效比 | 1 | 1 | 1.2 |
| 价格比较 | 低 | 中 | 较高 |
| 质量比 | 1 | 1.5 左右 | 0.3 左右 |
| 寿命/年 | 15 ~ 20 | 15 ~ 20 | 5 ~ 10 |
| 可靠性 | 较好 | 好 | 较好 |

**附表 1-9**(续)

| 比较对象 | 普通电感镇流器 | 节能型电感镇流器 | 电子镇流器 |
|---|---|---|---|
| 电磁干扰(EMI)或无线电干扰(RFI) | 较小 | 较小 | 在允许范围内 |
| 灯光闪烁度 | 有 | 有 | 无 |
| 系统功率因数 | 0.4~0.6(不补偿) | 0.4~0.6(不补偿) | 0.9 以上 |

**附表 1-10　各种光源的显色指数**

| 光源种类 | 显色指数(Ra) | 光源种类 | 显色指数(Ra) |
|---|---|---|---|
| 普通照明用白炽灯 | 95~100 | 高压汞灯 | 35~40 |
| 普通荧光灯 | 60~70 | 金属卤化物灯 | 65~92 |
| 稀土三基色荧光灯 | 80~98 | 普通高压钠灯 | 23~25 |

# 附录 2  常用绝缘导线允许载流量表

### 附表 2-1  500 V 铜芯绝缘导线长期连续负荷允许载流量表

| 导线截面/mm² | 股数 | 单芯直径/mm | 成品外径/mm | 明敷25℃橡皮 | 明敷25℃塑料 | 明敷30℃橡皮 | 明敷30℃塑料 | 橡皮25℃金属2根 | 橡皮25℃金属3根 | 橡皮25℃金属4根 | 橡皮25℃塑料2根 | 橡皮25℃塑料3根 | 橡皮25℃塑料4根 | 橡皮30℃金属2根 | 橡皮30℃金属3根 | 橡皮30℃金属4根 | 橡皮30℃塑料2根 | 橡皮30℃塑料3根 | 橡皮30℃塑料4根 | 塑料25℃金属2根 | 塑料25℃金属3根 | 塑料25℃金属4根 | 塑料25℃塑料2根 | 塑料25℃塑料3根 | 塑料25℃塑料4根 | 塑料30℃金属2根 | 塑料30℃金属3根 | 塑料30℃金属4根 | 塑料30℃塑料2根 | 塑料30℃塑料3根 | 塑料30℃塑料4根 |
|---|---|---|---|---|---|---|---|---|---|---|---|---|---|---|---|---|---|---|---|---|---|---|---|---|---|---|---|---|---|---|---|
| 1.0 | 1 | 1.13 | 4.4 | 21 | 19 | 20 | 18 | 15 | 13 | 12 | 13 | 11 | 10 | 13 | 11 | 10 | 12 | 11 | 9 | 14 | 13 | 11 | 13 | 12 | 10 | 12 | 11 | 9 | 11 | 10 | 9 |
| 1.5 | 1 | 1.37 | 4.6 | 27 | 24 | 25 | 22 | 20 | 18 | 17 | 17 | 16 | 14 | 19 | 17 | 16 | 16 | 15 | 13 | 19 | 17 | 16 | 16 | 15 | 13 | 18 | 16 | 15 | 15 | 14 | 12 |
| 2.5 | 1 | 1.76 | 5.0 | 35 | 32 | 33 | 30 | 28 | 25 | 23 | 25 | 22 | 20 | 26 | 23 | 22 | 23 | 21 | 19 | 26 | 24 | 22 | 24 | 21 | 19 | 24 | 22 | 21 | 22 | 19 | 18 |
| 4 | 1 | 2.24 | 5.5 | 45 | 42 | 42 | 39 | 37 | 33 | 30 | 33 | 30 | 26 | 35 | 31 | 28 | 31 | 28 | 24 | 35 | 31 | 28 | 31 | 28 | 25 | 33 | 29 | 26 | 29 | 26 | 23 |
| 6 | 1 | 2.73 | 6.2 | 58 | 55 | 54 | 51 | 49 | 43 | 39 | 43 | 38 | 34 | 46 | 40 | 36 | 40 | 36 | 32 | 47 | 41 | 37 | 41 | 36 | 32 | 44 | 38 | 35 | 38 | 34 | 30 |
| 10 | 7 | 1.33 | 7.8 | 85 | 75 | 80 | 70 | 68 | 60 | 53 | 59 | 52 | 46 | 64 | 56 | 50 | 55 | 49 | 43 | 65 | 57 | 50 | 56 | 49 | 44 | 61 | 53 | 47 | 52 | 46 | 41 |
| 16 | 7 | 1.68 | 8.8 | 110 | 105 | 103 | 96 | 86 | 77 | 69 | 76 | 68 | 60 | 80 | 72 | 65 | 71 | 64 | 56 | 82 | 73 | 65 | 72 | 65 | 57 | 77 | 68 | 61 | 67 | 61 | 53 |
| 25 | 19 | 1.28 | 10.6 | 145 | 138 | 136 | 129 | 113 | 100 | 90 | 100 | 90 | 80 | 106 | 94 | 84 | 94 | 85 | 75 | 107 | 95 | 85 | 95 | 85 | 75 | 100 | 89 | 80 | 89 | 80 | 70 |
| 35 | 19 | 1.51 | 11.8 | 180 | 170 | 168 | 159 | 140 | 122 | 110 | 125 | 110 | 98 | 131 | 114 | 103 | 117 | 103 | 92 | 133 | 115 | 105 | 120 | 105 | 93 | 124 | 108 | 98 | 112 | 98 | 87 |
| 50 | 19 | 1.81 | 13.8 | 230 | 215 | 215 | 201 | 175 | 154 | 137 | 160 | 140 | 123 | 164 | 144 | 128 | 150 | 131 | 115 | 165 | 146 | 130 | 150 | 132 | 117 | 154 | 137 | 122 | 140 | 123 | 109 |
| 70 | 49 | 1.33 | 17.3 | 285 | 265 | 267 | 248 | 215 | 193 | 173 | 195 | 175 | 155 | 201 | 181 | 162 | 182 | 164 | 145 | 205 | 183 | 165 | 185 | 167 | 148 | 194 | 171 | 154 | 173 | 156 | 138 |
| 95 | 84 | 1.20 | 20.8 | 345 | 325 | 323 | 304 | 260 | 235 | 210 | 240 | 215 | 195 | 243 | 220 | 197 | 224 | 201 | 182 | 250 | 225 | 200 | 230 | 205 | 185 | 234 | 210 | 187 | 215 | 192 | 173 |
| 120 | 133 | 1.08 | 21.7 | 400 | — | 374 | — | 300 | 270 | 245 | 278 | 250 | 227 | 280 | 252 | 229 | 220 | 234 | 212 | — | — | — | — | — | — | — | — | — | — | — | — |
| 150 | 37 | 2.24 | 22.0 | 470 | — | 439 | — | 340 | 310 | 280 | 320 | 290 | 265 | 318 | 290 | 262 | 299 | 271 | 248 | — | — | — | — | — | — | — | — | — | — | — | — |
| 185 | 37 | 2.49 | 24.2 | 540 | — | 505 | — | — | — | — | — | — | — | — | — | — | — | — | — | — | — | — | — | — | — | — | — | — | — | — | — |
| 240 | 61 | 2.21 | 27.2 | 660 | — | 617 | — | — | — | — | — | — | — | — | — | — | — | — | — | — | — | — | — | — | — | — | — | — | — | — | — |

注：导电线芯最高允许工作温度 +65 ℃。

### 附表 2-2  500 V 铝芯绝缘导线长期连续负荷允许载流量表

| 导线截面/mm² | 股数 | 单芯直径/mm | 成品外径/mm | 明敷25℃橡皮 | 明敷25℃塑料 | 明敷30℃橡皮 | 明敷30℃塑料 | 橡皮25℃金属2根 | 橡皮25℃金属3根 | 橡皮25℃金属4根 | 橡皮25℃塑料2根 | 橡皮25℃塑料3根 | 橡皮25℃塑料4根 | 橡皮30℃金属2根 | 橡皮30℃金属3根 | 橡皮30℃金属4根 | 橡皮30℃塑料2根 | 橡皮30℃塑料3根 | 橡皮30℃塑料4根 | 塑料25℃金属2根 | 塑料25℃金属3根 | 塑料25℃金属4根 | 塑料25℃塑料2根 | 塑料25℃塑料3根 | 塑料25℃塑料4根 | 塑料30℃金属2根 | 塑料30℃金属3根 | 塑料30℃金属4根 | 塑料30℃塑料2根 | 塑料30℃塑料3根 | 塑料30℃塑料4根 |
|---|---|---|---|---|---|---|---|---|---|---|---|---|---|---|---|---|---|---|---|---|---|---|---|---|---|---|---|---|---|---|---|
| 2.5 | 1 | 1.76 | 5.0 | 27 | 25 | 25 | 23 | 21 | 19 | 16 | 19 | 17 | 15 | 20 | 18 | 15 | 18 | 16 | 14 | 20 | 18 | 15 | 18 | 16 | 14 | 19 | 17 | 14 | 17 | 16 | 13 |
| 4 | 1 | 2.24 | 5.5 | 35 | 32 | 33 | 30 | 28 | 25 | 23 | 25 | 22 | 20 | 26 | 23 | 22 | 23 | 22 | 19 | 27 | 24 | 22 | 24 | 22 | 19 | 25 | 22 | 21 | 22 | 21 | 20 |
| 6 | 1 | 2.73 | 6.2 | 45 | 42 | 42 | 39 | 37 | 34 | 30 | 33 | 29 | 26 | 35 | 32 | 28 | 31 | 28 | 24 | 35 | 32 | 28 | 31 | 27 | 24 | 33 | 30 | 26 | 29 | 28 | 24 |
| 10 | 7 | 1.33 | 7.8 | 65 | 59 | 61 | 55 | 52 | 46 | 40 | 44 | 40 | 35 | 49 | 44 | 37 | 41 | 37 | 33 | 49 | 44 | 38 | 42 | 38 | 33 | 46 | 41 | 36 | 39 | 39 | 34 |
| 16 | 7 | 1.68 | 8.8 | 85 | 80 | 80 | 75 | 66 | 59 | 52 | 58 | 52 | 46 | 62 | 55 | 49 | 54 | 49 | 43 | 63 | 56 | 50 | 55 | 49 | 44 | 59 | 52 | 47 | 51 | 49 | 44 |

附表 2-2（续）

| 导线截面/mm² | 线芯结构 股数 | 线芯结构 单芯直径/mm | 线芯结构 成品外径/mm | 导线明敷设/A 25℃ 橡皮 | 导线明敷设/A 25℃ 塑料 | 导线明敷设/A 30℃ 橡皮 | 导线明敷设/A 30℃ 塑料 | 橡皮 25℃ 穿金属管 2根 | 3根 | 4根 | 25℃ 穿塑料管 2根 | 3根 | 4根 | 30℃ 穿金属管 2根 | 3根 | 4根 | 30℃ 穿塑料管 2根 | 3根 | 4根 | 塑料 25℃ 穿金属管 2根 | 3根 | 4根 | 25℃ 穿塑料管 2根 | 3根 | 4根 | 30℃ 穿金属管 2根 | 3根 | 4根 | 30℃ 穿塑料管 2根 | 3根 | 4根 |
|---|---|---|---|---|---|---|---|---|---|---|---|---|---|---|---|---|---|---|---|---|---|---|---|---|---|---|---|---|---|---|---|
| 25 | 7 | 2.11 | 10.6 | 110 | 105 | 103 | 98 | 86 | 76 | 68 | 77 | 68 | 60 | 80 | 71 | 64 | 72 | 64 | 56 | 80 | 70 | 65 | 73 | 65 | 57 | 75 | 65 | 61 | 68 | 61 | 57 |
| 35 | 7 | 2.49 | 11.8 | 138 | 130 | 129 | 122 | 106 | 94 | 83 | 95 | 84 | 74 | 99 | 89 | 78 | 89 | 79 | 69 | 100 | 90 | 80 | 90 | 80 | 70 | 94 | 84 | 75 | 84 | 79 | 70 |
| 50 | 19 | 1.81 | 13.8 | 175 | 165 | 164 | 154 | 138 | 118 | 105 | 120 | 108 | 95 | 124 | 110 | 98 | 112 | 101 | 89 | 125 | 110 | 100 | 114 | 102 | 90 | 117 | 103 | 94 | 107 | 96 | 88 |
| 70 | 19 | 2.14 | 16.0 | 220 | 205 | 206 | 192 | 165 | 150 | 133 | 153 | 135 | 120 | 154 | 140 | 124 | 143 | 126 | 112 | 155 | 143 | 127 | 145 | 130 | 115 | 145 | 134 | 119 | 136 | 125 | 111 |
| 95 | 19 | 2.49 | 18.3 | 265 | 250 | 248 | 234 | 200 | 180 | 160 | 184 | 165 | 150 | 187 | 168 | 150 | 172 | 154 | 140 | 190 | 170 | 152 | 175 | 158 | 140 | 178 | 159 | 142 | 164 | 149 | 133 |
| 120 | 37 | 2.01 | 20.0 | 310 | — | 290 | — | 230 | 210 | 190 | 210 | 190 | 170 | 215 | 197 | 178 | 197 | 178 | 159 | — | — | — | — | — | — | — | — | — | — | — | — |
| 150 | 37 | 2.24 | 22.0 | 360 | — | 337 | — | 260 | 240 | 220 | 250 | 227 | 205 | 243 | 224 | 206 | 234 | 212 | 192 | — | — | — | — | — | — | — | — | — | — | — | — |

注：导电线芯最高允许工作温度 +65 ℃。

# 附录3 常用断路器技术数据

附表 3-1 常用断路器主要技术数据及系列号

| 类别 | 型号 | 额定电流/A | 过电流脱扣器额定电流范围/A | 极限开断能力 | | |
|---|---|---|---|---|---|---|
| | | | | 电压/V | 有效电流周期分量有效值 $I_c$/kA | $\cos \varphi$ |
| 塑料外壳式 | DZ47 | 1,3,6,10,16,20,25,32,40 | 1~40 | 380(220) | 5 | |
| | | 50,63 | 50~63 | | | |
| | DZ20 | 100 | 50~63 | 380 | 18(Y)35(J) | |
| | | 200 | 16~100 | | 25(Y)42(J) | |
| | | 400 | 100~225 | | 30(Y)42(J) | |
| | | 630 | 200~400 | | | |
| | DZ15 | 40 | 500~630 | 380 | 2.5 | |
| | DZ15L | | 10~40 | | | |
| 框架式 | DW15 | 200 | 100~200 | 380 | 50 | 0.25 |
| | | 400 | 200~400 | | | |
| | | 630 | 315~630 | | | |
| | | 1 000 | 630~1 000 | | 50 | 0.25 |
| | | 1 600 | 1 600 | | 50 | 0.25 |
| | | 2 500 | 1 600~2 500 | | 60 | 0.2 |
| | | 4 000 | 2 500~4 000 | | 80 | 0.2 |
| | DW17 | 630 | 350~630 | 380 660 | 50 | 0.2 |
| | | 800 | 500~800 | | | |
| | | 1 000 | 500~1 000 | | | |
| | | 1 250 | 750~1 250 | | | |
| | | 1 600 | 900~1 600 | | | |
| | | 1 900 | 900~1 900 | | | |
| | | 2 000 | 1 000~2 000 | | | |
| | | 2 500 | 1 500~2 500 | | | |
| | | 2 900 | 1 900~2 900 | | 80 | |
| | | 3 200 | — | | | |
| | | 3 900 | | | | |

附表 3-2  新型断路器主要技术数据及系列号

| 系 列 | 额定电流/A | 脱扣器额定电流/A | 通断能力 | | 极 数 |
| --- | --- | --- | --- | --- | --- |
| | | | 额定电压/V | 通断电流/kA | |
| TO | 100 | 15,20,30,40,50,60,75,100 | AC380 | 18 | 3 |
| | | | AC440 | 12 | |
| | 225 | 125,150,175,200,225 | AC380 | 25 | |
| | | | AC440 | 20 | |
| | 400 | 250,300,350,400 | AC380 | 30 | |
| | | | AC440 | 25 | |
| | 600 | 450,500,600 | AC380 | 30 | |
| | | | AC440 | 25 | |
| TG | 30 | 15,20,30 | AC380 | 30 | 3 |
| | | | AC440 | 30 | |
| | 100 | 15,20,30,40,50,60,75,100 | AC380 | 30 | |
| | | | AC440 | 25 | |
| | 225 | 125,150,175,200,225 | AC380 | 42 | |
| | | | AC440 | 30 | |
| | 400 | 250,300,350,400 | AC380 | 42 | |
| | | | AC440 | 30 | |
| | 600 | 450,500,600 | AC380 | 50 | |
| | | | AC440 | 35 | |
| TS | 100 | 15,25,50,75,100 | AC500 | 15 | 3 |
| | 250 | 125,150,175,225,250 | AC500 | 20 | |
| | 400 | 300,350,400 | AC500 | 30 | |
| TL | 100 | 15,20,30,40,50,60,75,100 | AC380 | 180 | 3 |
| | | | AC440 | 120 | |
| | 225 | 125,150,175,200,225 | AC380 | 180 | |
| | | | AC440 | 120 | |
| TH | 50 | 6,10,15,20,30,40,50 | AC240<br>AC380<br>AC415<br>DC125 | 1~5 | 1,2,3 |
| PX-200C | 63 | 6,10,16,20,25,32,40,50,63 | AC240(220)<br>AC415(380) | 6 | 1,2,3,4 |

注:C45N-60 系列数据基本与 PX-200C 同。

# 附录4 建筑电气平面图常用图形符号及文字符号(新旧国标对照)

附表4-1 变电、配电、电机、控制装置

| 序号 | 图 形 符 号 | | | 说 明 |
|---|---|---|---|---|
| | GB 4728(新) | | 原 GB 312—64 | |
| 1 | 规划(设计)的 | 运行的 | ⊠ | 配电所 |
| 2 | □ | ▨ | ⊡ | 发电站 |
| 3 | ○ V/V | ⊘ V/V | ▲ | 发电所 GB4728 要求示出改变电压 |
| 4 | ○ | ⊘ | ▲ | 杆上变电站 |
| 5 | ○ | ⊘ | ▲ | 移动变电所 |
| 6 | ○ | ⊘ | ▲ | 地下变电所 |
| 7 | ▭ | | | 屏,台,箱,柜一般符号 |
| 8 | ▬ | | | 动力或动力照明配电箱 (注:需要时符号内可标示电流种类符号) |
| 9 | ⊗ | | ⊡ | 信号板、信叼箱(屏) |
| 10 | ▬ | | ▭ | 照明配电箱(屏) (注:需要时允许涂红) |
| 11 | | | ▬ | 工作照明分配电箱(屏) |
| 12 | ⊠ | | | 事故照明配电箱(屏) |
| 13 | ◨ | | | 多种电源配电箱(屏) |
| 14 | Ⓜ | | Ⓓ | 直流电动机 |
| 15 | Ⓜ | | Ⓓ | 交流电动机 |
| 16 | ◎ | | | 按钮一般符号 (注:若图面位置有限,又不会引起混淆,小圆点允许涂黑) |

附表 4-1(续)

| 序号 | 图 形 符 号 | | 说　明 |
|---|---|---|---|
| | GB 4728(新) | 原 GB 312—64 | |
| 17 | (1) ▢<br>(2) ◯◯ | (2) ●● | 一般或保护型按钮盒<br>(1)示出一个按钮<br>(2)示出两个按钮 |
| 18 | ◯◯▮ | | 密闭型按钮盒 |
| 19 | ◯◯▶ | ●●▶ | 防爆型按钮盒 |
| 20 | ⊗ | | 带指示灯的按钮 |
| 21 | | ♂ | 风扇变阻开关 |
| 22 | | ⊐ | 行程开关 |
| 23 | (1) ⌓ (2) ⌓ | ⌓ | 电铃<br>(1)优选型<br>(2)其他型 |
| 24 | ▯— | ▯— | 电喇叭 |
| 25 | ⌂ | ⌂ | 电警笛　报警器 |
| 26 | ⌓ | | 单打电铃 |
| 27 | (1) ⌣ (2) ⌣ | ⌣ | 蜂鸣器<br>(1)优选型<br>(2)其他型 |
| 28 | ⊗ | ⊗ | 信号灯 |
| 29 | ⊗ | | 闪光型信号灯 |

附表 4-2　照明灯具、开关、插座及风扇

| 序号 | 图形符号 | | 说　明 |
| --- | --- | --- | --- |
| | GB 4728(新) | 原 GB 312—64 | |
| 1 | 注:在靠近符号处标下列字母表示<br>　　RD　红<br>　　YE　黄<br>　　GN　绿<br>　　BU　蓝<br>　　WH　白 | 注:在符号内注<br>　下列字母表<br>　J　水晶底罩<br>　T　圆筒形罩<br>　P　平盘罩<br>　S　铁盘罩 | 灯的一般符号<br>GB 4728 注:在靠近符号处标下列字母表示<br>Ne 氖　I 碘　FL 荧光<br>Xe 氙　IN 白炽　IR 红外线<br>Na 钠　EL 电发光　UV 紫外线<br>Hg 汞　ARC 弧光　LED 光二极管 |
| 2 | | axbxcxd | 投光灯一般符号 GB313:<br>a—灯泡瓦数　　b—倾斜角度<br>c—安装高度　　d—灯具型号 |
| 3 | | | 取光灯 |
| 4 | | | 泛光灯 |
| 5 | (1)<br>(2)　5 | | 荧光灯一般符叼<br>(1)三管荧光灯<br>(2)五管荧光灯 |
| 6 | | | 防爆荧光灯 |
| 7 | | 在灯型符号上边<br>加注"S"表示 | 在专用电路上的事故照明灯 |
| 8 | | | 自带电源的事故照明装置(应急灯) |
| 9 | | | 气体放电灯的辅助设备<br>(注:仅用于辅助设备与光源不在一起时) |
| 10 | | | 广照型灯(配照型灯)<br>GB313 为:无磨砂玻璃罩的万能型灯 |
| 11 | | | 带磨砂玻璃罩的万能型灯 |
| 12 | | | 防火防尘灯 |
| 13 | | | 球形灯<br>GB313 为:乳白玻璃球形灯 |

附表 **4-2**(续一)

| 序号 | 图 形 符 号 | | 说 明 |
|---|---|---|---|
| | GB 4728(新) | 原 GB 312—64 | |
| 14 | ⟨•| | ● | 局部照明灯 |
| 15 | ⊖ | | 矿山灯 |
| 16 | ⊖ | | 安全灯 |
| 17 | ◉ | | 隔爆灯 |
| 18 | ⊜ | | 开棚灯 |
| 19 | ⊗ | | 花灯 |
| 20 | ◒ | | 壁灯 |
| 21 | ▭—⟨ | | 带熔断器的插座 |
| 22 | ⟍ | | 开关一般符号 |
| 23 | (1) ⟍ | | 双极开关<br>(1)暗装 |
| 24 | (2) ⟍<br>(3) ⟍ | (2) ⟍ | (2)密闭(防水)<br>(3)防爆 |
| 25 | (1) ⟍ | | 双极开关<br>(1)暗装 |
| 26 | (2) ⟍<br>(3) ⟍ | (2) ⟍ | (2)密闭(防水)<br>(3)防爆 |
| 27 | ⟍↓ | ○ | 单极拉线开关 |
| 28 | | ● | 防水拉线开关 |
| 29 | ⟍↓ | | 单级双控拉线开关 |
| 30 | ⟍ | | 单级限时开关 |
| 31 | (1) ⟍ | | |
| 32 | (2) ⟍<br>(3) ⟍ | (2) ⟍ | |

附表 4-2（续二）

| 序号 | 图 形 符 号 | | 说　明 |
|---|---|---|---|
| | GB 4728(新) | 原 GB 312—64 | |
| 33 | | | 双控开关(单极三线) |
| 34 | | (1) | (1)暗装 |
| 35 | t | | 限时装置 |
| 36 | | | 定时开关 |
| 37 | | | 具有指示灯的开关 |
| 38 | | | 调光器 |
| 39 | | | 热水器(示出线) |
| 40 | | | 风扇一般符号(示出引线)<br>(注:若不引起混淆,方框可<br>省略不画) |
| 41 | | | 吊式风扇 |
| 42 | | | 壁装台式风扇 |
| 43 | | | 轴流风扇 |
| 44 | | | 插座的一般符号 |
| 45 | | | 单相插座<br>暗装<br>密闭(防水)<br>防爆 |
| 46 | | | 多个插座(示出三个) |

附表 4-2（续三）

| 序号 | 图　形　符　号 | | 说　　明 |
|---|---|---|---|
| | GB 4728（新） | 原 GB 312—64 | |
| 47 | | | 带保护接点插座，带接地插孔的单相插座 |
| | | | 暗装 |
| | | | 密闭（防水） |
| | | | 防爆 |
| 48 | | | 带接地插孔的三相插座 |
| | | | 暗装 |
| | | | 密闭（防水） |
| | | | 防爆 |
| 49 | | | 具有保护板的插座 |
| 50 | | | 具有单极开关的插座 |
| 51 | | | 具有连锁开关的插座 |
| 52 | | | 具有隔离变压器插座（如电动剃刀用的插座） |

附表4-3　常用标注文字符号

| 序号 | 图 形 符 号 | | 说　明 |
|---|---|---|---|
| | GB 4728(新) | 原 GB 312—64 | |
| 1 | (1) $a\dfrac{b}{c}$ 或 $a-b-c$<br><br>(2) $a\dfrac{b-c}{d(e\times f)-g}$ | | 电力和照明设备<br>(1)一般标注方法<br>(2)当需要标注引入线的规格时<br>$a$——设备编号;<br>$b$——设备型号;<br>$c$——设备功率(W 或 kW);<br>$d$——导线型号;<br>$e$——导线根数;<br>$f$——导线截面($mm^2$);<br>$g$——导线敷设方式及部位 |
| 2 | (1) $a\dfrac{b}{c/I}$ 或 $a-b-c/I$<br><br>(2) $a\dfrac{b-c/I}{d(e\times f)-g}$ | | 开关及熔断器<br>(1)一般标注方法<br>(2)当需要标注引入线的规格时<br>$a$——设备编号;<br>$b$——设备型号;<br>$c$——额定电流(A);<br>$I$——整定电流(A);<br>$d$——导线型号;<br>$e$——导线根数;<br>$f$——导线截面($mm^2$);<br>$g$——导线敷设方式及部位 |
| 3 | (1) $a-b\dfrac{c\times d\times l}{e}f$<br><br>(2) $a-b\dfrac{c\times d\times L}{-}$ | (1) $a-b\dfrac{c\times d}{e}f$<br><br>(2) $a-b\dfrac{c\times d}{-}$ | 照明灯具<br>(1)一般标注方法<br>(2)灯具吸顶安装<br>$a$——灯数;<br>$b$——型号或编号;<br>$c$——每盏照明灯具的灯泡数;<br>$d$——灯泡容量(W);<br>$e$——灯泡安装高度(m);<br>$f$——安装方式;<br>$L$——光源种类 |

附表 **4-3**(续一)

| 序号 | 图　形　符　号 | | 说　明 |
|---|---|---|---|
| | GB 4728(新) | 原 GB 312—64 | |
| 4 | (1) ——————<br>(2) 或 $\dfrac{\quad}{2}$<br>(3) 或 $\dfrac{\quad}{3}$<br>(4) $\dfrac{\quad n\quad}{}$ | (1) ———<br>(2) ———<br>(3) ———<br>(4) $n$ | 导线根数。当用单线表示一组导线时,若需要示出导线根数,可用加小短斜线或画一条短斜线加数字表示<br>例:(1)表法一根;(2)表示两根;<br>　　(3)表示三根;(4)表示 $n$ 根 |
| 5 | $a\,\dfrac{b-c/i}{n\,[\,d\,(e\times f)-gh\,]}$<br>或 $an\,[\,d\,(e\times f)-gh\,]$<br>或 $d\,(e\times f)-gh$ | | 配电线路<br>$a$——线路编号;<br>$b$——配电设备型号;<br>$c$——保护线路熔断器电流,A;<br>$d$——导线型号;<br>$e$——导线或电缆芯根数;<br>$f$——截面,$mm^2$;<br>$g$——线路敷设方式(管径);<br>$h$——线路敷设部位;<br>$i$——保护线咱熔体电流,A;<br>$n$——并列电缆或管线根数(一根可以不标) |
| 6 | $(1)\dfrac{3\times16}{}\times\dfrac{3\times10}{}$<br>$(2)-\times\dfrac{\varnothing2\frac{1''}{2}}{}$ | $(2)-\times\dfrac{\varnothing50}{}$ | 导线型号规格或敷设方法的改变<br>(1)$3\times16\ mm^2$ 导线改为 $3\times10\ mm^2$<br>(2)无穿管敷设改为导线穿管($\varnothing2.5$ 中管径50)敷设 |
| 7 | $U$ | $\Delta U$ | 电压损失% |
| 8 | $m-fU$<br>3N ~ 50 Hz/380 V | | 交流电<br>$m$——相数;<br>$f$——频率,Hz;<br>$U$——电压,V;<br>例:示出交流,三相带中性线 50 Hz 380 V |
| 9 | L1<br>L2<br>L3<br>U<br>V<br>W | A<br>B<br>C | 相序<br>交流系统电源第一相<br>交流系统电源第二相<br>交流系统电源第三相<br>交流系统设备端第一相<br>交流系统设备端第二相<br>交流系统设备端第三相 |

附表 4-3(续二)

| 序号 | 图 形 符 号 | | 说　明 |
|---|---|---|---|
| | GB 4728(新) | 原 GB 312—64 | |
| 10 | N | | 中性线 |
| 11 | PE | | 保护线 |
| 12 | PEN | | 保护和中性共用线 |
| 13 | | ZBZ | 配、变电所总降压变电站 |
| | | PS | 配电所 |
| | | BS | 变电所 |
| | | LBS | 电炉变电所 |
| | | ZLS | 整流所 |
| 14 | | | 照明灯具安装方式 |
| | | D | 吸顶安装 |
| | | B | 壁式这装 |
| | | X | 线吊式 |
| | | L | 链吊式 |
| | | G | 管吊式 |
| 15 | | S | 线路敷设方式 |
| | | CP | 用钢索敷设 |
| | | CJ | 用瓷瓶或瓷珠敷设 |
| | | QD | 用瓷夹或瓷卡敷设 |
| | | CB | 用卡要敷设 |
| | | G | 用槽板、线槽敷设 |
| | | DG | 空焊接钢管敷设 |
| | | VG＊ | 穿电线管敷设 |
| | | RG＊ | 穿硬着塑料管敷设 |
| | | BG＊ | 穿半硬塑料管敷设 |
| | | RVG＊ | 穿波纹塑料管敷设 |
| | | SPG＊ | 穿软塑料 |
| 16 | | | 线路敷设部位 |
| | | YL,YZ,YJ | 沿梁,沿柱,沿屋架 |
| | | Q | 敷在砖墙或其他墙上 |
| | | D | 敷在地下或本层地板内 |
| | | P | 敷在屋面或本层顶板内 |
| 17 | M | 明数 | |
| | A | 暗数 | |
| 18 | GB 7159—87(新) | 原 GB 315—64 | |

＊非国标符号。

附表4-3(续三)

| 序号 | 图　形　符　号 | | 说　　明 |
| --- | --- | --- | --- |
| | GB 4728(新) | 原GB 312—64 | |
| | V | D | 二极管、三极管一般符号 |
| | FU | RD | 熔断器 |
| | M | D | 电动机 |
| | T | B | 变压器 |
| | Q | K | 开关一般符号(如刀开关等) |
| | S | KK | 控制开关 |
| | QA | ZK | 低压断路器 |
| | QF | DL | 断路器 |
| | QK | DK | 刀开关 |
| | QL | FK | 负荷开关 |
| | QS | GK | 隔离开关 |
| | SA | KK(XK) | 控制开关(选择开关) |
| | SB | QA(TA,AN) | 控制按钮 |
| | KM | JC,C | 接触器 |
| | K | J,ZJ | 继电器,中间继电器 |
| | KA | LJ | 电流继电器 |
| | KT | SJ | 时间继电器 |
| | FR | RJ | 热继电器 |

# 附录5 火灾自动报警系统的放置场所

## 5.1 高层民用建筑火灾自动报警系统设置原则

（1）建筑高度超过100 m的高层建筑，除面积小于5.00 m²的厕所、卫生间外，均应设火灾自动报警系统。

（2）除普通住宅外，建筑高度不超过100 m的一类高层建筑的下列部位应设置火灾自动报警系统

①医院病房楼的病房、贵重医疗设备室、病历档案室、药品库；

②高级旅馆的客房和公共活动用房；

③商业楼、商住楼的营业厅，展览楼的展览厅；

④电信楼、邮政楼的重要机房和重要房间；

⑤财贸金融楼的办公室、营业厅、票证库；

⑥广播电视楼的演播室、播音室、录音室，节目播出技术用房、道具布景房；

⑦电力调度楼、防灾指挥调度楼等的微波机房、计算机房、控制机房、动力机房；

⑧图书馆的阅览室、办公室、书库；

⑨档案楼的档案库、阅览室、办公室；

⑩办公楼的办公室、会议室、档案室；

走道、门厅、可燃物品库房、空调机房、配电室、自备发电机房；

净高超过2.60 m且可燃物较多的技术夹层；

贵重设备间和火灾危险性较大的房间；

经常有人停留或可燃物较多的地下室；

电子计算机房的主机房、控制室、纸库、磁带库；

（3）二类高层建筑的下列部位应设火灾自动报警系统

①财贸金融楼的办公室、营业厅、票证库；

②电子计算机房的主机房、控制室、纸库、磁带库；

③面积大于50 m²的可燃物品库房；

④面积大于500 m²的营业厅；

⑤经常有人停留或可燃物较多的地下室；

⑥性质重要或有贵重物品的房间。

注：旅馆、办公楼、综合楼的门厅、观众厅，设有自动喷水灭火系统时，可不设火灾自动报警系统。

（4）设有火灾自动报警系统和自动灭火系统或设有火灾自动报警系统和机械防烟、排烟设施的高层建筑，应按现行国家标准《火灾自动报警系统设计规范》的要求设置消防控制室。

## 5.2　非高层民用建筑火灾自动报警系统设置原则

（1）建筑物的下列部位应设火灾自动报警装置

①大中型电子计算机房，特殊贵重的机器、仪表、仪器设备室，贵重物品库房，每座占地面积超过 1 000 $m^2$ 的棉、毛、丝、麻、化纤及其织物库房，设有卤代烷、二氧化碳等固定灭火装置的其他房间，广播、电信楼的重要机房，火灾危险性大的重要实验室；

②图书、文物珍藏库、每座藏书超过 100 万册的书库，重要的档案、资料室，占地面积超过 500 $m^2$ 或总建筑面积超过 1 000 $m^2$ 的卷烟库房；

③超过 3 000 个座位的体育馆观众厅，有可燃物的吊顶内及其电信设备室，每层建筑面积超过 3 000 $m^2$ 的百货楼、展览楼和高级旅馆等。

注：设有火灾自动报警装置的建筑，应在适当部位增设手动报警装置。

（2）建筑面积大于 500 $m^2$ 的地下商店应设火灾自动报警装置

（3）下列歌舞娱乐放映游艺场所应设火灾自动报警装置

①设置在地下、半地下；

②设置在建筑的地上四层及四层以上。

（4）散发可燃气体、可燃蒸汽的甲类厂房和场所，应设置可燃气体浓度检漏报警装置。

（5）设有火灾自动报警装置和自动灭火装置的建筑，宜设消防控制室。

独立设置的消防控制室，其耐火等级不应低于二级。附设在建筑物内的消防控制室，宜设在建筑物内的底层或地下一层，应采用耐火极限分别不低于 3 h 的墙和 2 h 的楼板，并与其他部位隔开和设置直通室外的安全出口。

## 5.3　火灾自动报警系统保护对象的等级划分

火灾自动报警系统的保护对象应根据使用性质、火灾危险性、疏散和扑救难度等分为特级、一级和二级，并宜符合附表 5-1 规定。

附表 5-1　火灾自动报警系统保护对象分级

| 等级 | 保 护 对 象 | |
|------|------------|---|
| 特级 | 建筑高度超过 100 m 的高层民用建筑 | |

附表 5-1(续一)

| 等级 | 保护对象 | |
|---|---|---|
| 一级 | 建筑高度不超过 100 m 的高层民用建筑 | 一类建筑 |
| | 建筑高度不超过 24 m 的高层民用建筑及超过 24 m 的单层公共建筑 | (1) 200 床及以上的病房楼,每层建筑面积 1 000 m² 及以上的门诊楼;<br>(2)每层建筑面积 1 000 m² 及以上的百货楼、展览楼、高级旅馆、财贸金融楼、电信楼、高级办公楼;<br>(3)藏书超过 100 万册的图书馆、书库;<br>(4)超过 300 座位的体育馆;<br>(5)重要的科研楼、资料档案楼;<br>(6)省级(含计划单列)的邮政楼、广播电视楼、电力调度楼、防灾指挥调度楼;<br>(7)重点文物保护场所;<br>(8)大型以上的影剧院、会堂、礼堂 |
| | 工业建筑 | (1)甲、乙类生产厂房;<br>(2)甲、乙类物品库房;<br>(3)占地面积或总面积超过 1 000 m² 的丙类物品库房;<br>(4)总建筑面积超过 1 000 m² 的地下丙、丁类生产车间及物品库房 |
| | 地下民用建筑 | (1)地下铁道、车站;<br>(2)地下影剧院、礼堂;<br>(3)使用面积超过 1 000 m² 的地下商场、医院、旅馆 展览厅及其他商业或公共活动场所;<br>(4)重要的实验室和图书、资料、档案库 |
| 二级 | 建筑高度不超过 100 m 的高层民用建筑 | 二类建筑 |
| | 建筑高度不超过 24 m 的高层民用建筑 | (1)设有空气调节系统的或每层建筑面积超过 2 000 m² 的、但不超过 3 000 m² 的商业楼、财贸金融楼、电信楼、展览楼、旅馆、办公楼、车站、海河客运站、航空港等公共建筑及其他商业或公共活动场所;<br>(2)市、县级的邮政楼、广播电视楼、电力调度楼、防灾指挥调度楼;<br>(3)中型以下的影剧院;<br>(4)高级住宅;<br>(5)图书馆、书库、档案楼 |

附表 5-1(续二)

| 等级 | 保护对象 | |
|---|---|---|
| 二级 | 工业建筑 | (1)丙类生产厂房;<br>(2)建筑面积大于 50 m²,但不超过 1 000 m²的丙类物品库房;<br>(3)总建筑面积大于 50 m²,但不超过 1 000 m² 的 丙、丁类生产车间及地下物品库房 |
| | 地下民用建筑 | (1)长度超过 500 m 的城市隧道;<br>(2)使用面积不超过 1 000 m²的地下商场、医 院、旅 馆、展览厅及其他商业或公共活动场所 |

注:1. 一类建筑、二类建筑的划分,应符合现行国家标准 GB 50045《高层民用建筑设计防火规范》的规定；工业厂房、仓库的火灾危险性分类,应符合现行国家标准 GBJ《建筑设计防火规范》的规定。

　2. 本表未列出的建筑的等级可按同类建筑的类比原则确定。

# 附录6  部分电气装置的接地电阻值

| 序号 | 电气装置名称 | 接地的电气装置特点 | 接地电阻/Ω |
|---|---|---|---|
| 1 | 1 kV 以上大接地电流系统 | 仅用于该系统的接地装置 | $R_{jd} \leqslant \dfrac{2000}{I_d^{(1)}}$<br>当 $I_d^{(1)} > 4000$ A 时<br>$R_{jd} \leqslant 0.5$ |
| 2 | 1 kV 以上小接地电流系统 | 仅用于该系统的接地装置 | $R_{jd} \leqslant \dfrac{250}{I_{jd}}$ 且 $R_{jd} \leqslant 10$ |
| 3 | | 与 1 kV 以下系统共用的接地装置 | $R_{jd} \leqslant \dfrac{120}{I_{jd}}$ 且 $R_{jd} \leqslant 10$ |
| 4 | 1 kV 以下接地系统 | 与总容量在 100 kVA 以上的发电机或变压相连的接地装置 | $R_{jd} \leqslant 4$ |
| 5 | | 上述(序号4)装置的重复接地 | $R_{jd} \leqslant 10$ |
| 6 | | 与总容量在 100 kVA 及以下的发电机或变压器相连的接地装置 | $R_{jd} \leqslant 10$ |
| 7 | | 上述(序号6)装置的重复接地 | $R_{jd} \leqslant 30$ |
| 8 | 引入线上装有 25 A 以下的熔断器的小容量线路电气设备 | 任何供电系统 | $R_{jd} \leqslant 10$ |
| 9 | | 高认错压电气设备联合接地 | $R_{jd} \leqslant 4$ |
| 10 | | 电流互感器、电压互感器二次侧接地 | $R_{jd} \leqslant 10$ |
| 11 | | 电弧炉的接地 | $R_{jd} \leqslant 4$ |
| 12 | | 工业电子设备的接地 | $R_{jd} \leqslant 10$ |
| 13 | 建筑物 | 第一类防雷建筑物(防直击雷) | $R_{ej} \leqslant 10$ |
| 14 | | 第一类防雷建筑物(防感应雷) | $R_{ej} \leqslant 10$ |
| 15 | | 第二类防雷建筑物(防直击雷、感应雷共用) | $R_{ej} \leqslant 10$ |
| 16 | | 第三类防雷建筑物(防慎击雷) | $R_{ej} \leqslant 30$ |
| 17 | | 其他建筑物防雷电波沿低压架空线侵入 | $R_{ej} \leqslant 30$ |
| 18 | 防雷设备 | 保护变电所的独立避雷针 | $R_{jd} \leqslant 10$ |
| 19 | | 杆上避雷器或保护间隙(在电气上与旋转电机无联系者) | $R_{jd} \leqslant 10$ |
| 20 | | 杆上避雷器或保护间隙(但与旋转电机有电气联系者) | $R_{jd} \leqslant 15$ |

# 参 考 文 献

[1] 胡国文,孙宏国.民用建筑电器技术与设计[M].北京:清华大学出版社,2013.

[2] 俞丽华.电气照明[M].上海:同济大学出版社,2014.

[3] 许锦标,张振昭.楼宇智能化技术[M].北京:机械工业出版社,2010.

[4] 黎连业.智能大厦和智能小区安全防范系统的设计与实施[M].北京:清华大学出版社,2013.

[5] 董春利.建筑智能化系统[M].北京:机械工业出版社,2006.

[6] 高明远,岳秀萍.建筑设备工程[M].北京:中国建筑工业出版社,2006.

[7] 武丽.电工技术——电工学[M].北京:机械工业出版社,2014.

[8] 曹祥红,张华,陈继斌.建筑供配电系统设计[M].北京:人民交通出版社,2011.

[9] 黎连业.网络综合布线系统与施工技术[M].北京:机械工业出版社,2007.

[10] 何波.建筑电气控制技术[M].北京:机械工业出版社,2013.

[11] 中国航空工业规划设计研究院.工业与民用配电设计手册(3 版)[K].北京:中国电力出版社,2005.

[12] 中国机械工业联合会.低压配电设计规范[S].北京:中国计划出版社,2011.

[13] 中华人民共和国建设部.民用建筑电气设计规范[S].北京:中国建筑工业出版社,2008.

[14] 中华人民共和国工业和信息化部.公共广播系统工程技术规范[S].北京:中国计划出版社,2010.

[15] 秦兆海,周鑫华.智能楼宇安全防范系统[M].北京:清华大学出版社,2005.

[16] 张玉萍.建筑电气与电子工程[M].北京:中国建材工业出版社,2004.

[17] 苗月季,刘临川.建筑智能化概论[M].北京:中国水利水电出版社,2010.

[18] 谭炳华.火灾自动报警及消防联动系统[M].北京:机械工业出版社,2007.

[19] 杨岳.电气安全[M].北京:机械工业出版社,2010.

[20] 陈虹.楼宇自动化技术与应用[M].北京:机械工业出版社,2012.

[21] 范同顺.建筑配电与照明[M].北京:高等教育出版社,2004.

[22] 北京照明学会照明设计专业委员会.照明设计手册(2 版)[M].北京:中国电力出版社,2006.

[23] 杨金夕.防雷·接地及电气安全技术[M].北京:机械工业出版社,2004.

[24] 中华人民共和国公安部.入侵报警系统工程设计规范[S].北京:中国计划出版社,2007.

[25] 全国勘察设计注册工程师电气专业委员会复习资料编写组.注册电气工程师执业资格考试专业考试复习指导书[M].北京:中国电力出版社,2007.

[26] 中华人民共和国住房和城乡建设部.建筑照明设计标准[S].北京:中国建筑工业出版社,2013.

[27] 中国机械工业联合会.20 kV 及以下变电所设计规范[S].北京:中国计划出版社,2013.